中国海监行政执法培训丛书　　　　　　　中国海监总队　　组编
　　　　　　　　　　　　　　　　　　　　中国海洋大学

海洋与环境概论

李凤岐　编著

U0195564

2013 年·北京

图书在版编目（CIP）数据

海洋与环境概论／李凤歧编著. —北京：海洋出版社，2013. 12
（中国海监行政执法培训丛书）
ISBN 978 – 7 – 5027 – 8693 – 9

I. ①海… II. ①李… III. ①环境海洋学 – 技术培训 – 教材 IV. ①X145

中国版本图书馆 CIP 数据核字（2013）第 249376 号

责任编辑：杨海萍 杨 明
责任印制：赵麟苏

http://www. oceanpress. com. cn
北京市海淀区大慧寺路 8 号 邮编：100081
北京旺都印务有限公司印刷 新华书店发行所经销
2013 年 12 月第 1 版 2013 年 12 月第 1 次印刷
开本：787mm×1092mm 1/16 印张：25
字数：346 千字 定价：50. 00 元
发行部：62132549 邮购部：68038093 总编室：62114335
海洋版图书印、装错误可随时退换

《中国海监行政执法培训丛书》
编委会

序

　　2500 年前，古希腊海洋学者狄米斯托克利预言："谁控制了海洋，谁就能控制世界。"15 世纪初，我国明代航海家郑和论断："国家欲富强，不可置海洋于不顾。财富取之海，危险也来自海上。"伟大的革命先行者孙中山先生曾疾呼，海权"操之在我则存，操之在人则亡。"已故美国总统约翰·肯尼迪则说："控制海洋意味着安全，控制海洋意味着和平，控制海洋就意味着胜利。"

　　历史充分表明，国家民族的兴衰与海洋息息相关，海兴则国强，海衰则国弱。大国崛起的历史，在某种程度上就是一部海洋争霸与竞逐史。昔日的海上强国葡萄牙、西班牙和荷兰，当年的日不落帝国英国，二战后的苏联，当今世界第一强国美国，无一不是以海强国。鸦片战争前后，面对列强进逼侵扰，清政府腐败无能，我国海上力量逐渐衰败、海权逐步丧失，日渐沦为有海无防、门户洞开、丧权辱国的半封建半殖民地国家。新中国成立后，尤其是改革开放以来，我国的海洋事业得到了迅速发展，国家海洋权益得到了有效维护。

　　海洋，无论在历史上还是在当下，无论在军事博弈还是在经济竞争中，对国家生存和发展都具有不可替代的战略地位。《联合国海洋法公约》生效后，国际政治经济形势发生了重大的深刻的变化，许多国家通过开发海洋资源迅速提高了本国的实力和地位，进一步彰显了海洋对于国家和民族兴衰的战略价值。进入 21 世纪后，海洋的战略地位更加突出，越来越多的沿海国家竞相把控制和开发利用海洋作为强国之国策，并且在海洋权益保护、深海矿产资源勘探开发以及生物资源利用等方面展开日趋激烈的竞争。面对严峻复杂的海洋形势，各沿海国为谋求政治、经济、军事上的有利态势和战略利益，纷纷调整海洋战略和政策。

中国是海洋大国，但还不是海洋强国。要赶上世界发展潮流，实现中华民族伟大复兴，必须全面实施海洋战略。我们党和国家对海洋事业历来非常重视，党的"十八大"提出了"建设海洋强国"的战略决策，从国家战略高度对海洋事业发展作出了全面部署，这标志着海洋战略已上升为国家大战略，标志着我国开始走上建设海洋强国的战略新征程。建设海洋强国是中华民族复兴崛起的历史路径，海洋强国之路任重道远。我们必须义无反顾地走向海洋、经略海洋，必须坚定不移地以海富国、以海强国，为建成海洋经济发达、海洋科技创新强劲、海洋生态环境优美、海洋资源开发能力和海洋综合管控能力强大的海洋强国而不懈奋斗。

当前，我们已经站在海洋事业发展新的历史起点上。作为我国海洋综合行政执法的主导力量——中国海监，使命更加神圣，任务更加艰巨。面对新形势、新任务和新要求，中国海监必须坚决维护国家海洋权益，实现管辖海域有效监管；强化海洋行政执法，全力推进海洋综合管理；加强队伍正规化建设，全面提高执法人员综合素质；加强执法能力建设，夯实海洋执法基础；构建海洋执法技术支持体系，提高海洋管控科技含量；健全海洋执法工作机制，加强执法理论研究，等等。所有这些，既是党和人民赋予中国海监的光荣使命，也是中国海监更好履职尽责的着力之点。

功以才成，业由才广。中国海监总队着眼海监队伍现代化、正规化建设要求，组织编辑并出版了《中国海监行政执法培训丛书》。这套丛书是中国海监多年执法实践和培训实践成果的结晶，既有理论知识的概括和阐述，又有实践经验的归纳和总结，编写目的明确，读者定位准确，适应海洋行政执法的发展趋势和特点，是一套专业性、针对性和实用性强的海监执法人员培训教材。丛书的出版，进一步完善了海洋执法人才培训体系，是中国海监发展史上值得记忆的重要事件。我们相信，这套丛书必将为提高海监队伍的正规化建设水平和综合业务素质，更好履行各项职责、圆满完成使命任务发挥重要作用。

　　事业凝聚人心，使命激发力量。海洋事业发展的宏伟蓝图已经绘就，让我们以崇高的使命感、强烈的责任心，励精图治、发愤图强，为实现中华民族的海洋强国梦作出新的贡献！

国家海洋局副局长
中国海监总队总队长

2013 年 1 月

前　言

　　我国海洋行政执法的迅速崛起，是从上世纪 90 年代末伴随着中国海监总队的诞生开始的。十五年来，海洋行政执法以其特定的管理领域和对经济社会发展的巨大作用，成为我国涉海行政管理部门的核心职能，中国海监也以其卓著的执法业绩备受瞩目。作为我国海洋行政主管部门管理的海洋行政执法队伍，中国海监依法履行神圣职责，对我国管辖海域实施巡航执法，查处侵犯我国海洋权益、破坏海洋开发利用秩序、损害海洋环境和资源的违法行为，日益凸显出保障国家海洋事业健康发展的重要作用。与此同时，中国海监在执法实践过程中，开拓了由初、中、高层次相结合的分级培训，执法、航海、航空、装备技术等交叉式的分类培训，远程教育培训和体能礼仪训练等培训方法与领域。经过多年建设发展，中国海监已经成为一支政治坚定、业务精湛、作风优良、执法公正、具有中国特色的海洋行政执法队伍。

　　当前，我国进入了改革发展的关键时期，新的形势、新的任务和新的挑战对海洋行政执法工作提出了更高要求。面对日益加剧的海洋开发活动、日益恶化的海洋环境趋势和日益严峻的海洋维权形势，中国海监必须与时俱进。为此，中国海监总队委托中国海洋大学，组织具有丰富教学与科研经验的中国海洋大学、国家海洋局海洋发展战略研究所、中国政法大学的有关专家学者和具有丰富执法经验的中国海监总队及其所属各海区总队资深执法人员，在中国海监总队与中国海洋大学多年合作开展海监执法人员培训所形成的培训教材基础上，编写了《中国海监行政执法培训丛书》（以下简称《丛书》）。

　　组织编写这套《丛书》，旨在提供规范性、系统性教材，提高海监队伍业务水平，强化海监执法人员综合素质，有效开展海洋行政执法工作，全面忠实地履行各项职责。因此对内容体系的设计思路是：介绍必要的海洋自然科学和海洋自然环境的基础知识，充实海洋管理的基础理论和专业知识，掌握并进一步提高海洋行政执法的法理知识和实务技能。《丛书》适用于中国海监执法人员，可作为上岗培训、在岗培训、年审培训和复合人才培训的教材，也可作为有关高校海洋行政执法课程的辅助教材。《丛书》由海洋自然基础、海洋管理基础、海洋执法理论和海洋执法实务等部分组成，主要包括海洋与环境概论、海洋管理概论、海洋行政执法理论、海域使用行政执法实务、海岛保护行政执法实务、海洋环境保护行政执法实务等内容。

　　《丛书》全套5册，第一册《海洋与环境概论》，由李凤岐编写；第二册《海洋管理概论》，第一、二、三、六章由郭佩芳编写，第四章由朱庆林编写，第五、七、八章由张润秋编写；第三册《海洋行政执法理论》，其中，第一篇法学基础理论由刘玲编写。第二篇海洋行政法理论的第一章至第七章由刘惠荣编写，第八章至十一章由刘卫编写。第三篇中国的海洋法律制度由张颖编写；第四册《海域使用和海岛保护行政执法实务》，其中，第一篇海域使用行政执法实务初稿由郭飞撰写，而后由俞兴树编写第一章至第七章，由段伟编写第八章至十章。第二篇海岛保护行政执法实务的第一、五章由方向南编写，第二章由林细巧编写，第三、四章由陈亮编写；第五册《海洋环境保护行政执法实务》，第一、三章由丁金钊编写，第二、四章由施星平编写，第五章由何建苗编写。

　　《丛书》的完成，是集体智慧的结晶，是团队合作的成果。编写期间，得到了中国海洋大学、国家海洋局海洋发展战略研究所、中国政法大学和中国海监各海区总队的大力支持与热情帮助，在此一并致以衷心感谢！

　　由于时间和能力所限，难免存在许多不妥或者错误之处，敬请批评指正。

编者

2012 年 12 月 30 日

目　录

1 绪 论

1.1 海洋科学

1.1.1 海洋科学的研究内容

海洋科学是研究海洋的自然现象、变化规律及其与大气圈、岩石圈、生物圈的相互作用以及开发、利用、保护海洋的有关知识体系。与以前的一些定义相比,这一提法显然已不囿于海洋自身规律的研究,而是重视了海洋与地球各圈层相互作用的研究,特别是增加了"开发、利用、保护海洋"的研究内容。

既然名为海洋科学,它当然要研究海洋自身的物理、化学、生物、地质的特征以及变化规律与机理等基础理论,也要扩展到它与地球上各圈层的相互作用——耦合与反馈的研究,而开发、利用和保护海洋的研究,则不仅涉及海洋本身的资源与规律,还要从环境科学、工程技术、经济学和管理科学等方面开展相应的研究,因而形成了一个内容丰富、结构复杂的知识体系。鉴于此,本书既关注了海洋环境、资源、灾害、海洋生态健康和安全等方面,也介绍了关于海洋环境经济和海洋环境管理等内容。

1.1.2 海洋科学的形成和发展

1.1.2.1 海洋科学的发展史

海洋科学的发展一般分为三大阶段。18 世纪以前是海洋知识的积累和早期观测研究的时期。资本主义兴起之后特别是伴随"地理大发现"，人类对海洋的了解产生了一个飞跃。19世纪到20世纪中叶是海洋科学的奠基与形成的时期。这期间海洋探险已逐渐转向海洋综合性考察，海洋研究机构也陆续成立，而斯费德鲁普等合著的《海洋》（The oceans）出版，被誉为海洋科学形成的标志。第二次世界大战之后海洋科学发展更快，进入了现代海洋科学的新时期。国际合作海洋调查和重大课题的研究相继推出，海洋科学的基础理论和应用研究都获得了更多的成果；海洋科学各分支学科研究更加深化，反过来又充实、拓展和系统化了海洋科学体系。1998年是首个"国际海洋年"，2001年5月联合国缔约国大会报告中明确提出"21世纪是海洋世纪"，2004年"世界环境日"的主题定为"海洋存亡，匹夫有责"，每年的6月8日都举办"世界海洋日"等，皆是对海洋科学的极大推动。

1.1.2.2　海洋观的历史演进

人类的海洋观经历了由避离海洋到趋海、亲海的曲折而漫长过程。

早期对海洋灾害因无力抗拒而充满恐惧，先民形成了"敬畏有余尽量避离"的海洋观。农业社会促进了生产力的发展，"渔盐之利"、"舟楫之便"使人们对海洋"初用获益步步趋近"。资本主义兴起之后，为了争夺原料资源和抢占市场，西方列强开始了海上争霸。葡萄牙和西班牙成为第一代海上霸主，殖民西扩遍及拉丁美洲，向东掠夺也窃取中国澳门。第二代海上霸主荷兰则侵占我国宝岛台湾。英国取代荷兰称霸之后，殖民地遍布全球，号称"日不落帝国"，我国的香港、九龙也被强"租"。第二次世界大战之后，美国伺机黩武，第七舰队悍然侵驻我国台湾附近海域。冷战时期美苏两国全面争斗，全球海洋又成了他们争霸的主战场之一。他们的海洋观是"殖民黩武，争霸制海"。

1989年苏联解体之后，美国成了唯一的超级大国，亟欲把世界大洋变为美国的内海，但广大发展中国家已联合而形成了不可忽视的政治力量。联合国第三次海洋法会议历时9年，终于通过了《联合国海洋法公约》，是世界各国要求平等分享海洋权益、反对大国海洋霸权主义斗争的结果，尽管其中仍然保留了不少妥协和让步。1992 年联合国环境与发展大会通过的《21 世纪议程》指出：海洋是全球生命支持系统的一个基本组成部分，也是有助于实现可持续发展的宝贵财富。科学发展保护海洋，成为新时代的海洋观。

1.1.3　我国海洋科学的发展

我国先民对海洋现象的观察和研究曾经做出了巨大的贡献。指南针的发明和应用于航海，为海洋科学的发展准备了条件。郑和"七下西洋"之后近 100 年才有了西方的"地理大发现"。

当西方列强海洋事业大发展之时，我国却经历封海的周折。明朝和清代的封海闭关，严重地阻碍了我国海洋事业的发展，鸦片战争之后沦为半殖民地，特别是第二次世界大战日本侵华，使我国的海洋事业几遭夭折。直至抗日战争胜利之后，才在山东大学、厦门大学和台湾大学分别成立了海洋研究所。1946 年厦门大学首建海洋学系，1952 年山东大学建物理海洋学专业，后来发展扩大成为中国海洋大学，此外，国内还有数所海洋大学，几十个校院设立了涉海的系科，中国科学院、中国水产科学研究院、国家海洋局等下属涉海的研究所也有几十家。在大洋调查、南北极科学考察和基础理论与应用性研究等方面，都已取得了喜人的成果。

1.2　环境科学

1.2.1　环境科学的形成与发展

环境科学是伴随着人们对环境和环境问题关注而发展起来的一门综合性学科，现在也已发展成为一个相当复杂的综合知识体系。

1.2.1.1 环境及其特性

环境是相对于一定中心事物而言的；与该中心事物相关联的周围事物的集合，即称为该中心事物的环境。中心事物是环境的主体；周围事物是环境的客体，它既可以是物质的也可以是非物质的。在生活或实际工作中，人们依据需求而对环境给出了更为具体的限定。例如《中华人民共和国环境保护法》就规定："本法所称环境，是指影响人类生存和发展的各种天然的和经过人工改造的自然因素的总体，包括大气、水、海洋、土地、矿藏、森林、草原、野生生物、自然遗迹、人文遗迹、自然保护区、风景名胜区、城市和乡村等。"环境科学一般把人类作为环境的主体，而环境客体范围极为广泛，通常可分为自然环境和社会环境。前者是指人类赖以生存和发展所必需的自然条件和自然资源的总体，包括直接或间接影响人类的自然形成的物质、能量与现象；后者则指人类通过社会、经济、文化等活动而形成的社会制度等上层建筑环境体系，这些社会要素有人将之归为人类圈或智能圈。广义的人类圈或智能圈还可包括人工环境——在自然基础上经过人类带有目的的、创造性的劳动所造就的人工事物，显然它与自然形成的环境在形成、发展、变化及结构、功能等方面有着本质的区别。

环境的多样性是有目共睹的事实，它不仅表现于自然环境的多样性、社会环境的多样性和人类社会需求与创造的多样性，还体现于人类与环境相互作用的多样性以及环境内在联系的多样性。环境系统效能的整体性又是环境的突出特性。其表现之一是"综合大于加和"，盖因构成环境各组成要素之间耦合、反馈而形成的综合整体效能，明显大于各个环境要素各自功能的简单相加。其表现之二是"短板效应"或称"最差限制律"，即个体累及整体，意指环境系统的整体质量常常受制于其中一个"最差"（与其最优状态差距最大）的要素。环境，尤其是舒适环境的稀缺性越来越为人们所认同。稀缺的现实催生了环境的升值，而从政治经济学的视角看，在组成生产力的三大要素中，劳动资料和劳动对象的主要部分都取自环境要素，甚而就是环境要素本身，可见环境是生产力的重要组成，亦即环境是有价的。在环境与资源经济学以及环境伦理学等研究中，环境价值被提升到了更高的层次。环境的公共物品性是显然的，有些甚至是很典型的"公共物品"，如阳光，即人们对其消费不存在竞争性和排他性。对环境资源的低价甚至无偿使用导致了"外部性"；"自由准入"（open access）和"搭便车"易酿成"公地悲剧"（the trafedy of the connons）；环境风险的时空转移，更使环境问题的扩散加速加剧，这都是"环境问题"产生的原因。

1.2.1.2 环境问题

环境问题是指环境结构和状态发生了不利于人类生存和发展的变化。环境问题的产生有自然方面的原因，也有人为的因素，而现今更多地是由人类不当活动所引致，甚而使本来源于自然的环境问题明显地趋频趋重。联合国列出的威胁人类生存的全球十大环境问题是：全球气候变暖、臭氧层的耗损与破坏、生物多样性减少、酸雨蔓延、森林锐减、土地荒漠化、大气污染、水污染、海洋污染、危险废物越境转移。显然上述每一类环境问题，都与人类活动密切相关。联合国环境规划署（UNEP）组织编写的全球环境展望（GEO）第 3 期对 1972—2002 年间全球环境状况的总结引起了人们的高度关注；2011 年 1 月美国国家气候数据中心称，2010 年是 1880 年以来最热的一年；环境问题可谓不胜枚举，而且触目惊心。

1.2.1.3 环境科学与"可持续发展"

人类早期只能被动地依附于环境而生存，农业革命之后，则开始了对环境的"改造"。改造的收获是创造了农业文明，但也损害、破坏了自然环境，如水土流失、农田贫瘠，促使人们开始关注环境问题。工业革命后，人类对环境索取与改造的规模更大，伴随而生的废气、废水和固体废弃物越来越多，污染升级酿成了八大环境公害[①]令世人震惊，严酷的后果使人们开始关注环境污染。1948 年莫斯科大学开设了环境保护课，许多科学家从自己的学科视角研究环境问题，逐渐形成了环境化学、环境物理学、环境地理学、环境工程学、环境经济学等分支学科，进一步发展、交叉与综合，推动了环境科学的形成。1972 年出版的《只有一个地球——对一个小小行星的关怀和维护》被认为是环境科学的绪论性著作。1972年联合国大会的《人类环境宣言》呼吁全球保护和改善环境；1987 在《我们共同的未来》中倡导了"可持续发展"的理念，使环境与发展的思想实现了一次飞跃；1992 年的《里约热内卢环境与发展宣言》和《21 世纪议程》提出了实现可持续发展思想的基本原则和行动计划；2002 年可持续发展世界首脑会议，通过了《执行计划》和《政治宣言》，将可持续发展再次提升到一个新阶段。

环境科学的发端，缘于人类那个时代对此前行为的反思。由关注环境污染到致力污染治理，环境科学得以形成并发展，但还囿于人类出于自我拯救的权宜之计。可持续发展思想和理论，则使环境科学发展到新的高度，具有了人类对环境的终极关怀的意义，成为探索人类与环境的规律、相互作用以及和谐共处的综合的知识体系。环境科学当前仍处于快速发展之中。

1.2.2　环境观的历史演进

从古代至农业社会由于"靠天吃饭"，人类主流的环境观表现为"敬畏而顺从"。工业革命之后改造环境的"胜利"使人们头脑发热，滋生了"滥用加恣损"的环境观。环境公害屡发之后，"环境运动"兴起，保护

---

① 指 20 世纪 30—70 年代发生的重大公害事件：1930 年比利时马斯河谷事件；1940 年代美国洛杉矶光化学烟雾事件；1948 年美国宾夕法尼亚多诺拉事件；1952 年英国伦敦烟雾事件；1953—1956 年日本熊本县水俣病事件；1955—1972 年日本富山县痛痛病事件；1961 年日本四日市哮喘病事件；1968 年日本北九州米糠油事件。

环境呼声日高，与发展经济的矛盾，使人们陷入了"迷惘无所适"。可持续发展思想的提出，实现了人类环境观的重大飞跃——人类在经历了农业革命与工业革命之后，需要再进行一场"环境革命"，秉持"友好求和谐"的环境观。

人类环境观的这一飞跃，将带来文化观、道德观、伦理观、价值观、消费观、科学技术观和经济发展观等都随之有相应的变革和提升。例如：宣扬人与自然和谐，摒弃个体主义、役使主义；倡导尊重生命，爱护自然生态系统，批判"人类中心主义"；在重视人的价值的同时，珍视自然系统的价值，防止片面追求"经济利益最大化"；崇尚俭朴的生活和有节制的物质消费，反对铺张奢侈炫耀性消费；树立正确的科学技术观，不再把"征服自然"的能力当作唯一的衡量标准；发展生态经济，澄清增长观念，杜绝单纯追求 GDP 等。

1.2.3 我国环境科学的发展

中华民族在缔造古代文明的同时，也对环境知识的积累做出了贡献，且早在西周时期就有了保护自然环境的法令—"伐崇令"。然而后来历经封建王朝更替及连年战乱，对环境的损坏也是不争的事实。列强入侵之后贪婪掠夺资源，对环境造成了更大的破坏。

新中国建立之初为发展生产、改善民生，也未注意保护环境。当国外环境公害频发和环境运动兴起之时，则及时总结国外教训，提出不能走西方工业国家先污染后治理的老路。20 世纪 70 年代末，大体与国际同步，在国内开展了环境保护的规划和立法，1983 年把保护环境确立为"基本国策"。1996 年又把可持续发展确立为"国家基本发展战略"。在环境保护和生态建设方面已名列全球做得最好的国家之一，人工造林面积居全世界之首，获得了联合国笹川环境奖和保护臭氧层杰出贡献奖。中国科学院院士刘东生荣获 2002 年度"泰勒环境成果奖"，是世界环境科学领域的最高荣誉，表明中国环境科学家"为解决世界范围的环境问题作出的重大贡献"已被国际社会所认可。我国提出的格罗夫山哈丁山南极特别保护区管理计划,于 2008 年在第 31 届《南极条约》协商会议上获得批准,从而对南极环境保护作出贡献。

以人为本,统筹兼顾,全面协调、可持续的科学发展观,对我国环境科学的引领和对世界的贡献,今后将愈益彰显。

1.3　海洋环境

1.3.1　海洋环境的概念、功能和特点

1.3.1.1　海洋环境的概念

由 1.2.1.1 可知海洋环境是具体限定的环境,即指影响人类生存和发展的海洋各种因素的总体。其中既有天然的海洋因素,也包括经过人工改造的海洋因素;当然由于现今人类活动对海洋的干预,这两种海洋因素有时已很难截然分开。

《海洋科技名词》定义海洋环境为:"地球上海和洋的总水域,按照海洋环境的区域性可分为河口、海湾、近海、外海和大洋等,按照海洋环境要素可分为海水、沉积物、海洋生物和海面上空大气等。"《中华人民共和国海洋环境保护法》限定:"本法适用于中华人民共和国的内水、领海、毗连区、专属经济区、大陆架以及中华人民共和国管辖的其他海域","在中华人民共和国管辖海域以外,造成中华人民共和国管辖海域污染的,也适用本法"。

1.3.1.2　海洋环境的功能

联合国《21 世纪议程》指明海洋是全球生命支持系统的一个基本组成部分,乃是基于可持续发展理念对于海洋功能的最概括的表述。许多学者对海洋环境功能进行了更为细致的分析。从资源方面关注是它能提供多

样而丰富的物质资源和能源，着眼于环境污染更重视其纳污和物理自净功能，就二、三产业来说，则提供港口、交通、旅游及娱乐等多种功能，至于固化于海岸带、沉积、化石以及蕴涵于海洋生态系统之中的历史和文化底蕴等，则提供了多方面的历史文化功能。海洋环境的功能可以综合为 4 大功能：物质和能量的富饶之"源"功能，纳污和自净的"海涵"之"汇"功能，生产和生活的广适之"器"功能，信息和文化的厚重之"蕴"功能。

上述海洋环境功能是海洋环境的资源禀赋的体现，换言之，海洋环境可以涵容海洋资源。这也符合《中华人民共和国环境保护法》对环境的定义。因此，本书用语"海洋环境"一般即包括海洋资源，但在强调资源的禀赋性特征时也使用"海洋资源"一词。

1.3.1.3 海洋环境的特点

海洋环境在构成 、性质、功能等各方面表现出诸多特异之处。

全球大洋水域的相互连通性——世界大洋及其附属部分，都有水路可以相互沟通。

不同海域特征的区域分异性——在不同的海域，它们的环境特征可以相差很大。

性质及其运动的复杂特殊性——海水性质特殊，而海水运动形态及效应非常复杂。

海洋环境系统多方位开放性——海洋环境系统的外边界复杂多样，而且都是开放的。

海洋生态系统的庞杂耦合性——全球最庞杂的生态系统，包含耦合着众多子生态系统。

海洋环境及资源时空多变性——海洋各种资源的区域差异很大，有的时间变化很显著。

海洋环境功能多层级重叠性——海洋及其上空和海底，可共同或分别提供各种功能。

1.3.2　海洋环境问题的表现及其特殊性

1.3.2.1　海洋环境问题的表现

1. 海洋自然灾害趋频趋重

海洋自然灾害类型较多。海洋水文灾害有风暴潮、海浪、海冰等；海洋气象灾害有海雾、海上风暴，特别是台风和飓风等；海洋地质灾害有地震（火山）、海啸、海岸侵蚀、海底滑坡等；海洋生物灾害有赤潮、绿潮、水母旺发、外种入侵、外来传播性病原生物等。其中风暴潮和赤潮已被列入中国十大灾害之中。2000 年以来近海无经济价值的大型水母旺发对渔业不利；从 2007 年开始黄海连续出现由浒苔形成的绿潮。这类自然灾害原属"天灾"，但人类的不当活动却使之愈益趋频趋重。例如：中国近海赤潮在 20 世纪 70、80 和 90 年代分别为 9 起、75 起和 263 起，而2003 年一年多达 119 起，此后虽有下降，但年平均也高居 85 次；由于人类毁损了珊瑚礁和红树林两道天然屏障并在海滩大建度假村，2004 年 12月 26 日印度洋海啸得以长驱直入，导致死亡 23 万人；2005 年 8—9 月卡特里娜和丽塔飓风风暴潮重创美国新奥尔良，也因近岸缓冲带湿地被排干建成了大片居住和商业区，以致死亡 1 332 人，经济损失达 1 410 亿美元。2011 年 3 月 11 日东日本地震、海啸是"天灾"，但福岛核电污染则使后果更严重。

2. 海洋环境损害屡禁不止

联合国"2004 年世界珊瑚礁现状报告"称，全世界 20% 的礁层已经遭到破坏并且没有恢复的迹象，24% 正面临被人类破坏的危险，26% 未来将遭遇同样的危险。沿岸围填海、滥采海砂砾石、破坏滩涂、毁损红树林以及不合理的海岸与海洋工程等对海洋环境造成了巨大冲击，衍生了海岸侵蚀、港池航道淤积、海洋环流变异和海洋生物栖息繁育环境破坏等问题。

3. 海洋资源紧缺愈趋明显

海洋渔业资源的衰退已是公认的事实，有些种类已遭灭绝。海洋矿物资源的存量也是有限的，掠夺性地开发将加速其耗竭。舒适性海洋环境的资源存量同样在明显下降，越来越趋于紧缺。

4. 海洋环境污染难控难消

废污水排海不仅使河口、城市沿海污染，而且已扩大到更广的海域。中国近岸半数海域未达清洁海域水质标准。近海倾废和海洋沉积造成海底污染，出现了海洋生物无法生存的"死亡区"。海上油轮泄漏事故不断，严重的如 1976 年"奥林匹克勇敢号"溢油 25 万吨，1978 年"阿莫克·卡迪兹"号油轮溢油 22 万吨，海湾战争期间溢油 100 万吨。海上石油开采漏油也防不胜防，2010 年 4 月墨西哥湾"深水地平线"号石油平台漏油达 490 万桶，造成了大面积的海洋和海滩污染。2011 年 6—7 月渤海蓬莱"19 - 3"油田溢油导致 840 平方千米海域严重污染达劣四类，3 400 平方千米海域水质由一类下降为三、四类。

5. 海洋生态破坏后患叵测

酷渔滥捕灭绝了无齿海牛等海洋哺乳和海洋鸟类几十种，也使更多的海洋生物濒危。原有的经济鱼类产量剧降，渔获物日趋低龄、低质、低营养级。海洋污染致害不仅使美国纽约湾、密西西比河口外、地中海和波罗的海、我国渤海锦州湾、长江口至杭州湾多处出现"死亡区"，有些海洋生物即使幸存也屡现致畸，或者因为冲击了海洋食物链，破坏了产卵场、越冬场或度夏区。外来物种入侵一旦占了优势，就能威胁和淘汰本地种群，外来病原生物则会使水产养殖业遭受重大损失。

6. 濒海人口剧增难以承载

全球人口趋海态势越来越明显，32 个特大城市均位于海边。美国 75% 的人口住地离海不足 80 千米；澳大利亚 86% 的人口生活在海岸带。欧盟委员会 2007 年的《海洋综合政策蓝皮书》称，其沿海地区人口近 10 年平均增长了一倍。我国沿海地区经济发展快，城市居民猛增，外来务工人口也集中流入这些城市。其综合效应是海岸带和近海海域环境负荷迅猛直上难以承载。

7. 全球海洋变化不期而至

海洋是影响全球气候变化的重要环节，盖因海洋与大气的热量、动量、水量的交换是数额既大且持续不断。出于对全球环境的关注，人们对"全球海洋变化"愈益重视。全球海洋变化包括海水温盐等性质的变化，海水运动特别是大洋环流的变化以及海平面的变化等。海水温盐等性质的变化对生活于海洋中生物具有非常显著的影响，例如珊瑚对水温就很敏感，水温上升珊瑚会"白化"继而死亡，1980 年以来全球珊瑚礁白化现象在逐年增加。秘鲁和厄瓜多尔近海表层水温比常年升高时会发生厄尔尼诺（El Nino）事件，并导致全球一系列天气异常现象，厄尔尼诺与太平洋东部环流的变异就是密切相关的。温度上升如果引起格陵兰冰雪融化使海水盐度降低，则海水下沉深度变浅，又制约了大洋铅直向的环流，反转来会对气候有巨大影响。南、北极冰的融化将引起海平面上升，现今全球海平面已比 1870 年高出 20 厘米，而 1993 年以来的涨幅平均每年 3 毫米，对沿海地区和大洋岛国造成了威胁：全球有 3 351 座城市位于沿海低地海拔不足 10 米；太平洋岛国图瓦卢寻求迁"国"；印度洋岛国马尔代夫 2009 年 10 月 17 日在水下召开内阁会议，呼吁各国应对气候变暖，防止海平面上升淹没岛国；全球 43 个小岛国家集体呼吁更严格地减排温室气体。

1.3.2.2　海洋环境问题的特殊性

1. 世界大洋的连通性带来了海洋污染扩散的无界性

陆地居民使用的滴滴涕和多氯联苯，本来是就近排入沿岸海域的，现在南极的海冰和 3 000 米深处海水中也发现了这类人造物质。1990 年 5 月韩国"汉莎"轮遇风暴掉入海中的耐克跑鞋，1991 年漂到了美国西海岸及加拿大温哥华。1992 年春我国驶美集装箱船遇风暴滑落入海的塑料玩具鸭，3 年后漂入北冰洋，8 年后出北冰洋到冰岛，9 年后到"泰坦尼克"号沉没海域，又再分二路分别漂到美国和英国海滨，历时达 12～15 年。人们丢弃入海的垃圾、塑料、绳索、废弃渔网等，漂浮在太平洋的风小流弱海域，面积已达 140 万平方千米，俨然成了"垃圾大陆"。

2. 海洋系统的开放性决定了海洋环境污染的多源性

海洋环境系统的上、下和侧边界都是开放的，各种源头的污染物都可进入海洋。陆地上的污水废水途经管道、沟渠、河流最终流入海洋，即使就地渗入地下水中的污染物，历经周转也有很大一部分最后还是进入海洋。陆地工业或海洋船舶的废气可以排入大气，再通过干、湿沉降回归地球表面，而地球表面的71%是海洋，可以直接承纳其上空大气沉降的污染物；陆地上接纳的大气沉降最终又通过径流和地下水汇入海洋。在海底沉积中的污染物，则因海水运动如流、潮、浪或地质活动如地震等而再悬浮；海底火山爆发的喷出物以及海底油气探采的泄漏也污染海洋。海洋中穿梭往来的船舰排出的压舱水、洗舱水，特别是油轮的事故性泄漏，更是防不胜防。

3. 海水运动的复杂性导致了海洋环境污染的难控性

陆地上的污水可以通过管网进入污水处理厂，工厂的废气可在烟囱安装处理设施，固废垃圾可以择地掩埋、焚烧或降解处理，都是可以控制和处理的。进入海洋的污染物则不然，污水或大气沉降污染进入海洋即溶解或悬浮；固废入海因水温不太高光透射差而难降解，或沉积于海底抑或悬浮于海水中，也可漂浮于海面上，继而受浪、潮、流的作用，可以大范围的扩散也可远距离的输运，沉积于海底的污染物也可以重悬浮再扩散。总之因海水运动复杂而使污染更难控制。

4. 海洋环境污染的累积性衍生了污染治理的低效性

海洋位于地球表面的最低之处，因重力作用而使各种污染物易于汇纳入海洋中，并且很难再转移出去，故其累积性是相当明显的。借助于人力和技术将污染物清除出去其难度可想而知，即使有限度地治理，也往往是耗资巨大而收效低微。

5. 海洋生态系统的庞杂性增加了污染致害的严重性

海洋生态系统是地球上最庞大的一个生态系统，其组成、功能与结构异常繁杂，各系统之间的联系、耦合与反馈极为复杂而多样。海洋污染致害将通过复杂的食物网而使范围扩散得难以控制。特别是污染物的生物积累、生物浓缩和生物放大效应，可使其致害的长尾效应（the long tail）大得惊人。例如褐藻对重金属铅的浓缩系数是7万，某些浮游生物富集的重金属和放射性核素，其浓度可比环境水体高出数千倍甚至数十万倍，若通过食物链再逐级放大，最后上了人们的餐桌，则不堪设想。

6. 海洋环境的复杂耦合性加大了治理修复的风险性

海洋环境客体是多个子系统，如水、气、物、化、生、地等耦合而成的大系统，触其任一环节，将引发多级连锁反应。常常会出现这样的情况：人们本来只想利用其某一项功能，但缘于海洋环境功能的多层级重叠复合，却限制甚至损毁了其他功能。治理与修复也可能产生新的危险，许多地方修建的防潮闸、丁坝、海塘、防波堤，有的引起淤积有的导致冲刷，甚或兼而有之，为了得一小利结果却酿成大祸。

7. 海洋功能的重叠多变性增添了开发管理的矛盾性

海洋环境功能的多样和资源的富饶，使得利益相关的各行业和各部门纷至沓来，导致"群龙闹海"；一旦出了问题又互相推诿不愿承担责任或出资治理。资源的时空变动易滋生跨部门、跨辖域或跨时段的利益冲突，环境功能的多层级重叠可引发海洋开发、利用的矛盾，从而使海洋管理增添了错综复杂的难题。

海洋环境功能吸引了人类去开发和利用，海洋环境问题警示着人类必须顾及开发利用的后果，为了可持续的发展，就要研究它们的规律和关系，寻求人类与海洋协调发展的途径和举措。

1.3.3　我国海洋环境形势

我国沿海地区人口集中经济发达，改革开放以来发展更快，北从辽、冀、津，南到粤、桂、琼，沿海各省区市无不大力开发利用海洋以促使经济加速跃进。不言而喻，高强度地开发利用对海岸带和海洋环境造成了更大的压力。

尽管我国对发达国家的环境污染有所预警，早在 1982 年就颁行了《中华人民共和国海洋环境保护法》，1999 年修订重颁，还配套了一系列法规制度，使海洋环境恶化的趋势得到一定的控制，但局部海域的环境仍面临严峻的形势。

国家海洋局网站 2011 年刊载的《中国海洋环境深度报告》，指出我国海洋可持续发展面临"4 大危机"和"7 大生态问题"。前者是：近海环境呈复合污染态势，危害加重，防控难度加大；近海生态系统大面积退化，且处于剧烈演变阶段；海洋生态环境灾害频发，海洋开发潜在环境风险高；沿海一级经济区环境债务沉重，次级沿海新兴经济区发展可能面临新的危机和挑战。"7 大生态问题"是：海洋生态系统严重退化；海洋生态灾害频发；陆源入海污染严重；海洋生态服务功能受损；渔业资源种群再生能力下降；河口生态环境负面效应凸显；海平面和近海水温持续升高。

危机必须面对进而逐一排除，问题则应正视统筹予以化解。我国海洋环境的形势和未来有待我们去审视并驾驭。

思考题

1. 海洋科学的发展史和中国海洋科学回顾对我们有什么启示？
2. 试比较海洋观、环境观和科学发展观。
3. 试论环境的概念和特性。
4. 谈谈你对环境问题及其根源的认识。
5. 何谓海洋环境？试论其特点和功能。
6. 何谓海洋环境问题？举例说明其表现和危害性。
7. 试论海洋环境问题的特殊性。

参考文献

1. 全国科学技术名词审定委员会 . 2007. 海洋科技名词（第二版）[M] . 北京：科学出版社.

2. 冯士筰，李凤岐，李少菁. 2000. 海洋科学导论［M］. 北京：高等教育出版社.

3. 左玉辉. 2003. 环境学［M］. 北京：高等教育出版社.

4. 钱易，唐孝炎. 2001. 环境保护与可持续发展［M］. 北京：高等教育出版社.

5. 叶文虎，张勇. 2006. 环境管理学（第2版）［M］. 北京：高等教育出版社.

6. 张德贤，戴桂林，孙吉亭，等. 2000. 海洋环境管理的理论思考［J］. 海洋环境科学，19
（2）：58 – 62.

7. 叶安乐，李凤岐. 1992. 物理海洋学［M］. 青岛：青岛海洋大学出版社.

2　海洋地学环境

俗语常说"海水不可斗量"、"不知天高地厚"，阅读本书可以得出相应的解说。

2.1　地球和海洋

地球是太阳系的 8 大行星之一，至今仍是最适于人类生存繁衍的环境。作为一个系统，地球以其固体表面为界，可分为内部和外部的一系列圈层。内部圈层有地壳、地幔和地核，可以解读"地厚"的范围；外部圈层则包括水圈、生物圈和大气圈，可以讨论"天高"。常用术语岩石圈，本来是相对地球外部三大圈层而言的，现在多用于指更为具体的范围——地壳以下包括莫霍面在内的圈层。至于人类圈（或智能圈）之称，并不特指某一具体圈层，仅为相对于生物圈而言，因为人类的活动范围早已涉及诸多圈层。水圈是指地球表层的水体，其 97% 的水量都汇集在海洋之中，海水之量也是可以回答的。

2.1.1　地球概貌

地球顾名思义，地为球形，且很容易联想到正球形。其实这只能近似视为全球静止海面理想的形状，即不考虑地球表面的海陆差异，而海洋中也没有波浪、潮汐、海流的位势相等的海面。陆地是客观存在的，该静止海面便是延伸到陆地之下的"假想海面"，它成了陆地高程的起算面——大地水准面。大地水准面的抽象化形状，可作为理想的地球形状。然而，大地水准面并不是正球形，盖因地球在绕地轴自转，惯性离心力的作用应使之成为旋转椭球体，又缘于地球内部物质不均匀，导致地球形状也不是规则的旋转椭球体。据人造卫星测量可知，地球实际上类似于梨形，与规则的旋转椭球体相比，其南极约凹进 24 米，北极约凸出 14 米，由赤道至 45°N，地球表面比椭球体内瘪，而由赤道达 60°S 则向外膨出（图 2 - 1）。这样一来，"地厚"（地表至地心的距离）则南、北极不相等，而中、低纬度地区是南半球大于北半球。世界最高的珠穆朗玛峰海拔 8 844.43 米，在 28°N，地厚 6 382 千米；厄瓜多尔钦博拉索山，海拔 6 310 米，比珠峰低 2 534.43 米，但地厚反比珠峰多 2 000 米，盖因它在 1°S，地厚可达 6 384 千米。

对于大地测量、人造卫星和航天器的发射与回收等，都需要地球形态和大小的参数。第 16 届国际大地测量学和地球物理学联合会推荐，如表 2 - 1 所载参数表示的旋转椭球体作为大地测量的参考面。由表 2 - 1 可知，地球的扁率很小，故在海洋科学研究中一般可把地球视为正球体。

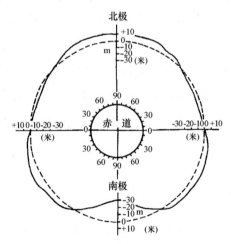

图 2 - 1　地球的形状（实线）与理想椭球体（虚线）

表2-1 表示地球形状的主要参数

赤道半径	a	6 378.104 千米	赤道周长	$2\pi a$	40 075.036 千米
两极半径	c	6 356.755 千米	子午线周长	$2\pi c$	39 940.670 千米
平均半径	$R = (a^2 c)^{1/3}$	6371.004 千米	表面积	$4\pi R^2$	510 064 471.9 平方千米
扁率	$(a-c)/a$	0.003 352 8	体积	$4\pi R^3/3$	10 832.069 × 10^8 立方千米

地球内部物质性质不均匀，导致重力分布也不均匀（例如印度附近海域就比地球表面平均重力小万分之三）；再者，海水运动的格局也影响海面的起伏，所以由长期观测资料得出的平均海平面，与上述"静止海面"并不完全吻合。有关媒体曾报道：在太平洋从台湾以东至日本，澳大利亚东北，大西洋的佛罗里达半岛以东，印度洋的马达加斯加附近海域，洋面各自隆起；在太平洋的堪察加半岛附近，大西洋的格陵兰以南，印度洋的印度沿岸以及南大洋的罗斯海、威德尔海，洋面分别凹下。地球表面陆地地形的起伏比平均海面的凸凹变化还要复杂，因而德国波茨坦地球科学研究中心把真实地球形状——地球形，形象地称为"波茨坦土豆"。

2.1.2 地球表面海陆分布

地球表面的总面积在5.1亿平方千米以上，若以大地水准面为基准计算，陆地仅占29.2%，海洋则达70.8%，海洋面积几乎为陆地面积的2.43倍。

海洋与陆地除了面积相差悬殊之外，分布特点也迥然不同。地球上的海洋可以互相连通，构成一个统一的"世界大洋"，而陆地却被海洋分隔开来，即使不说礁和群岛，甚至大陆也像是被海洋环绕的超级大岛（图2-2）。全球陆地的三分之二以上集中在北半球，而北半球的海洋面积几乎占北半球总面积的三分之二；南半球的海洋面积更多，可占80.9%，陆地则只有19.1%。

全球海洋的平均深度为3 795米，陆地的平均高度只有875米。因此，

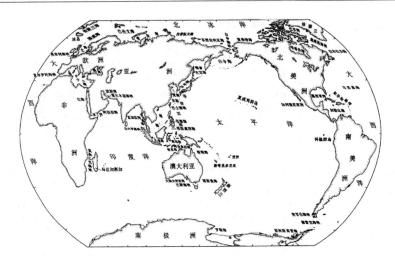

图 2 - 2　大洋和主要的海、海湾与海峡

如果将所有陆地削碎后填入海洋，地球表面也会全被海水淹没，其平均水深可达 2 646 米。可见地球不愧为名副其实的"水球"。人类第一个宇航员加加林从太空看地球便深有此感。

2.1.3　海和洋

世界海洋的主体部分称为洋，附属部分有海、海湾和海峡。

洋，即习称的大洋，是世界海洋的主体。其特点为：远离大陆；面积巨大，约占海洋总面积的 90.3%；深度大，一般深于 2 000 米；海水性质如盐度、温度等几乎不受大陆影响，年变化小；具有强大的大洋环流系统和潮波系统。通常将大洋分为太平洋、大西洋、印度洋和北冰洋。最大、最深的是太平洋，其北界为白令海峡，与北冰洋相接；东界为北、南美洲，与大西洋水域的分界线是从合恩角至南极半岛的连线；西邻亚洲和澳大利亚，与印度洋的分界线是经塔斯马尼亚岛的经线（146°51′W）。大西洋北界是格陵兰岛南端经冰岛、法罗岛至诺尔辰角的连线，与印度洋的分界线是经厄加勒斯角的经线（20°E）（图 2 - 2）。环绕北极点的北冰洋，被亚、欧和北美三大洲环抱，面积最小，深度最浅（见表2-2），曾被视为大西洋的一个附属海，称为北极地中海（Arctic Mediterranean）或北极海（Arctic Sea）。

表2-2　全球大洋的面积、容积和深度

项目	包括附属海						不含附属海[①]					
	面积		容积		深度（米）		面积		容积		深度（米）	
	百万平方千米	%	百万立方千米	%	平均	最大	百万平方千米	%	百万立方千米	%	平均	最大
太平洋	179.679	49.8	723.699	52.8	4 028	10 920[②]	165.246	45.8	707.555	51.6	4 282	10 920[②]
大西洋	93.363	25.9	337.699	24.6	3 627	9 218	82.422	22.8	323.613	23.6	3 925	9218
印度洋	74.917	20.7	291.945	21.3	3 897	7 450	73.443	20.3	291.030	21.3	3 963	7450
北冰洋	13.100	3.6	16.980	1.3	1 296	5 449	5.030	1.4	10.970	0.8	2 179	5 499
世界海洋	361.059	100	1 370.323	100	3 795	10 920[②]	3 260.141	90.3	1 333.168	97.3	4 089	10 920[②]

注：① 菲律宾海、马尾藻海统计在内。

　　② 依海洋测绘1996年第4期数据；此前为11 034米。

在地理学中，把太平洋、大西洋和印度洋的南界定为南极大陆。然而从海洋学的观点看，靠近南极洲的这一片水域因为有自成体系的环流系统和独特的水团结构而具有特殊的意义。联合国教科文组织（UNESCO）下属的政府间海洋学委员会（IOC），于1970年将"从南极大陆至40°S为止的海域，或从南极大陆起，至亚热带辐合线明显时的连续海域"定义为南大洋（Southern Ocean），故其北边无陆界。

海是海洋的边缘部分，其特点为：水深较浅，平均深度一般浅于2 000米；水温、盐度等海洋水文要素受大陆影响显著，其年变化、甚至季节变化也明显；海水透明度小，水色低。各大洋主要的海见表2-3。海的主要类型有陆间海、边缘海和内海。陆间海是位于大陆之间的海，又称为地中海，其面积和深度都比较大，如亚、欧、非三大洲之间的地中海。由于周围邻接的大陆影响显著且其与大洋沟通受限，故其物理性质、化学性质与大洋有明显差别。内海是伸入大陆内部的海。一般面积较小，受大陆影响更强烈，致使其环境要素的局地特征更为显著，如渤海和波罗的海。边缘海则位于大陆边缘，外侧以半岛、岛屿、岛弧或群岛与大洋分隔，如东海、鄂霍次克海等，它们与相邻接的大洋水交换比较通畅。

表 2-3　各大洋主要的海和海湾

大洋	海或海湾	面积（万平方千米）	总体积（万立方千米）	深度（米）	
				平均	最大
太平洋	白令海	230.4（234.4）	368.3（384.4）	1 598（1 640）	4 151（4 191）
	鄂霍次克海	159.0（161.7）	136.5（132.8）	777（821）	3 372（3 521）
	日本海	101.0（107.0）	171.3（164.2）	1 752（1 535）	4 036（3 669）
	渤海	7.7	0.14	18	86
	黄海	40.0（41.7）	1.7	44（40）	140（105）
	东海	77.0（75.2）	285.0（262.0）	370（349）	2 719（2 370）
	南海	360.0（344.7）	424.2（393.0）	1 212（1 140）	5 559（5 245）
	爪哇海	48.0	22.0	45	100（89）
	苏禄海	34.8	55.3（55.4）	1 591	5 119（5 576）
	苏拉威西海	43.5	158.6	3 645	5 847（5 914）
	马鲁古海	29.1	55.3	1 902	4 970
	塞兰海	18.7	22.6	1 209	5 319
	班达海	69.5	212.9	3 064	7 360（7 440）
	弗洛勒斯海	12.1	22.1	1 829	5 123
	巴厘海	11.9	4.9	411	1 296
	萨武海	10.5	17.8	1 701	3 370
	珊瑚海	479.1	1 147.0	2 394	9 140（9 174）
	塔斯曼海	230.0			5 943
	加利福尼亚湾	17.7	14.5	818	3 127
	阿拉斯加湾	132.7	322.6	2 431	5 659
	菲律宾海	580.0	2 378.0	4 100	10 830

续表

大洋	海或海湾	面积 （万平方千米）	总体积 （万立方千米）	深度（米）	
				平均	最大
印度洋	红海	45.0	25.1	558	2 514（3 039）
	阿拉伯海	386.0（368.3）	1 007.0（1 006.9）	2 734	5 803（5 875）
	波斯湾	24.1	0.96	40	102
	孟加拉湾	217.2	561.6	2 585（2 580）	5 258
	安达曼海	60.2	66.0（66.4）	1 096	4 189（4 507）
	帝汶海	61.5	25.0	406	3 310（2 310）
	阿拉弗拉海	103.7	20.4	197	3 680
	大澳大利亚湾	48.4	45.9	950	5 080
大西洋	波罗的海	42.0（44.8）	3.3（2.2）	86（48）	459
	北海	57.0（55.4）	5.2（5.3）	96	433（809）
	地中海	250.0（250.5）	375.4（375.2）	1 498（1 500）	5 092（5 121）
	马尔马拉海	1.1	0.393	357	1 261
	黑海	42.3（43.1）	53.7（50.4）	1 271（1170）	2 245（2 210）
	亚速海	4.0	0.04	9	14
	比斯开湾	19.4	33.2	1 715	5 311
	几内亚湾	153.3	459.2	2 996	6 363
	加勒比海	275.4	686.0	2 491	7 680
	墨西哥湾	154.3	233.2（231.5）	1 512（1 500）	5 023
北冰洋	挪威海	138.3（134.7）	240.8（234.6）	1 742	3 970（3 860）
	巴伦支海	140.5（147.0）	32.2（27.3）	229（186）	600
	白海	9.1	0.44	49	330（350）
	喀拉海	88.3（90.3）	10.4（10.2）	127（113）	620
	拉普捷夫海	65.0（67.8）	33.8（36.6）	519（540）	3 385（2 980）
	东西伯利亚海	90.1（92.6）	5.3（6.1）	58（66）	155
北冰洋	楚科奇海	58.2（59.0）	5.1（4.5）	88（77）	160
	波弗特海	47.6	47.8	1 004	3 731
	巴芬湾	68.9	59.3	861	2 136
	哈得孙湾	81.9	8.2	100	274
	格陵兰海	120.5	17.4	1 444	4 846（5 527）

注：括号中为不同书刊的数据。

　　海湾是洋或海延伸入大陆且水深逐渐变浅的水域，一般用入口处海岬之间的连线或入口处的等深线作为与洋或海的分界线。大多数海湾与毗连的海洋可以自由进行水交换，所以其海洋状况与邻接的海洋大多类似，但潮差往往显著增大，例如杭州湾潮差可达9米，在芬迪湾曾出现21米的大潮差。

　　两端连通海洋的较狭窄的水道（Channel）称为海峡。其特点是：水流急，潮流速度大，如老铁山水道为1.5～2.0米/秒，琼州海峡可达3米/秒；流况复杂，既有上、下层流向、速度各异（如直布罗陀海峡），也有左、右侧分别流入或流出（如渤海海峡）；当海峡两端环流和水团差异较大时，海峡中的海洋环境状况更趋复杂。海峡因扼守交通咽喉，被视为战略要地而倍受关注。

　　需要指出的是，由于历史、习惯等原因，有许多习用名称并不符合海洋学的定义。例如波斯湾、墨西哥湾实际是海，而阿拉伯海实际是海湾。中国近海中的某些局部海域甚至被俗称为"洋"，例如：珠江口的伶仃洋，杭州湾的玉盘洋，舟山群岛及浙东海域中的大戟洋、岱衢洋、黄泽洋、灰鳖洋、黄大洋、畸头洋、莲花洋、磨盘洋、大目洋、猫头洋等。

2.1.4　公约和法律对有关海域的规定

2.1.4.1　内海（internal sea）

1. 法律规定

　　领海基线向陆地一侧的全部海域。包括：①海湾、海峡、海港、河口湾；②测算领海的基线与海岸之间的海域；③被陆地包围或通过狭窄水道连接海洋的一带海域。《中华人民共和国领海及毗连区法》和《中华人民共和国海域使用管理法》中所称"内水"（internal waters），即指上述海域（图2-3）。

　　《联合国海洋法公约》（以下简称《公约》）第八条称"领海基线向陆一面的水域构成国家内水的一部分"。这里所称的"内水"包括了领海内

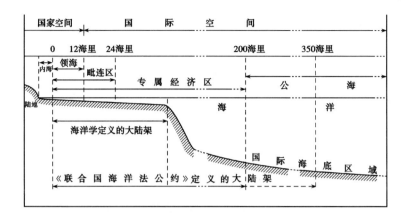

图 2 − 3　海洋中的各种管辖区域

侧的咸（海）水和淡水，即"内海"只是"内水"的一个组成部分。

对于群岛国（archipelagic state），依《公约》第四十七条规定群岛基线，基线所包围的水域称为群岛水域，"群岛国可按有关内水中的海湾和河口等的普遍规则，在其群岛水域内用封闭线规定内水的界限"。

2. 法律地位

内海与国家陆地领土具有相同的法律地位，国家对其行使完全的、排他的主权，外国船舶未经许可不得驶入，外国飞机未经许可不得飞越其上空。

2.1.4.2　领海（territorial sea）

1. 法律规定

《公约》规定："沿海国的主权及于其陆地领土及其内水以外邻接的一带海域，在群岛国的情形下则及于群岛水域以外邻接的一带领域，称为领海。"沿海各国"有权确定其领海的宽度"，但最宽"不超过 12 海里"。然而由于历史等原因有些国家仍然超过 12 海里，例如中、南美及非洲一些国家主张 200 海里。

2. 法律地位

领海的海域及其上空、海床和底土处于沿岸国家的主权管辖之下，除依长期国际习惯规则和国际法规范的一定限制和义务（如允许其他国家的船舶"无害通过"其领海）之外，享有完全、排他的主权。

2.1.4.3　海湾（gulf/bay）

1. 法律规定

《公约》仅针对海岸属于一国的海湾，规定"海湾是明显的水曲，其凹入程度和曲口宽度的比例，使其有被陆地环抱的水域，而不仅为海岸的弯曲"。"如果海湾天然入口两端的低潮标之间的距离不超过24海里，则可在这两个低潮标之间划出一条封口线，该线所包围的水域应视为内水"；若"超过24海里，24海里的直线基线应划在海湾内，以划入该长度的线所可能划入的最大水域"。

2. 法律地位

《公约》所认定的"海湾"，法律地位同内海。但《公约》也指出"上述规定不适用所谓'历史性'海湾"。所谓历史性海湾（historic bay）是指"海湾两侧均属于同一国家，其湾口宽度虽超过24海里，但在历史上一向被承认为该沿海国内水的海湾"。

2.1.4.4　毗连区（cotiguous zone）

1. 法律规定

《公约》规定"毗连区从测算领海宽度的基线量起，不得超过24海里"。即毗连区中一定宽度的海域与领海相重叠，而另一部分延伸到领海之外（图2-3）。

2. 法律地位

属于领海者行使领海的主权，在领海之外毗连的海域内，"行使为下列事项所必要的管制：（a）防止在其领土或领海内违反其海关、财政、移民或卫生的法律和规章；（b）惩治在其领土或领海内违反上述法律和规章的行为"。

2.1.4.5 海峡与国际海峡（strait and international strait）

1. 概念

海峡是两块陆地间的带状狭窄水域。《公约》未专门定义国际海峡，但依其有关内容可理解为，主要是指连接公海或专属经济区，特殊情况下也可指连接公海（或专属经济区）与领海的未受限制而频繁用于国际航行的海峡。

2. 国际海峡的通行制度

《公约》规定以过境通行（transit passage）为主，以无害通过为辅。即给予各国船舶在海峡中继续不停和迅速地通过的权利，且在通过时不得损害沿岸国的和平、良好秩序或安全。两种通过制度的区别是：在适用无害通过制度的领海海峡内航行，潜艇和其他潜水器必须在海面上航行并展示其旗帜且不包括航空器的飞越权；而在适用过境通行制度的领海海峡内航行的外国潜艇和其他潜水器则无此要求且飞机有飞越权。

依《中华人民共和国关于领海的声明》（1958 年 9 月 4 日），渤海海峡和琼州海峡都属于我国的内海海峡，都是我国内海的一部分。

2.1.4.6 闭海与半闭海（enclosed and semi – enclosed seas）

1. 法律规定

指两个或两个以上国家所环绕并由一个狭窄的出口连接到另一个海或洋，或全部或主要由两个或两个以上沿海国的领海和专属经济区构成的海湾、海盆或海域。

2. 强调沿岸国协调

《公约》强调"闭海或半闭海沿岸国应尽力直接或通过适当区域组织：（a）协调海洋生物资源的管理、养护、勘探和开发；（b）协调行使和履行其在保护和保全海洋环境方面的权利和义务；（c）协调其科学研究政策，并在适当情形下在该地区进行联合的科学研究"。

2.1.4.7 专属经济区 (exclusive economic zone/EEZ)

1. 法律规定

"专属经济区是领海以外并邻接领海的一个区域"(图2-3)。其宽度"从测算领海宽度的基线量起,不应超过200海里"。

2. 法律地位

既非领海亦非公海而具有独特的法律地位。

(1)沿海国的主权权利:勘探和开发、养护和管理海床上覆水域和海床及其底土的自然资源(不论为生物或非生物资源),以及从事经济性开发和勘探,如利用海水、海流和风力生产能等其他活动。

(2)沿海国的管辖权:对人工岛屿、设施和结构的建造和使用;海洋科学研究;海洋环境的保护和保全以及由《公约》规定的其他的权利和义务。

(3)沿海国的义务:需要明示其权利的存在,以沿海国的宣告为准;在行使其权利、履行其义务时,应适当顾及其他国家的权利和义务,并以符合《公约》规定的方式行事。

(4)其他外国的权利和义务:在专属经济区内享有船舶航行、飞机飞越和铺设海底电缆和管道的自由等权利以及与此有关的海洋其他国际合法用途。但在行使这些权利时,须遵守沿海国的有关法律和规章。例如在我国专属经济区内"铺设海底电缆和管道的路线,必须经中华人民共和国主管机关同意"。

2.1.4.8 公海 (the high seas)

1. 法律规定

《公约》规定"公海对所有国家开放,不论其为沿海国或内陆国"。《公约》虽未直接定义公海,但指明"规定适用于不包括在国家专属经济区、领海或内水或群岛国的群岛水域内的全部海域"。

2. 法律地位

公海是一种"国际水域"，具有国际的性质而不具有国家所有或占有的性质。

3. 法律制度

公海法律制度的核心和基础是公海自由。包括：航行自由；飞越自由；铺设海底电缆和管道的自由。有限制的自由如建造人工岛屿和其他设施，捕鱼和科学研究。"军舰在公海上有不受船旗国以外任何国家管辖的完全豁免权"。

4. 限制

公海自由应由所有国家行使，但须适当顾及其他国家行使公海自由的利益，并适当顾及《公约》所规定的同"区域"（指国际海底）内活动有关的权利。"公海应只用于和平目的"。

2.2 海岸带和海底地貌及其有关法律规定

2.2.1 海岸带

海岸带（coastal zone）是海洋和陆地邻接及互相作用的地带，鉴于环境、资源、经济与安全等问题而倍受关注。

2.2.1.1 海岸带的定义

《海洋科技名词》定义为："海洋和陆地相互作用的地带。范围从激浪能够作用到的海滩或岩滩开始，向海延伸至最大波浪可以作用到的临界深度处（1/2 最大波长）。"

海洋学定义海岸带着眼于其形成和发育，即：海洋水位升高时被淹没，水位降低时便露出的狭长地带，其地貌特征是在海浪、潮汐和近岸流等作用下形成的。国际地圈—生物圈计划（IGBP）将海岸带海陆相互作用（LOICZ）列为其核心计划之一，定义海岸带是这样一种区域：从近岸平原一直延伸到大陆边缘，反映出陆地－海洋相互作用的地带，尤其是第四纪末期以来曾出露与淹没的海岸地带。

　　从事区域或资源调查研究及管理等实际工作，则对海岸带的宽限给出了具体的界定。例如："全国海岸带和海涂资源综合调查"（1979 年）规定，在平原地区从岸线向内陆延伸 15 千米，向海到 10～15 米水深线；"我国近海海洋综合调查与评价专项调查"（"908 专项"）的海岸带范围为以海岸线为基线，向陆垂直延伸 5 千米，向海延伸到平均大潮低潮线外1 千米。美国《海岸带管理法》（1972 年）的海岸带为邻接沿岸州的海岸线和彼此间有强烈影响的沿岸水域及毗邻的滨海陆地；其外界为领海外界，内界具体范围由各州根据自己的情况自行规定。澳大利亚的西澳大利亚州规定，由高潮线向陆地延伸 1 千米，向海上延伸至 30 米等深线。

2.2.1.2　现代海岸带

　　现代海岸带是指现在呈相对稳定的海岸带，一般包括海岸、海滩和水下岸坡三部分。海岸是高潮线以上的狭窄的陆地地带，除非遇特大高潮或暴风浪，一般都裸露于海水面之上，故又称潮上带。海滩为高、低潮之间的地带，即高潮时被海水淹没，低潮时露出水面，亦称潮间带。低潮线以下直至海浪作用仍能到达的海底部分，属水下岸坡（也称潮下带），一般深约 10～20 米。

　　在多种因素作用下，实际海岸形态复杂多样，其分类标准尚难统一。"全国海岸带和海涂资源综合调查"把我国的海岸分为 6 种基本类型：三角洲岸、基岩岸、砂砾质岸、淤泥质岸、珊瑚礁岸和红树林岸。国外在高纬度海域还有冰雪岸等。由于现代人类活动加强，建造各种海塘、护堤、闸坝、港池、码头等，人工海岸的占比越来越大。

　　由大江河在平原区入海冲积所形成的三角洲，有 4 种主要形态：扇状或称弧状，如黄河口（图 2-4）；多汊道多岛屿状，如珠江口（图 2-5）和长江口（图 2-6）；鸟足状，如密西西比河口；尖嘴状，如台伯河口。基岩岸是基岩山地被海水淹没形成的，岸线曲折，多港湾、岬角。砂砾质岸由不同粒级的松散泥沙或砾石组成，往往伴有潟湖发育。淤泥质岸由 0.05 ~ 0.001 毫米细颗粒泥沙组成，多为广阔平缓的海岸平原。珊瑚礁岸系由造礁石珊瑚、有孔虫、多种藻类等生物残骸构成；红树林岸为耐盐、繁茂的红树林植物群落构成；后两种也合称为生物海岸，它们不仅生物多样性水平高，而且有消浪护岸作用，旅游观赏价值也很高。

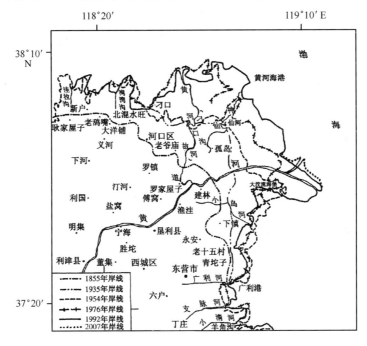

图 2-4 黄河三角洲海岸变迁

　　各种类型的海岸特征形态迥异，对海洋环境、海洋产业与活动的影响差别也很大，这是海岸多样性的表现。此外，海岸还具有开放性、缓冲性、记忆性；对来自陆表的物质，海岸是"汇"，而对海洋而言，它又是"源"，这种源汇兼备性，更值得环境保护工作所重视。

2.2.1.3　海岸线

　　海岸带的定义大多以海岸线为基线向两侧延伸，因而需对海岸线予以确认。通常把海岸线定义为陆地与海洋的分界线。然而，由于潮位变化以及

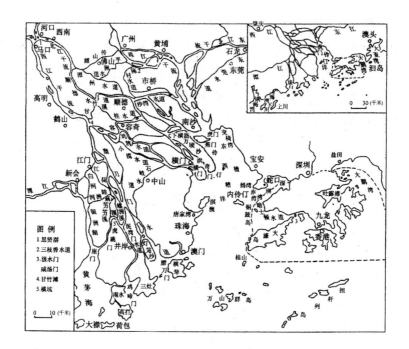

图 2-5　珠江口八大口门形势

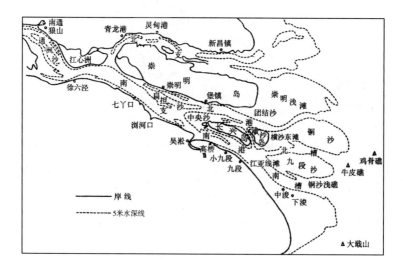

图 2-6　长江口的分汊形势

海浪和风致增水或减水，分界线是随时而变的，故实用中难以此为据。我国国家标准地形图图式（GB/T7929 – 1995）规定："海岸线是指平均大潮高潮的痕迹所形成的水陆分界线。一般可根据当地的海蚀坎部、海滩堆积物或海滨植物确定。"这是比较实用而且易于操作的，故国标 GB/12319 – 1998 及国标 GB/T18190 – 2000 都延续类似的定义。《海洋科技名词》定义海岸线为："海陆分界线，在我国系指多年大潮平均高潮位时的海陆分界线。"

全世界的海岸线总长约 44 万千米。我国的大陆岸线原计 18 000 千米，但近年来围海造田及筑堤建港而致变动较大。我国的岛屿岸线，含台湾和海南岛长达 15 289 千米。两者合计总长度名列全球第 4 位。随着海洋经济的迅速发展和《海域使用管理法》的实施，海岸线的测定和海岸带的研究，越来越受重视，将继续取得更多新成果。

2.2.2 大陆边缘

由海岸带再向海，是大陆与大洋之间的过渡带，称为大陆边缘（continental margin）。其构造活动性各处差异较大，可分为稳定型大陆边缘与活动型大陆边缘两大类，而称为"被动大陆边缘"和"主动大陆边缘"应更合理。

2.2.2.1 稳定型大陆边缘

由于近代构造稳定，没有活火山，且极少有地震。大西洋两侧的美洲、欧洲和非洲大陆边缘即为典型，故此型也称为大西洋型大陆边缘；此外，在印度洋特别是北冰洋周围也广泛存在。该型大陆边缘由三部分组成：大陆架、大陆坡和大陆隆，如图 2 – 7。

（1）大陆架（continental shelf）

又称为大陆棚或大陆浅滩，是大陆周围被海水淹没的浅水地带，即可视为大陆向海洋底的自然延伸。

①海洋学的定义。从低潮线起以极其平缓的坡度延伸到坡度急剧变大处（称为陆架坡折处或陆架外缘）为止。因陆架外缘线并不对应于同一深度，故不同海区的大陆架宽度及外缘深度差别较大：在北冰洋，西伯利

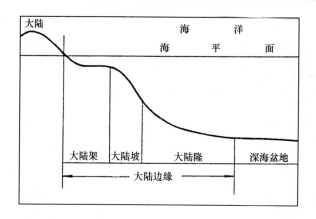

图 2 - 7　稳定型大陆边缘的组成

亚的陆架最宽达 1 300 千米，外缘深度不到 75 米；加拿大陆架宽度约 200
千米，外缘深度却超过 500 米；大西洋东北部的北海及英国周围宽达
1 000 千米，伊比利亚半岛西岸、几内亚湾沿岸、巴西东北一般不宽于 50
千米，个别地段仅 20 ~ 30 千米。我国东海大陆架也相当宽，可达 600 多千
米，外缘水深为 130 ~ 150 米。

②《海洋科技名词》的定义。"在地学上指的是，大陆向海自然延伸
的平缓的浅海区。在法学上指的是，沿海国领海以外依其陆地领土的全部
自然延伸，扩展到大陆边外缘的海底区域的海床和底土，如果从测算领海
宽度的基线量起到大陆外缘的距离不到 200 海里，则扩展到 200 海里的距
离；如果从测算领海宽度的基线量起到大陆外缘的距离超过 200 海里的，
以最外各点每一点上沉积岩厚度至少为从该点至大陆坡脚最短距离的 1%，
或以离大陆坡脚的距离不超过 60 海里的各点为准划定界线。"

③《大陆架公约》（1958 年）的定义。"邻接海岸但在领海范围以外深
度达 200 米或超过此限度而上覆水域的深度容许开采其自然资源的海底区域
的海床和底土"，以及"邻近岛屿和海岸的类似海底区域的海床与底土"。

④《联合国海洋法公约》的定义。在第七十六条共列出 10 款，主要
内容如下："沿海国的大陆架包括其领海以外依其陆地领土的全部自然延

伸，扩展到大陆边外缘的海底区域的海床和底土，如果从测算领海宽度的基线量起到大陆边的外缘的距离不到 200 海里，则扩展到 200 海里的距离"；"在大陆边从测算领海宽度的基线量起超过 200 海里的任何情形下……划定大陆架在海床上的外部界线的各定点，不应超过从测算领海宽度的基线量起 350 海里，或不应超过连接 2 500 米深度各点的 2 500 米等深线 100 海里"；"大陆边包括沿海国陆块没入水中的延伸部分，由陆架、陆坡和陆基的海床和底土构成，它不包括深洋洋底及其洋脊，也不包括其底土"。

⑤《中华人民共和国专属经济区和大陆架法》规定："中华人民共和国的大陆架，为中华人民共和国领海以外依本国陆地领土的全部自然延伸，扩展到大陆边外缘的海底区域的海床和底土；如果从测算领海宽度的基线量起至大陆边外缘的距离不足 200 海里，则扩展至 200 海里。"

⑥大陆架与专属经济区的异同。两者都是沿海国可行使主权权利的空间，且在 200 海里内相重叠，亦皆允许航行自由、飞越自由和在海底铺设电缆、管道。不同之处在于：大陆架早在 1945 年即提出，专属经济区迟至 1972 年；大陆架原属地理学名词，依领土自然延伸成了法律概念，专属经济区并非基于海洋学的理论，而是出于沿海国经济利益的考虑；大陆架是权利专属，甚至不需要公告，专属经济区则必须"主张"，由沿海国宣告明示；专属经济区宽度不超过 200 海里，大陆架可超过，最宽可达 350 海里，但超出 200 海里部分的上覆水域属公海（图 2-3），此"陆架上非生物资源的开发应缴付费用或实物"（通过"管理局"缴纳）；大陆架在 200 海里内的主权权利仅限于海床、底土及底土的矿物资源、定居种生物和其他非生物资源，专属经济区还包括 200 海里水域内的生物资源开发利用以及利用海水、海流和风力生产能等其他活动的主权权利。

⑦大陆架及专属经济区的划界问题 因其与国家的主权、权益、资源、环境等紧密相关而倍受关注，特别是海岸相向或相邻国家间上述界限的划分，更易引发纷争。我国的严正立场是：重申《公约》规定的"陆地领土的全部自然延伸"和"200 海里"；"与海岸相邻或相向国家关于专属经济区和大陆架的

主张重叠的，在国际法的基础上按照公平原则以协议划定界限"。

（2）大陆坡（continental slop）

又称大陆斜坡，是分开大陆和大洋的全球性巨大斜坡，其上限在陆架坡折处，下限至大陆隆或海沟，故其水深变化比较大。陆坡的表面大多崎岖不平，除深海平坦面坡度较小外，常有深邃凹蚀的海底峡谷，剖面为不规则的"V"字形，下切深度数百米乃至上千米，谷壁陡达40°以上。这些特征对于海水运动、水声通讯和军事活动的影响很大。

（3）大陆隆（continental rise）

亦称大陆裾（continental apron）或大陆基，是大陆坡坡麓缓缓倾向洋底的扇形地，由沉积物堆积而成厚度巨大的沉积体，表面坡度平缓。因富含有机质又处于贫氧环境中，很可能成为海底油气资源的远景区。

2.2.2.2　活动型大陆边缘

活动型大陆边缘集中在太平洋的东西两侧，故又称太平洋型大陆边缘。因与现代板块的会聚边界相一致，遂成为全球最强烈的构造活动带。其显著的特点是三多：多地震、多火山和多海沟。其强烈而频繁发生的地震，可释放全球地震能量的80%，称为"环太平洋地震带"。这里的活火山也占全球的80%以上，故又名"环太平洋火山带"或"太平洋火环"。以深邃的海沟与大洋底分界，标志着板块俯冲作用的强烈。在西太平洋，与海沟大都相伴存在着凸向洋侧的弧形群岛（称为岛弧）；一般缺失大陆隆，由岛直下海沟，该侧坡陡，向洋一侧沟坡较缓。太平洋东侧在中、南美陆缘，则从高耸的科迪勒拉山系直落深邃的中美、秘鲁—智利海沟，大陆架和大陆坡都较窄，大陆隆被深海沟取代，其落差可达15千米以上。

海沟（trench）是"位于大陆边缘或岛弧与深海盆地之间、两侧边坡陡峭的狭长洋底巨型凹地"。在海洋学中专指由板块俯冲作用而形成的水深超过6 000米的狭长洼地。长度可达数百千米至数千千米，宽度窄至数千米到数十千米，横剖面呈不对称的"V"字形，一般是陆侧（岛侧）坡陡而洋侧坡缓。全球已探测到的海沟计24条（表2-4），太平洋多达21

条，水深超万米的 6 条海沟全在太平洋，最深的马里亚纳海沟曾报道水深达 11 034 米，经重新测定为 10 920 ± 10 米。

表 2-4　全球海沟

洋区	海沟名称	最大深度（米）	最深部位置	海沟长度（千米）	平均宽度（千米）	毗邻岛弧或山弧
太平洋	千岛—堪察加海沟	10 542	44°15′N，150°34′E	2 200	120	千岛群岛
	日本海沟	8 421	36°04′N，142°41′E	800	100	日本群岛
	伊豆—小笠原海沟	10 680	29°06′N，142°54′E	850	90	伊豆—小笠原群岛
	马里亚纳海沟	10 920	11°21′N，142°12′E	2 550	70	马里亚纳群岛
	雅浦（西加罗林）海沟	8 850	8°33′N，138°03′E	700	40	西加罗林群岛
	帛琉海沟	8 138	7°42′N，135°05′E	4 000	40	帛琉群岛
	琉球海沟	7 881	26°20′N，129°40′E	1 350	60	琉球群岛
	菲律宾（棉兰老）海沟	10 830	10°25′N，126°40′E	1 400	60	菲律宾群岛
	东美拉尼西亚（勇士）海沟	6 150	10°27′S，170°17′E	550	60	美拉尼西亚群岛
	西美拉尼西亚海沟	6 534		1 100	60	美拉尼西亚群岛
	新不列颠海沟	8 320	5°52′S，152°21′E	750	40	新不列颠群岛
	布干维尔（北所罗门）海沟	9 140	6°35′S，153°56′E	500	50	北所罗门群岛
	圣克里斯特瓦尔（南所罗门）海沟	8 310		800	40	南所罗门群岛
	北赫布里底（托里斯）海沟	9 174		500	70	北赫布里底群岛
	南赫布里底海沟	7 633	20°37′S，168°37′W	1 200	50	南赫布里底群岛
	汤加海沟	10 882	23°15′S，174°45′W	1 400	55	汤加群岛
	克马德克海沟	10 047	31°53′S，177°21′W	1 500	60	克马德克群岛
	阿留申海沟	7 855	51°13′N，174°48′W	3 700	50	阿留申群岛
	中美（危地马拉、阿卡普尔科）海沟	6 662	14°02′N，93°39′W	2 800	40	中美马德雷山脉
	秘鲁海沟	6 601		1 800	100	安第斯山脉
	智利（阿塔卡马）海沟	8 180	23°18′S，71°21′W	3 400	100	安第斯山脉
大西洋	波多黎各海沟	9 219	19°38′N，66°69′W	1 500	120	大安的列斯群岛
	南桑德韦奇海沟	8 428	55°07′S，26°47′W	1 450	90	南桑德韦奇群岛
印度洋	爪哇（印度尼西亚）海沟	7 729	10°20′S，110°10′E	4 500	80	印度尼西亚群岛

注：括号里的名称是别称或曾用名。

2.2.3　大洋底

由大陆边缘再深入，即为大洋的主体——大洋底（ocean bed，ocean bottom），其地貌特征最突出的是规模巨大的洋底山系和面积广阔的大洋盆地。

2.2.3.1　大洋中脊

又名洋中脊，是世界大洋中成因相同、特征相似的连贯的山系，全长可达 8 万千米，占海洋底面积的 32.8%，陆地上任何山系皆不可及。因其大都位于大洋的中部，故名大洋中脊或中央海岭，但在各大洋展布却有不同特点。在大西洋位居中央，基本与两岸平行且边坡较陡称为大西洋中脊。大西洋中脊北伸入北冰洋成了北冰洋中脊，最终在勒拿河口附近伸进西伯利亚；向南转东进入印度洋，也大致位于中部，但呈"入"字形分三支伸展，其东支进入太平洋后偏于东侧而边坡平缓，被称为东太平洋海隆。印度洋中脊北支伸入亚丁湾和红海，可与东非大裂谷和西亚死海裂谷相通。东太平洋海隆北伸至加利福尼亚湾后潜没于北美西部。大洋中脊的轴部是断裂谷地，称为中央裂谷，下切深度 1~2 千米，宽达数十千米至一百多千米，这是海底扩张中心及海洋岩石圈增生之地。

大洋中脊从体系上看是连贯的山系，但并非连绵不断，而是广泛发育转换断层——与中脊轴垂直或斜交的横向断裂带；中脊被断裂带截断，可致各段中脊错开。大西洋的罗曼奇断裂使大西洋中脊错移 1 000 千米以上。

沿中央裂谷带有广泛的火山活动，可形成火山链，虽也是全球性的地震活动带，但震源浅而强度小，所释放的能量仅占全球地震的 5%。有浅源地震活动的洋脊存在重力异常和条带状磁异常，也对应于地热流（从地球内部穿过地壳到地表的热量）的高值区，如大西洋和印度洋中脊。

2.2.3.2　大洋盆地

世界海洋的一半面积为大洋盆地，亦称洋盆，是位于大洋中脊与大陆边缘之间，水深一般 4 000～6 000 米，具有大洋型地壳的盆地。大洋盆地也不是平坦单调的，海岭和海底高原可把大洋盆地再分割成许多次一级盆地。海岭往往是由链状海底火山构成的条带状正向地形，仅有火山活动引起的微弱地震，故而被称为无震海岭，如印度洋的 90°E 海岭和太平洋的天皇－夏威夷海岭，后者顶部露出海面的部分成了夏威夷群岛。海底高原是深海底部的大范围高地，其隆起的相对高差不大，边坡较缓、顶面宽广，但也不乏起伏。

大洋盆地中还有很多海山，仅太平洋就已发现 2 000 多个。海山的相对高度大于 1 000 米，比较陡峭且峰顶面积较小；相对高度小于 1 000 米的称为海丘。海山大多数为火山成因，西太平洋的海山最为密集。著名的三列海山群在夏威夷－天皇海岭，莱恩－土阿莫土海岭以及马绍尔·吉尔伯特－萨摩亚·库克海岭。顶部平坦的海山称为平顶海山（海底平顶山），一般认为它是火山岛被海浪蚀平并下沉而成的。火山岛的沉降伴随珊瑚礁逐渐成长，则是环礁的主要形成过程。

大洋盆地的底部有相对平坦的深海平原，它是由不断的沉积作用覆盖了原来并不平坦的基底而形成的。

2.2.3.3　《公约》对岛、礁和国际海底区域的规定

1. 岛和礁

"岛屿是四面环水并在高潮时高于水面的自然形成的陆地区域"。"不能维持人类居住或其本身的经济生活的岩礁，只能拥有领海和毗连区，不应有专属经济区或大陆架"。礁石在构成领海基线的基点方面有重要意义：位于环礁上的岛屿或有岸礁环列的岛屿，其领海基线为礁石的向海低潮线。

2. 深洋洋底及其洋脊

《公约》规定："大陆边…不包括深洋洋底及其洋脊，也不包括其底土。"可见它们都不可划为大陆架。

3. 国际海底区域（international seabed area）

简称"区域"，是指各国专属经济区和大陆架以外的深海洋底及底土。"区域"及其资源是全人类的共同继承财产。对"区域"内资源的一切权利属于全人类，由国际海底管理局（以下简称"管理局"）代表全人类行使。"区域"应开放给所有国家，不论是沿海国或内陆国，专为和平目的利用，不加歧视。

与"公海"相比，虽然都是沿海各国主权及管辖权之外的海域，但两者有明显的不同："公海"着眼于"海域"，核心是"公海自由"；"区域"则着眼于"深海洋底及其底土"，强调是人类的共同继承财产，权利属于全人类，由国际海底管理局代为行使。

2.3　海洋沉积与资源

从滨海海滩经大陆边缘直到大洋洋底，广泛存在海洋沉积。其种类繁多，成因不一，具有重要的环境、资源、经济价值。

2.3.1　滨海沉积和资源

从潮上带直至潮下带的近岸环境带，受波浪、潮汐、海流等海洋动力过程影响强烈，同时也受陆地径流及其他陆源物参入的作用。上述因素的多变配置，导致滨海不同环境的沉积机理和沉积产物差异明显。

（1）海滩沉积

海滩（beach）是指"在潮间带，由波浪作用形成的向海平缓倾斜的砂砾堆积体。其范围一般指平均低潮线以上直到地形有显著变化的地方，如海崖或沙丘等"。广义的海滩还包括与其发育过程密切相关的水下部分，即波浪对沉积物搬运仍能起作用的深度。海滩的沉积物大多来自邻近陆地，海岸侵蚀是其直接来源，河流则将流域内的风化产物搬运来，此外也有从内陆架向岸搬运的沉积物。海滩沉积物以砂、砾为主，但沉积物的粒度变化大，可从粉砂到巨砾，与波浪强弱相关。波强之处颗粒大，如岬角处往往发育砾石滩；波弱之处粒度小，在岬角之间的海湾可发育沙滩。

（2）潮滩沉积

"潮滩"又称"潮坪"，是"在潮间带，由潮汐作用形成的平缓宽坦的淤泥粉砂质堆积体"。"潮滩沉积物"（tidal flat sediment）亦称"潮坪沉积物"，是潮流作用形成潮间带的泥质、粉砂质堆积体。多呈带状延伸，在开阔海的边缘潮滩规模大，在海湾、河口湾和潟湖周边的潮滩规模较小。潮滩的宽度主要受制于潮差，潮差大于 4 米的强潮海岸，若有丰富的细粒沉积物且波浪作用较弱，则可形成宽阔的潮滩。

潮滩可分为潮上滩（平均高潮至特大高潮线之间）、潮间滩（平均高、低潮之间）和潮下带（平均低潮线以下），主体是潮间滩。受潮流的冲蚀作用，潮滩上往往发育潮沟和潮道。潮上滩的沉积物主要是粉砂和黏土等细粒物质，潮下带主要是多种层理交错的潮滩砂体，潮间滩是过渡带，沉积物主要为砂质和泥质。

（3）沙坝—潟湖沉积体系

沙坝是"出露于水面的平行于海岸的长条形沙脊"。沙嘴是"一端连接陆地，另一端伸入海中的狭长堤坝状堆积地形"。障壁岛是"狭长的与海岸平行的沙岛"，又称堤岛、堡岛。潟湖是"海岸沙坝或沙嘴后侧与海隔离的浅海水域"，常与海有狭窄的通道相连"。两者互相依存，构成沙坝—潟湖体系。全世界现代海岸总长度的13%发育有沙坝—潟湖体系。

潟湖环境的波浪、潮流作用一般都不强。沉积物有碎屑物质和化学沉淀物，热带海岸潟湖可能全由碳酸盐质的生物碎屑组成，高盐潟湖内可形成石膏、岩盐等化学沉淀物。

（4）河口湾沉积与三角洲沉积

这两种沉积都与河流入海有密切关系，但两者又有区别。

河口湾能与开阔海洋自由沟通，湾内碎屑物质的搬运、沉积过程及底质的特征，受流、潮、浪和河口环流系统等水动力要素的控制，可分为三个不同的作用区。河流作用区主要作用力为径流而潮流作用很弱，沉积物主要为交错层状砂和黏土透镜体，还有河道沉积及富含有机物质的沼泽沉积。在河口环流作用区，细颗粒物质的搬运主要依赖河口环流，沉积由纹层状粉砂、黏土组成，夹砂质透镜体。海洋作用区受河口环流、潮汐、波浪和沿岸流共同作用，入口处的潮汐和波浪作用最强，携带悬移质的河口湾由较深的潮道注入外海，潮道中的沉积物为粗砂，浅滩沉积物为中细沙，两者都具有小型交错层。

三角洲是河流携带的泥沙等物质堆积下来形成的扇形堆积体，可分水下和陆上两部分。河口水流是决定其发育和沉积物分布的主要因素。近河口区的沉积物是砂、粉砂和黏土的混合物，以砂为主；远离河口的地带主要是黏土落淤，砂和粉砂含量甚少。河口以外细粒沉积物可扩散很远，从而为三角洲继续前展提供条件。显然，径流量及输沙量为三角洲沉积提供物质基础；潮差及潮流的大小对沉积环境、潮滩和潮流通道的发育影响很大，波浪可导致泥沙的再分布，河流引起的冲刷或淤积则可使水下三角洲位置变动。沙洲或暗沙的形成和变动，对船舶的活动影响很大。

（5）滨海资源

滨海资源种类繁多、储量丰富、潜力可观，对实现可持续发展有重要意义。

我国人民早就重视海洋的"鱼盐之利，舟楫之便"，其实这仅是海洋生物资源、海水化学资源和海洋交通运输资源开发的极小部分。滨海生物资源的开发现已进入了"农牧化"的新时代。我国滨海水产养殖的产量早已超过捕捞产量，跃居世界第1位。海盐产量多年居世界第1位，从海水中提取的镁、溴及其他物质也越来越多。临海经济的高速发展，使许多沿海城市的能源和淡水资源短缺，海洋动力资源的开发，如潮汐能、波浪能、海流能、温差能、盐差能及沿海风能潜力巨大；海水淡化及直接利用（如冷却、冲厕等）已初见成效。沿海经济的腾飞带来了港口、交通的繁忙，也使滨海土地及陆源排污或倾废海域紧缺，从而促成滨海空间资源大幅度升值。海洋旅游资源如浴场、游乐区、海岸及近海自然景观，人类海洋历史遗迹，海洋自然保护区以及海洋科学旅游教育资源等，既成了新的经济增长点，也为建设和谐社会优化环境所必需。

滨海砂矿更是资源的宝库，除做建筑材料外，还可提炼多种金属、重金属、宝石及稀有金属。例如：滨海钛铁矿占全球总产量的30%，锡砂占70%，独居石占80%，金刚石占90%，金红石高达98%。我国是世界上滨海砂矿种类较多的国家之一，已探明储量达16亿吨，矿种超过60种，具有工业开采价值的有钛铁矿、锆石、金红石、磷钇矿、铌铁矿、石英砂等十多种。

2.3.2　大陆边缘沉积与资源

1. 大陆边缘沉积

大陆架属浅海环境，内陆架的沉积作用以潮流和风暴浪影响为主，在外陆架洋流的作用则上升为主要因素。除该类物理因素外，化学、生物和地质过程也影响陆架沉积作用的强度和范围。现代大陆架沉积分三种：现代沉积、残留沉积、变余沉积。现代沉积物大都分布于内陆架，其属性与其目前所处的沉积环境相符，主要为陆源碎屑，一般为砂和泥，取决于河流输入的类型。残留沉积以砂为主，大都分布在外陆架，形成于更新世末低海面时期，海侵之后基本未被改造，仍保留着原来的性质、结构及沉积地形等。变余沉积性质介于以上两者之间，是受现代陆架物理、化学及生物过程改造过的残留沉积，亦称准残留沉积。大陆架生物沉积有碳酸盐和有机质，碳酸盐沉积物中含碳酸盐矿物占半数以上，而其有机质主要来自海洋生物（内陆架多底栖生物而外陆架以浮游生物为主）。大陆碎屑沉积物中也含有机质，黏土中的有机质大多来自大陆，其组分主要为腐殖质和木质素。

大陆坡—陆隆环境与大陆架不同，受外洋环流及水柱中的沉降过程控制更明显。水柱中的沉降作用，深水羽状流和底层流对沉积物的搬运过程有连续性的特点，参与该过程的水体虽然大，但碎屑浓度很低，故沉积速率也低；而浊流、碎屑流、滑动等虽有不连续的特点，但其浓度很高，故沉积速率也很高。陆坡－陆隆堆积的沉积物以陆源成分为主，厚度可达 2~5 千米。其实，大陆隆本身就是大陆坡麓由沉积物堆积而成的沉积体——深海扇，扇的半径为数十千米甚至数千千米。亚马孙河、刚果河、密西西比河、印度河、恒河等河口外都发育有大型深海扇，后两者的体积达 94 万立方千米，沉积物的最大厚度可达 1 万米。

2. 大陆边缘资源

1958 年《大陆架公约》的定义中，已尽显其对资源的关注。《公约》对大陆架连列 8 条，对专属经济区分 4 条，两者合计 40 款，皆关注资源权益。现实是，海洋食物资源的 90% 来自大陆架海域，而其海底蕴藏的多种矿产资源，又为解决陆地资源短缺折射出诱人前景。

海洋自生磷酸盐矿物磷钙石（磷钙土），是生产磷肥、纯磷和磷酸的重要原料，而且常伴含铀、铈、镧等金属，海底储量达数千万吨，主要分布在陆架和陆坡上部。海绿石是提钾，作净化剂、玻璃染色剂和绝热材料的原料，也大多集中分布在 100~500 米的大陆架和陆坡上部。

大陆架油气资源的开发已成当今世界关注的热点。20 世纪 50 年代陆上石油开采好景不再，60 年代即开始了油气生产的战略性转移。已有 200 多个国家和地区探遍了几乎所有的大陆边缘海域，发现 2 000 多个油气田，进入商业开采的近 300 个。波斯湾、加勒比海、墨西哥湾和北海是现代 4 大海上油气生产基地；尤其波斯湾，已探明储量几乎占全世界石油探明的量的一半，遂成了多国进行战略角逐的舞台。北极海底资源也引发俄、美、加、丹等国争相介入。

我国近海陆架宽阔，渔业、水产、化学资源丰富，海底油气资源前景喜人，但是周边国家觊觎者有之，抢占先采者有之。维护国家权益，不啻神圣之责。

2.3.3　大洋沉积与资源

1. 大洋沉积

大洋沉积的显著特点是组分多样、成因复杂、区域差异大。就组分而言，有生物组成和非生物组成两大类。前者主要分钙质和硅质，后者则分陆源、自生、火山及宇宙尘埃等。若依成因，则可分为远洋黏土、钙质生物、硅质生物、陆源碎屑及火山碎屑沉积5种主要类型。

远洋黏土颜色主要呈褐色到红褐色，又称褐黏土或红黏土，其组成主要有黏土矿物、石英和长石细碎屑、自生及宇宙源组分。钙质生物沉积视固结程度可分钙质软泥、白垩和石灰岩；钙质软泥98%是有孔虫软泥，还有少量的翼足类软泥等，是钙质生物沉积的主体。硅质生物沉积依固结程度可分为硅质软泥、硅藻土、放射虫土及燧石等；硅质软泥是主体，主要由硅藻、硅鞭藻、放射虫及硅质海绵等浮游生物残骸组成。

钙质软泥、硅质软泥和褐黏土在大洋沉积物中占绝对优势，但它们在各大洋的分布却有很大差异：南大洋以硅质软泥占绝对优势；大西洋以钙质软泥为主；北太平洋大部分及南太平洋的中部为褐黏土，南太平洋东、西大部为钙质软泥，太平洋赤道区的中、西部为硅质软泥；印度洋的西部多钙质软泥，东部兼有褐黏土和硅质软泥。

2. 洋底资源

广泛分布于大洋底的多金属结核，是最有开发远景的深海矿产资源。早期称为铁锰结核、锰结核、锰矿瘤、锰团块，因其主要由铁锰的氧化物和氢氧化物组成，常为球形、椭圆形、圆盘状、葡萄状和多面状。其个体大的可达十几厘米甚至1米以上，小的不足1毫米。结核含有30多种金属元素，其中的铜、镍、钴、锰、钼都达到了工业利用品位。多金属结核在世界洋底的总储量约3万亿吨。太平洋底约1.7万亿吨。我国作为具有先驱投资者资格的国家，经国际海底管理局同意，在太平洋 C－C 区（7°～15°N，114°～158°W）圈定了7.5万平方千米，作为我国21世纪的海洋多金属矿区；已探知干核资源量有 4.2 亿吨，其中有锰 11 175 万吨，镍 514 万吨，铜 406 万吨，钴 98 万吨。

　　壳状沉积物——富钴结壳，富含锰、钴、铂等多种金属元素，而钴的含量特别高而倍受各国重视，因为钴是重要战略物资。富钴结壳分布于海山、海岭和海底台地的顶部及上部斜坡区，以中太平洋海山区最富集。由于其水深较小，开采技术和成本都比锰结核低，而其中钴含量高达 2%，比锰结核平均含量高 3~5 倍，所以具有可观的经济潜力。

　　天然气水合物又称可燃冰，是由天然气与水在高压低温条件下形成的类冰状结晶物质，多形成于低温（低于 4℃）、有机质丰富且压力较大（大于 3 百万帕）的沉积物中。其中含甲烷达 80%~99.9%，故又称甲烷水合物或固态甲烷。在低温高压下其体积极度缩小，若使之充分分解，1 立方米的天然气水合物则可释放出 150~180 立方米的天然气。已探知的海底天然气水合物中所含有机碳的总资源量，即相当于全球已知煤、石油和天然气总量的 2 倍，可供全世界用 1 000 年。我国南海北部已勘知储量，相当于陆上石油总量的二分之一。2004 年又发现巨大的可燃冰喷溢岩区，为世界所罕见。在神狐海域圈定 11 个矿体，平均厚度 20 米，甲烷平均含量达 98.1%；西沙海槽资源量估算可达 4.1 万亿立方米。

　　海底热液硫化物矿床是海底扩张中心活动的产物。红海中央裂谷带属缓慢扩张中心，产出层状重金属泥，金属储量至少有 9.4 千万吨。生成于大洋中脊轴部的裂谷带者，与扩张中心的热液活动密切相关：海水沿裂谷带或裂缝向下渗透，被新生洋壳加热可达 350~400℃，从玄武岩中淋滤出多种金属元素，重返海底时遇冷海水，金属硫酸盐快速沉淀。热液从喷口涌出，继而快速结晶，可堆积成烟囱状。若逸出含黄铁矿、闪锌状等硫化物，颜色深则成"黑烟囱"；若溢出的固体颗粒物主要是蛋白石、重晶石等浅色矿物则为"白烟囱"；也有的喷烟口呈淡黄、灰白等，几乎全为碳酸钙。经海底物理化学风化破坏，呈枯树枝状、倒伏状或残存碎片状熄灭的烟囱，称为"残留烟囱"。

海底热液活动区还有宝贵的生物资源，在曾被认为是"生命禁区"的高温高压黑暗的海底，有许多嗜热细菌和古细菌不靠阳光却能自养营生，与其他异养共生的多种动物形成了奇特的营养链。对研究地球上原始生命的起源有重要意义，对开发新的抗高温高压反应酶、基因和药物，更有莫大的潜力。

中国"大洋一号"科考船于 2007 年以来年陆续在西南印度洋和东太平洋发现多处海底热液活动区，并成功地抓取到"黑烟囱"、"白烟囱"以及附着的生物个体的样品；在东太平洋 2 700 米深处发现"黑烟囱"高26 米，直径达 4.5 米；且首次在西南印度洋发现大范围碳酸钙海底热液区。2011 年已获准在西南印度洋国际海底 1 万平方千米的硫化物矿区的专属勘探权并在未来享有优先开采权。

2.4　我国近海地学环境

我国位于亚洲大陆的东南部，邻近海域陆架宽阔，地形复杂，纵跨温带、副热带和热带三个气候带，四季交替明显，沿岸径流多变，因而具有独特的区域海洋环境特征。

2.4.1　海区地理位置、区划和海岸类型

我国邻近海域，依传统分为 4 个海区，即渤海、黄海、东海和南海。原苏联的一些海洋学家主张将我国近海分为两大海区——东中国海和南中国海；前者包括渤海、黄海和东海，后者即为南海。日本以及西方的一些海洋学家所称的"东中国海"（The East China Sea），则通常仅是指东海而言；国外也有人把南海叫"中国海"。需要指出的是朝鲜和韩国有时称黄海为"西海"，而越南称南海为"东海"。下面主要介绍渤海、黄海、东海、南海；台湾以东的菲律宾海，因资料所限暂从简。

2.4.1.1　渤海

渤海是我国的内海，位于 37°07′~41°0′N、117°35′~121°10′E，是深入中国大陆的近封闭型的浅海，经渤海海峡与黄海相沟通。其北、西、南三面均被陆地包围，分别邻接辽宁、河北、山东三省和天津市。渤海海峡北起辽东半岛南端的老铁山角（头），南至山东半岛北端的蓬莱角（登州头），宽度约 106 千米。

渤海大致呈三角形，三个角对应于辽东湾、渤海湾和莱州湾（图 2-8）。辽东湾位于长兴岛与秦皇岛连线以北（其南界另说是河北省大清河口至老铁山角）。西边的渤海湾和南边的莱州湾，则由黄河三角洲分隔开来。

渤海的总面积为 7.7 万平方千米，东北至西南的纵长约 555 千米，东西向的宽度为 346 千米。海区平均水深仅为 18 米，最深处只有 86 米，位于老铁山水道附近。

渤海海底及周边蕴藏着丰富的油气资源，已成为我国主要的油气产区之一。渤海沿岸以粉砂淤泥质海岸占优势，尤以渤海湾与莱州湾最为典型。黄河口附近则是比较典型的扇状三角洲海岸。辽东湾东岸盖州市以南，西岸小凌河至北戴河，山东莱州市虎头崖至蓬莱角等岸段，属于基岩沙砾质海岸。

为保护渤海沿岸的滨海湿地、地质遗迹、古海岸、贝壳堤岛等，已建立了多处国家级海洋自然保护区（详见第 9 章）。1980 年批准建立的蛇岛—老铁山保护区，是我国第一个国家级海洋自然保护区。

黄河三角洲已被列为国际重点保护的全球 13 处湿地之一；大连长兴岛斑海豹保护区 2001 年被列入《湿地公约》国际重要湿地名录。

2.4.1.2　黄海

黄海是全部位于大陆架上的一个半封闭的浅海。因古黄河在江苏北部入海时携运大量泥沙入海，导致海色泛黄而得名。

黄海北依辽宁，西傍山东、江苏，东邻朝鲜、韩国，西北边经渤海海

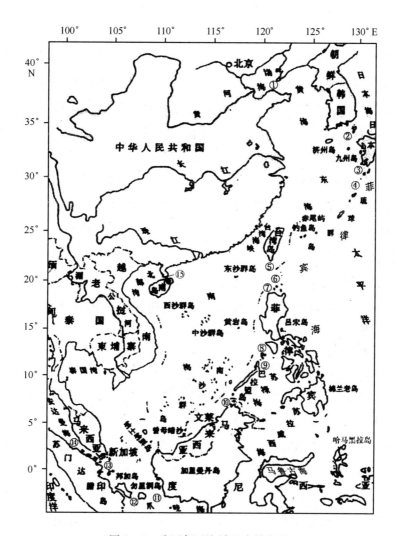

图 2-8 我国邻近海域及有关海峡

1. 渤海海峡；2. 朝鲜海峡；3. 大隅海峡；4. 吐噶喇海峡；5. 巴士海峡；6. 巴林塘海峡；7. 巴布延海峡；8. 民都洛海峡；9. 利纳帕坎海峡；10. 巴拉巴克海峡；11. 卡里马塔海峡；12. 加斯帕海峡；13. 邦加海峡；14. 马六甲海峡；15. 琼州海峡

峡与渤海沟通，南与东海相接，界限为长江口北岸的启东嘴至济州岛西南角的连线，东南面至济州海峡。所跨经度为 119°10′~126°50′E，纬度为 31°40′~39°50′N（图 2 - 8）。

习惯上又常以山东半岛的成山角（成山头）至朝鲜半岛的长山（串）的连线为界将黄海分为南、北两部分。北黄海东北部有西朝鲜湾；南黄海西侧有胶州湾和海州湾，东岸较重要的海湾有江华湾等。

黄海的面积为渤海的 5 倍多，北黄海就有 7.13 万平方千米，南黄海则达 30.9 万平方千米。北黄海平均水深 38 米，南黄海平均水深 46 米。总平均水深 44 米，最深处 140 米，位于济州岛北侧。

黄海海岸类型复杂。山东半岛、辽东半岛和朝鲜半岛，多为基岩沙砾质海岸或港湾式沙质海岸。苏北沿岸至长江口以北以及鸭绿江口附近，则为粉砂淤泥质海岸。

黄海沿岸也有多处国家级海洋自然保护区，江苏盐城滩涂珍禽和江苏大丰麋鹿两处保护区于 2001 年被列入《湿地公约》国际重要湿地名录。

2.4.1.3　东海

东海位于我国大陆岸线中部的东方，在 21°54′~33°17′N、117°05′~131°03′E 之间，是西太平洋的一个边缘海（图 2 - 9）。东海西有广阔的大陆架，东有深海槽，故兼有浅海和深海的特征。

东海西邻上海市和浙江、福建两省，北界是启东嘴至济州岛西南角的连线。东北部分界线一般取为济州岛东南端—五岛列岛—长崎半岛野母崎角的连线，经朝鲜海峡与日本海相通。东面以九州岛、琉球群岛和我国台湾岛连线为界，与菲律宾海相邻接。南界至台湾海峡的南端，与南海相连（图 2 - 8）。

东海的总面积为 77 万平方千米，相当于渤海的 10 倍。平均水深为 370 米，最深可达 2 719 米，位于台湾省东北方的冲绳海槽中。大陆架面积占东海的三分之二。

东海在福建、浙江及台湾沿岸，岸线曲折，港口和海湾众多，其中最

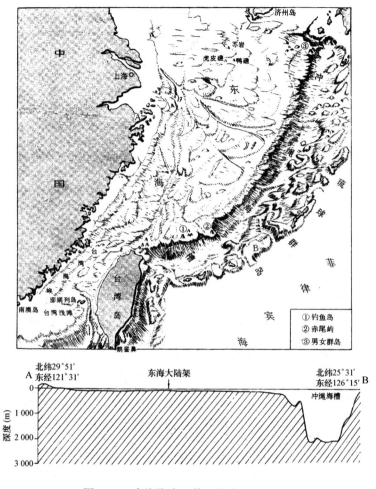

图 2-9　东海海底地势及海底地形剖面

大的海湾是杭州湾。海岸类型北部多为侵蚀海岸，但在杭州湾以南至闽江口以北，也间有港湾淤泥质海岸。在 28°25′N 以南，则有红树林海岸。东海东界从台湾至琉球、九州一线，有众多的海峡、水道，其中最重要的是宜兰—与那国水道、宫古岛—冲绳岛水道（庆良间水道）以及吐噶喇海峡和大隅海峡。

东海沿岸的海洋自然保护区较多，浙江平阳的南麂列岛于 1998 年 12

月 8 日成为我国第一个世界级海洋自然保护区。上海崇明东滩以及长江口中华鲟湿地自然保护区分别于 2001 年和 2008 年列入《湿地公约》国际重要湿地名录。

2.4.1.4　南海

南海位于我国大陆南方，北靠广东、广西，西邻中印半岛和马来半岛、南界加里曼丹岛和苏门答腊岛（图 2 – 8），在 2°30′S 至 23°30′N、99°10′ ~ 121°50′E 之间，纵跨热带与亚热带，而以热带海洋性气候为主要特征。南海东北方经吕宋海峡与菲律宾海相邻，东面经民都洛海峡、利纳帕坎海峡、巴拉巴克海峡和苏禄海相通，西南有马六甲海峡，可通往印度洋。海域非常广阔，总面积达 350 万平方千米，几乎为渤、黄、东海面积总和的 3 倍。虽然有人将其称为亚澳陆间海，但从洲际和大洋区划上看，它仍属于西太平洋的一个边缘海。

南海有许多大海湾，其中最大的是泰国湾（曾名暹罗湾，面积约 25 万平方千米）位于中南半岛与马来半岛之间，湾口以金瓯角至哥打巴鲁一线为界。其次是北部湾（日本和越南称为东京湾），面积 12.7 万平方千米，北临广东、广西，西接越南，东界是雷州半岛灯楼角至海南岛西北部的临高角一线，南界为海南岛的莺歌海（角）至越南来角的连线。其他较重要的海湾有大亚湾、大鹏湾、马尼拉湾和金兰湾等。

南海岸线绵长，曲折多变，形态类型更为复杂，但以各种形式的生物海岸占优势，如众多的红树林海岸和各种形式的珊瑚礁海岸。已建立国家级红树林、珊瑚礁等保护区多处，其中山口红树林保护区于 2000 年 1 月被接纳为世界人与生物圈保护网络成员，是我国第一个被该组织接纳的红树林类型自然保护区；广西防城港市于 2004 年 4 月 22 日获批列入我国第一、全球三大 GEF（全球环境基金，其目的是赞助海洋环境保护大型区域合作项目）红树林国际示范区。列入国际重要湿地名录者有：东寨港和米埔（1992 年），湛江、惠东和山口（2001 年），广西北仑河口（2008 年）。

南海的平均水深为 1 212 米，最深在马尼拉海沟南端，可达 5 559 米，大陆架面积占 54.2% 。

2.4.1.5　菲律宾海

菲律宾海位于我国台湾岛之东，是国际海道测量组织（IHO）为航海需要而划出的西太平洋的一大片水域。北界为本州、四国、九州岛，西界为琉球群岛、台湾岛、菲律宾群岛至印度尼西亚的哈马黑拉岛，东界为伊豆诸岛、小笠原群岛、火山列岛、马里亚纳群岛，南界加罗林群岛。南起赤道北达 35°N，长约 3 450 千米，西起 120°30′E 东近 145°E，宽约 2 000 千米。面积 580 万平方千米，平均水深 4 100 米，最大水深 10 830 米，位于菲律宾海沟（曾名棉兰老海沟）内。

菲律宾海位于两大岛弧之间，无大陆海岸线而只有岛屿海岸线，其中又以红树林海岸和珊瑚礁海岸最多；台湾东岸属断层海岸，峭壁逼临深海，落差甚大（如清水断崖）。港口和航线很多，关岛是美国重兵布防的基地，位于"第二岛链"的核心位置。海域东南连接太平洋，西临东海、南海、保和海、苏拉威西海、马鲁古海，是亚洲与欧、非、美、澳之间许多重要航线所经之地，特别是扼控了"石油航线"——由波斯湾经马六甲海峡、吕宋海峡至日本或关岛的"生命之线"。

2.4.2　海底地形、沉积与构造

1. 渤海的海底地形、沉积与构造

在 5 个海区中，渤海深度最浅，小于 30 米的海域近 7.2 万平方千米，10 米以浅的海域占渤海面积的 26%，平均坡度仅为 28″，地形也较单调。若再细分，可分为 5 部分。

（1）渤海海峡。有庙岛群岛散布其中，将海峡分为 6 个主要水道。其中以最北面的老铁山水道最宽（44.4 千米）、最深（86 米），是黄海水进入渤海的主要通道。由于束水流急，海底冲刷成"U"字形深槽。潮流流出老铁山水道西北深槽之后，水流分散流速减小，在深槽末端形成六道指状的水下沙脊，通称"辽东浅滩"。其表面沉积为分选良好的细砂。

（2）辽东湾。辽东湾是处于两大断裂之间的一个地堑型的拗陷，中部地势平坦，平均水深不到 30 米，最大水深 32 米。入湾各大河口之外，多有水下三角洲。古辽河河谷沉溺于海底，形成了一条长约 180 千米的水下谷地。湾内沉积物以粗粉砂和细砂为主。

（3）渤海湾和莱州湾。这两个海湾是两个凹陷区，地形较平缓而单调。黄河口外有巨大的水下三角洲发育，早年黄河平均每年输沙 10 亿吨以上，使河口沙嘴逐年向外延伸，1855—1976 年已在黄河三角洲北部形成了 2 300 平方千米的新生土地。渤海湾水深一般浅于 20 米，北部水较深，曹妃甸浅滩以南东西向的深槽可达 31 米。沉积物以软泥（粉砂和黏土质）为主。莱州湾绝大部分水深小于 10 米，最深只有 18 米，坡度仅仅 27″；沉积物以粉砂质占优势；东北部有大片沙质浅滩与沿岸沙嘴。1976 年人工改道黄河从清水沟入莱州湾以后，向莱州湾西部输沙增多岸线呈鸟足状外伸。由于近年来入海水量不足、输沙剧减，1996 年以来黄河三角洲正以 7.2 平方千米/年的速度蚀退，尤以三角洲北部蚀退最甚（图 2-4）。

（4）中央海盆。中央海盆是一个近似三角形的海盆，北窄而南宽；水深 20~40 米，为地堑型凹陷，盆地中心沉积物为分选良好的细砂。

渤海为中、新生代沉降盆地，基底为前寒武纪变质岩，第四纪的沉积厚度约 300~500 米。地壳厚度中部为 29 千米，向四周增加，可达 31~34 千米。中生代以来，几经沉降、断裂、海侵、沉积与上升，才形成了现代的渤海。

2. 黄海的海底地形、沉积与构造

海底比东海和南海平坦，而地貌形态比渤海复杂。最突出的特征有黄海槽、潮流脊和水下阶地。

黄海槽是自济州岛伸向北黄海的狭长的水下洼地，深度 60~80 米，自南向北逐渐变浅。洼地东侧较陡，坡度达 1′40″；西侧则较平缓，坡度仅 56″。黄海槽对黄海的水文环境状况影响很明显。

所谓潮流脊，是在潮差大、潮流急的海域，冲刷海底沙滩而形成的与潮流平行的海底地貌形态。在北黄海，从鸭绿江口至大同江口外的海底，有大片的潮流脊呈东北—西南走向。在南黄海，更有大型潮流脊群，如以弶港为顶端向外呈辐射状分布的潮流脊群，南北长约 200 千米，东西宽约 90 千米，有大小沙体 70 多个。

在 38°N 以南的黄海两侧，还分布着宽广的水下阶地，西侧比较完整，东侧则受到溺谷切割，在岛间或岛麓常出现较深的掘蚀洼地。黄海南部为长江现代水下三角洲的外侧区，东南部有苏岩、虎皮礁等构成一条岛礁线，成了黄海和东海的分界线。

黄海海底的表面沉积物属陆源碎屑物。东部海底沉积物主要来自朝鲜半岛，西部则是黄河和长江的早期输入物，中部深水区是以泥质为主的细粒沉积物。北黄海基底主要由前寒武纪变质岩组成，南黄海具有统一的古生代褶皱基底，新生代有大规模断陷，之后又接受巨厚的沉积，第四纪沉积物厚达 300 ~ 500 米。第四纪以来，随冰期与间冰期交替，海面有多次升降，大约距今 6000 年海区才接近现今的态势。

3. 东海的海底地形、沉积与构造

东海兼有浅海和深海的特征而以浅海特征比较显著。

浅海特征中，尤以大陆架宽阔最为突出，面积达 52.99 万平方千米，占东海的 66%。东海北部陆架比南部更宽，最大宽度可达 640 千米。大陆架东北部与朝鲜海峡相连，而西南部可与南海大陆架相接。南部的台湾海峡，平均深度约 80 米，地形较为复杂，最深可达 1 400 米，中有澎湖列岛和台湾浅滩，浅滩外缘水深约 36 米，最浅处仅 8.2 米。东海陆架北部有一巨大的水下三角洲平原，向北一直延伸到黄海的海州湾。从长江口水下三角洲向外，有长江古河道遗迹。

在长江口以南，等深线走向大致与海岸平行；以 50 ~ 60 米水深为界，可把东海大陆架分为东西两部分：西为内陆架，东为外陆架。内陆架上岛屿众多，地形复杂；外陆架地势较平坦，只在其东南边缘处有一些水下高地、岛屿和岩礁。东海西部的大陆架，显然是我国大陆向东的

"自然延伸"（图2-9）。

东海又具有半深海特征。大陆坡在陆架东南侧外缘最陡，经短距离直下冲绳海槽。冲绳海槽呈西南—东北走向，属弧形舟状海槽，长约1 000千米，宽140~200千米。剖面为"U"字形，两坡陡峭，谷底较平缓，海底有火山喷发形成的海山。

东海海底表面沉积自西向东形成与海岸线平行的三个带：近岸细粒沉积物带，中间粗粒沉积物带和外海细粒沉积物带。另外，在济州岛西南有一大片细粒沉积物区，大致呈椭圆形，其中心为粒径甚细小的泥质。冲绳海槽底部，沉积物亦为黏土质泥。台湾浅滩发现有一个面积1.5万平方千米、蕴含数百亿立方米沙资源的巨大"海底沙漠"，可满足两岸百余年的建筑用沙。

东海地质构造主要是三个隆起带和两个拗陷带。前者为浙闽隆起带、东海陆架边缘隆褶带和琉球岛弧带；后者为东海陆架拗陷带和冲绳海槽张裂带。海槽南部地壳厚度较小，仅15千米。东海陆架边缘隆褶带产生于第三纪，第四纪之后又几经变化，海面也随之有升有降；晚更新世（第四纪的早期）曾为大陆平原，而后又逐渐沉没，形成现在的陆架浅海。

4. 南海的海底地形、沉积与构造

南海属于深海，大陆架、大陆坡和深海盆地等形态相当齐全。海底地形的基本特点是由岸边向海盆中心呈阶梯状下降，但突出特征是南、北坡度缓而东、西坡度陡。

南海的大陆架，在北部和南部均较宽较平缓，且以南部为最，属于堆积型；西部和东部则属堆积—侵蚀型，陆架较狭较陡，其中以又以东部最甚，吕宋岛以西宽度仅5千米，坡度很大。

南海北部的大陆坡由西北向东南逐渐下伸，在不同深度的台阶上，分布着东沙、西沙和中沙三大群岛。南海南部的大陆坡较宽广，有南沙群岛和南沙海槽。南沙群岛是在一个海底高原上，岛屿、沙洲、暗礁、暗沙等星罗棋布。西部的大陆坡也较宽阔，有明显的阶状平坦面。东部，在吕宋岛以西有北吕宋海槽和马尼拉海沟。

南海的中央海盆大致位于中沙和南沙群岛的大陆坡之间，主体是东北向伸展的深海平原，长约 1 500 千米，宽约 820 千米。其北部较浅，平均深度 3 400 米；南部较深，平均深 4 200 米。深海平原上矗立着一些孤立的水下海山，是由海底火山喷发而成的火山锥。

在北部大陆架上主要是珠江等带来的陆源沉积物，以泥质为主；外陆架沉积物主要为沙质。南部大陆架主要为近代粉砂和黏土。中央海盆主要是颗粒极细的棕色抱球虫软泥和火山灰，近期也发现有锰结核或锰壳。

南海位于欧亚板块、太平洋板块和印度洋—澳大利亚板块交汇之处，构造很复杂。一般认为其中央海盆的洋壳，是在渐新世（第三纪的第三时期）末至中新世（第三纪的第四时期）初形成的。

5. 菲律宾海的海底地形、沉积与构造

菲律宾海盆实质是大洋盆地——菲律宾海海盆。九州—帕劳海岭呈南北走向贯穿其中，将其分为东、西两部分。东部是马里亚纳海盆，深度较小，它又被中部及南北向的海岭再分成 3 个小海盆：东马里亚纳海盆，西马里亚纳海盆和四国海盆。西部的海盆为菲律宾海盆，面积广阔且深度大，最深可达 7 559 米。

菲律宾海海盆的海底是由一系列断层和褶皱形成的结构盆地，突出海面者构成了岛弧，海底地形相当复杂，有海岭、海底高原、海山、海台、海丘、海槽、裂谷等地貌形态。

菲律宾海之下的大洋岩石圈构成了菲律宾板块——更应称为菲律宾海板块（因菲律宾群岛的大部分位于该板块以西）。该板块的东界是会聚边界，太平洋板块消减于其下；其西界、西北界和北界也主要是会聚边界，菲律宾板块在此消减于亚欧板块之下；其南界主要与加罗林板块相接；在其东部一隅则与北美板块相接。因之该海域周边多地震、火山和海沟。

2.4.3 海岸线及岛屿

海岸线、海峡及岛屿是海洋环境的重要环境要素，也是重要的海洋环境资源。我国滨海有开发价值的旅游景点 1 500 多处，规模较大的海滨沙滩 100 多处，可建中级以上泊位的港址近 170 处，万吨以上港址近 50 处，对海洋经济、航运交通以及国防建设至关重要。

2.4.3.1 海岸线

海岸线的长度是不易精确测定的，除了海平面变化、地图比例尺的大小和测量方法的精度影响之外，人类活动对海岸线的变化所施加的影响越来越大，如围海造地、挖塘筑堤、建港修闸等形成了很多人工海岸线。青岛市的人造码头、大坝岸线早已超过 30 千米，台湾本岛海岸线的 51% 已变为水泥化的人工海岸，黄河三角洲 33% 的海岸线已为海堤道路所替代。在河流入海口处，因情况千差万别，如何划定海岸线更有争论。我国大陆海岸线北起中朝交界的鸭绿江口，南至中越交界的北仑河口，岸线的总长度有 17 141～18 400 千米等不同数据。按 4 个海区分计为：渤海 2 500 千米，黄海4 363.3千米，东海 5 745.1 千米，南海 5 792.3 千米。若按省市区分计如表 2－5。岛屿海岸线长度的统计也有不同的结果，可从 14 000～15 289 千米。大陆海岸线以广东省最长，福建、山东位列二、三；岛屿海岸线浙江省位居第一，福建、广东位列二、三；天津市的大陆海岸线长度和岛屿海岸线长度，均名列于后。

表 2－5　我国沿海各省（市、区）的海岸线长度与岛屿数

省（市、区）＼项目	大陆海岸线长度（千米）	岛屿海岸线长度（千米）	面积≥500 平方米的岛屿（个）
辽宁	2 178	627.6	266
河北	4 87	178.0	132
天津	133	6.8	1
山东	3 024①	737.0	326
江苏	1 040	68.0	17
上海	168	188.3	13
浙江	2 254	4 068.2	3 061

省 （市、区） ＼ 项目	大陆海岸线 长度（千米）	岛屿海岸线 长度（千米）	面积≥500平方米的 岛屿（个）
福建	3 324	2 804.0	1 404
广东	4 314	2 518.5	759
广西	1 478	531.2	651
海南	0	1 811.0	181
台湾	0	1 567.0	②
香港	②	②	②
澳门	②	②	②
合计	18 400	15 105.6	6 811

注：①据山东半岛蓝色经济区规划，大陆岸线3 345千米。②数据待补。

2.4.3.2　岛屿

《联合国海洋法公约》定义："岛屿是四面环水并在高潮时高于水面的自然形成的陆地区域。"它与大陆（或洲）的主要区别在于面积较小，其次在起源方面也有所不同。《中华人民共和国海岛保护法》第二条定义："海岛是指四面环海水并在高潮时高于水面的自然形成的陆地区域，包括有居民海岛和无居民海岛。"古今书刊及民间习称较多，如屿、沙、洲、山、岩、甸、坨、呑、矶、峙、塘等。我国是岛屿众多的国家之一，面积500平方米及其以上者有6 962个。按"中国海洋年鉴"（1995年）公布的数字进行统计，为6 811个（表2-5）。将面积500平方米以下的岛屿以及台湾省（224个）和香港（183个）、澳门（3个）两特别行政区的岛屿也计算在内，则有7 400~7 500个，总面积约8万平方千米，占陆地国土面积的0.8%。若按成因来分，中国的岛屿可分为大陆岛、冲积岛和海洋岛三大类。大陆岛原属大陆的一个部分，后因地壳沉降或海面上升而与大陆分离，故岛上景观、动植物种类、地质构造等均与邻近的大陆相似。冲积岛又称"堆积岛"，由径流携带的泥沙在江河入海口附近堆积而成，特点是地势低平，土质多由砂或黏土组成。海洋岛又可分为火山岛和珊瑚岛，分别由海底火山爆发或珊瑚礁堆积体露出海面而形成；一般面积不大，尤其是珊瑚岛，地势低平，面积很小。

若着眼于岛屿数量、排列分布的形式，则可以分为群岛、列岛和岛。岛是基本单元，指单个而言。《海洋科技名词》定义："群岛又称列岛。海洋中彼此距离较近的成群分布的岛屿。"《联合国海洋法公约》第4部分"群岛国"称："群岛是指一群岛屿，包括若干岛屿的若干部分、相连的水域和其他自然地形，彼此密切相关，以致这种岛屿、水域和其他自然地形在本质上构成一个地理、经济和政治的实体，或在历史上已被视为这种实体。"显然这种定义与界定群岛国有关。下文的介绍还是沿用习惯称法。

（1）长山群岛

位于北黄海西北海域，含112个岛礁，总面积153平方千米。分为三个岛群：北群为石城列岛，西南群又称里长山列岛，南群又称外长山列岛，其中石城岛最大（30平方千米），其次是大长山岛（25平方千米），海洋岛最高（主峰388米）。

（2）庙岛群岛

位于渤海海峡中部和南部，是辽东半岛和山东半岛向海的延续。它由32个岛屿组成，总面积55.96平方千米。其中南长山岛最大（13.43平方千米），北长山岛次之（8.25平方千米）。分为北、中、南三个岛群绵延于渤海海峡之中，在一定程度上限制了渤海与黄海的水交换。1988年已批准为国家级海洋自然保护区。

（3）济州岛

位于朝鲜半岛的西南，隔济州海峡与韩国相望（图2-8），是韩国最大的岛屿，面积约1 850平方千米。其顶峰汉拿山高达1 950米，为韩国最高。该岛是火山岛，海岸很少受切割，岸线比较平直。

（4）崇明岛

崇明岛形似一春蚕卧于长江北支和南支、北港之间（图2-6），为我国第三大岛（表2-6），也是我国最大的沙岛。岛长76千米，宽13～18千米，面积1 110.58平方千米，是由长江带来的大量泥沙在河口沉积形成的。多年来，历现北涨而南坍侵蚀的状态，北岸年淤涨速率为28～55米。东岸滩地不断向东淤涨，其淤涨率为150米/年左右。崇明东滩已建立迁徙鸟类及滨海湿地国家级海洋自然保护区。在长江口，类似的冲积岛还有长兴岛（87.85平方千米）和横沙岛（49.26平方千米）。长兴岛南有隧道通往浦东，北有大桥通往崇明；崇明再向北有崇启大桥可达启东。

表2-6 我国沿海面积大于100平方千米的岛屿

岛名	性质	面积（平方千米）	岸线长度（千米）	行政隶属
台湾岛	岩石岛	35 778	1 139	台湾省
海南岛	岩石岛	33 920	1 440	海南省
崇明岛	冲积岛	1 110.58	209.7	上海市
舟山岛	岩石岛	476.17	170.2	浙江省舟山市
东海岛	岩石岛	289.49	159.48	广东省湛江市
海坛岛	岩石岛	274.33	191.49	福建省平潭县
东山岛	岩石岛	217.84	148.06	福建省东山县
玉环岛	岩石岛	174.27	139.0	浙江省玉环县
大濠岛	岩石岛	153		香港特别行政区
金门岛	岩石岛	137.88	91.59	福建省金门县
上川岛	岩石岛	137.17	139.87	广东省台山市
厦门岛	岩石岛	129.51	63.04	福建省厦门市
海三岛	岩石岛	120.57	93.89	广东省湛江市
南澳岛	岩石岛	105.24	76.30	广东省南澳县
海陵岛	岩石岛	105.11	75.50	广东省阳江市
岱山岛	岩石岛	104.97	96.3	浙江省岱山县

（5）舟山群岛

舟山群岛由 1 383 个岛屿组成，占我国岛屿总数的 19%。位于 29°30′~31°00′N、121°30′~123°10′W，南北跨越 200 千米左右，主要由中生代火山岩组成，属典型的大陆岛，为浙东丘陵的向海延伸。以舟山岛最大（长 45 千米、宽 18 千米，面积 476.17 平方千米，是我国第 4 大岛，已建成连岛大桥直达大陆），岱山岛（104.97 平方千米）和六横岛（93.66 平方千米）位列第二、第三。其他较大的岛屿有桃花岛、朱家尖岛、金塘岛、长涂山岛、大衢山岛、泗礁山岛等。较小的岛群有嵊泗列岛、中街山列岛、浪岗山列岛等。由崎岖列岛的洋山已建成东海大桥直通上海市芦潮港。

舟山群岛邻近海域，西有长江、钱塘江、甬江等输入大量淡水并携带来丰富的营养物质，东与台湾暖流等外海水混合，成为适宜鱼类觅饵和产卵的场所，形成了我国最大的渔场——舟山渔场，历史上盛产大、小黄鱼，带鱼，墨鱼及海蜇、海虾等。舟山群岛岛屿众多、地形复杂，对钱塘江河口区的河床形态、泥沙运动和潮流特征等均有一定影响。该海域为中国沿岸潮流的最强盛区，可高达 3.0~3.5 米/秒以上，岱山海域的龟山水道可高达 4 米/秒，蕴藏着巨大的潮流能资源。海岛的风能资源也相当丰富。

舟山群岛中嵊泗马鞍列岛、普陀中街山列岛、渔山列岛等已建立海洋生态特别保护区。

（6）琉球群岛

琉球群岛原为中国藩属，甲午战争后割让给日本。位于日本九州岛与中国台湾岛之间，由东北向西南呈弧状分布（图 2-8），由 473 个岛屿组成，总面积 4 800 平方千米。大部分是火山岛，岛上最高山峰 503 米。可分为三大岛群：北群位于 27°~31°N 之间，由大隅群岛、吐噶喇列岛和奄美群岛组成，主要有种子岛、屋久岛、奄美大岛等；中群位于 26°~27°N 之间，主要指冲绳群岛而言，重要的岛屿有冲绳岛；南群位于 24°~26°N

之间，包括宫古列岛和八重山列岛（两者又统称先岛群岛），主要有宫古岛、石垣岛、与那国岛等。

　　冲绳岛是琉球群岛中最大的岛屿，长135千米，最宽处35千米，面积1 185平方千米。奄美大岛居第二位，长56千米，最宽约30千米，面积709平方千米。第三、第四分别为屋久岛（503平方千米）和种子岛（446平方千米）。琉球群岛是东亚岛弧的一部分，被视为东海与菲律宾海的分界线。

　　（7）台湾岛及其附近岛屿

　　台湾岛耸立在东海大陆架的南缘，形状似一甘薯（图2-8），是我国最大的海岛（表2-6），在全球名列第28位。台湾省是我国面积较小的省份之一，包括台湾本岛及其附近的224个岛屿，总面积3.6万平方千米。台湾岛长394千米，最宽处144千米，面积35 778平方千米，山地和丘陵占三分之二，中部、东部山脉高峻；西部滨海为平原地带，仅占三分之一。山脉走向呈北东北向，玉山主峰高达3 952米。中央山脉有台湾"屋脊"之称，也是全岛主要河流的分水岭，有许多河流自山地向西注入台湾海峡、向东注入菲律宾海。河流都具有流程短促、水流湍急、水力资源丰富的特点。台湾岛是东亚岛弧中的一个环节，岛上多温泉、火山，地震较频繁，然而自然资源丰富，不愧"宝岛"之称。位于台湾东北海域的钓鱼岛（约5平方千米）、黄尾屿（约1平方千米）、赤尾屿、南小岛和北小岛等岛礁，自古以来就是我国领土不可分割的一部分。这些岛屿周围的海域蕴藏着丰富的油气资源。

　　台湾海峡中的澎湖列岛，隔澎湖水道与台湾西岸相望，它由64个火山岛组成，面积约127平方千米。其中，澎湖岛最大，有64平方千米；渔翁岛次之，约18平方千米；白沙岛居第三，约14平方千米。澎湖列岛地势比较低平，但海岸陡峭，常以急斜坡度伸向海底。岛屿周围常有隆起的珊瑚礁。由于台湾海峡地形有狭管效应，致使澎湖列岛多大风，岛屿之间水域的潮流很强，潮流能和风能资源可观。

台北有淡水河口红树林自然保护区和关渡自然保留区、台南有北门沿海保护区，南端垦丁有珊瑚礁自然保留区。

（8）珠江口外岛群

珠江口外岛群是对散布于珠江口外的万山群岛、川山群岛、担杆列岛等的统称。由380多个岛屿组成，呈西南—东北向排列。较大的岛屿有大濠岛（大屿山）、香港岛、上川岛、下川岛、大横琴岛、三灶岛、高栏岛、担杆岛、南水岛、淇澳岛、大襟岛、白沥岛、大万山岛等。这些岛屿原是大陆山脉的延续部分，因断裂构造影响和海水入侵方与大陆分离。香港岛面积虽然仅83平方千米，但位置重要而闻名于世：包括香港岛、九龙半岛、新界和附近200多个岛屿在内的香港特别行政区，既是我国南方最大的城市之一，也是国际贸易、航运、制造业、旅游、金融和信息中心。与香港隔水相望位于珠江口西侧的凼仔（3.78平方千米）、路环（7.09平方千米）连岛及澳门半岛组成的澳门（16.14平方千米），是我国又一个特别行政区（图2－5）。港珠澳跨海大桥建成后，交通更为方便。

已建立的国家级海洋自然保护区有内伶仃岛—福田红树林岛类自然保护区；省市级有淇澳红树林，担杆岛弥猴，上川岛弥猴，香港米埔红树林鸟类自然保护区等。

（9）海南岛

海南岛形似雪梨，位于南海北部的大陆架上，隔琼州海峡与雷州半岛相望（图2－10），东西长约300千米，南北约180千米，面积33 920平方千米，是我国的第二大岛（表2－6）。包括海南岛本岛、周围的岛屿及南海诸岛的海南省，是所辖陆地面积最小的省份，而海域面积则为全国之首。海南岛地势中央高、四周低，由内陆向外呈环状不对称的阶梯状结构，内环为山地，中环为丘陵，外环至滨海为台地和平原。河流从中部山区呈放射状伸向四周，多为独流入海。山脉多呈东北—西南走向，如五指山、黎母岭等。其中五指山（主峰1 867米）最为著名，从东南方望去，五峰耸立略似五指。海南岛原是大陆的一部分,后来因琼州海峡断裂陷落而与雷州半岛分离。地处亚热带,资源丰富,风景秀丽,又是热带作物和种质资源的宝库。

已建立的国家级海洋自然区有海口琼山区东寨港红树林、万宁市大洲岛金丝燕、三亚珊瑚礁等多处。

(10)南海诸岛

南海诸岛为散布在南海广阔海域中由珊瑚礁构成的许多岛、洲、礁、滩、暗沙的总称。依其位置可分为四大群:北群称东沙群岛,西群称西沙群岛,中群称中沙群岛,南群称为南沙群岛,合起来统称南海诸岛(图2-10)。南海诸岛自古以来就是我国的领土,中国人民长期在这些海域从事渔业和航运交通,他们根据珊瑚礁与海面的关系,习惯将其分为5类:露出海面成陆较久,海拔较高的称为岛;成陆不久,一般高潮已不能将其淹没,但几乎没有天然植被的称为沙洲;低潮时可出露,高潮时淹没的称为礁;低潮时也不能露出海面的称为暗沙;比暗沙离海面还深,一般为20~30米者称为暗滩。南海诸岛已命名的有暗礁113座,暗沙60座,暗滩31座,岛屿35座,还有以"岩"或"石"命名的6座。

作为我国南海海防的前哨,这些群岛扼太平洋和印度洋间的海路要冲,在国防、航运、海洋资源开发等方面都具有重要意义。1983年已宣布建立西沙、中沙、南沙海洋自然保护区。

①东沙群岛:位于南海北部水深约300米的大陆坡上,由东沙岛、东沙礁及南卫滩、北卫滩等组成,曾经是北太平洋西南部最为完整的环礁群,但至2004年珊瑚礁覆盖率(存活率)已降低90%。以东沙岛最大,约2平方千米,东西长2.8千米,南北宽0.7千米,位于一座环形珊瑚礁岛的西侧,形如新月,当地渔民习称为"月牙岛"。岛的东北稍高,西南较低,平均高6米,四周有暗礁包围,湾口朝西,有南、北两条水道与外海沟通。

②西沙群岛:位于海南岛和中沙群岛之间的大陆架上(图2-10),

由 35 个岛、礁、滩等组成，陆地面积约 8 平方千米。大致以 112°E 为界分东、西两群。东群叫"宣德群岛"，除礁、滩、沙外，有赵述、北岛、东岛、南岛、石岛、永兴岛和五岛，称"东七岛"；其中永兴岛最大，面积为 2.65 平方千米，也是南海诸岛之中最大的岛；石岛面积 0.75 平方千米，属第二，但是其海拔 15.9 米，则是南海诸岛中最高的。西群叫"永乐群岛"，由珊瑚、甘泉、金银、晋卿、琛航、广金、盘石、中建 8 个岛及一些礁、滩组成，又称"西八岛"；其中甘泉岛面积仅 0.3 平方千米，但因有淡水而最为著名。在西沙群岛已建立了东岛白鲣鸟自然保护区。西沙群岛还是三沙市政府所在地。

③ 中沙群岛：包括中沙大环礁和黄岩岛。前者均为潜伏在海面以下的珊瑚礁，由 20 多个暗沙和暗礁组成；礁区长 140 千米，宽 70 千米，呈东北 - 西南走向；珊瑚礁的边缘较突起，成为单独的暗沙，顶部水深 13 ~ 20 米，水下衬托珊瑚，导致礁区海水呈微绿色而非蓝色。位于其东南侧的黄岩岛（图 2 - 10），曾名民主礁，是唯一露出水面的珊瑚环礁，环礁近似等腰直角三角形，面积 130 平方千米。

④ 南沙群岛：是南海诸岛中分布范围最广（约 3°35′ ~ 11°55′N，109°30′ ~ 117°45′E），且礁、滩最多的群岛，计有岛屿、沙洲、礁、滩 230 余座。北起雄南礁，南至曾母暗沙，分布范围南北长 950 千米以上；西起万安滩，东至海马滩，东西宽 887 千米有余。其中露出海面的岛屿 25 个（较大的有 11 个），明、暗礁 128 座，暗沙 77 座。这些岛、礁、滩依地理位置与航海关系分为 4 部分：危险地带、东群、西群和南群。危险地带内主要岛屿有西月岛、景宏岛、费信岛、马欢岛等；另外还有许多礁、滩、沙及暗沙。东群的岛、礁主要有海马滩、蓬勃暗沙、舰长暗沙及半月暗沙等。西群的岛、礁，可依 9°N 为界将其分为南、北两组：北组有太平岛及郑和、道明、中业等群礁，双子、诸碧、福绿寺、大现、小现、永暑等礁，永登、丽水等暗沙；南组包括南威岛及尹庆群礁、奥援、奥南、金盾等暗沙，广雅、李准、西卫、万安、南薇等滩与安波沙洲等。南群中主

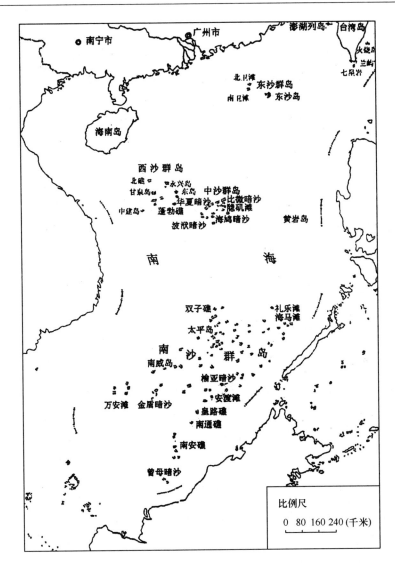

图 2 - 10　南海诸岛

要岛屿有弹子礁、皇路礁、南通礁;此外还有安渡滩、北康暗
沙、南康暗沙、曾母暗沙、八仙暗沙及立地暗沙等。南沙群岛中以太平岛最大,面积
约0.443平方千米,东西长1 365米,南北宽360米,标高3.8米,在南
沙群岛中,也是唯一有天然淡水的岛屿;其次是中业岛,面积0.32平方

千米。

中国人民是世界上最早发现南海诸岛并予以命名的，也最早开发并行使管辖。20 世纪 70 年代以前出版的一些有权威性的地图，包括英、法、美、西班牙、德国、波兰，还有邻国日本、越南、菲律宾等国的地图，也把南海诸岛标入我国版图。然而近几十年来，却出现了所谓"争议"，并进而侵占我国众多岛礁，大肆抢采我国版图内的油气，甚至不惜引来区外势力，促使"南海问题国际化"。

我国的岛屿及其分布有如下特点：数量多而面积小，100 平方千米以上的岛屿只有 16 个；16 个较大的岛屿都在长江口及其以南海域；主要集中在浙江和福建，两省的岛屿数占全国半数以上，广东省的岛屿数居全国第三。

2.4.4 我国近海重要海峡

1. 渤海海峡

渤海海峡位于辽东半岛老铁山头至山东半岛登州头之间，南北宽约 106 千米。有庙岛群岛把海峡分成 6 个主要水道：老铁山水道、小钦水道、大钦水道、北砣矶水道、南砣矶水道和登州水道。老铁山水道从老铁山西南角至北隍城岛，宽 44.4 千米，水深 50～65 米，最深处达 86 米，是渤海海峡最重要的水道。北隍城岛至小钦岛为小钦水道，宽约 18.5 千米，水深 45 米左右。小钦岛到大钦岛为大钦水道，宽 3.7 千米，深约 34 米。大钦岛至砣矶岛为北砣矶水道，宽 9～11 千米，深 30～45 米。砣矶岛至北长山岛为南砣矶水道，宽约 18.5 千米，深约 20 米。南长山岛到登州头为登州水道，宽 5.6～7.5 千米，深 12～20 米。

2. 朝鲜海峡

朝鲜海峡有广义和狭义之分。广义所指为朝鲜半岛南岸与日本九州、本州岛之间，呈东北—西南走向，日本称朝鲜海峡为对马海峡。北界为韩国的垦绝岬至日本本州川尻岬的连线，西界自朝鲜半岛西南角至济州岛，南界从济州岛东南端经日本福江岛至长崎半岛的野姆崎角。海峡长约 222 千米，宽约 185 千米。水深一般为 50~150 米，最大深度 229 米，位于对马岛西北方。海峡内以对马岛最大，面积 698 平方千米，兀立于海峡之中，把海峡分隔成东、西两大水道。西水道位于朝鲜半岛与对马岛之间，此水域即为狭义的朝鲜海峡，亦称釜山海峡；宽约 46~67 千米，一般水深 70~120 米。东水道自对马岛至九州岛，宽约 98 千米，平均水深约 50 米。东水道中的壹岐岛又把该水道分为两部分：对马岛与壹岐岛之间，称对马海峡，宽约 50 千米，水深 45~98 米，最大深度 131 米；壹岐岛至九州岛称壹岐海峡，东西长约 14 千米，南北宽约 17 千米，水深一般为 23~28 米，最大深度 51 米。在朝鲜海峡的西南端，还有济州海峡，位于朝鲜半岛西南端与济州岛之间，南北宽约 87 千米；海峡北侧，岛屿众多岸线曲折，水较浅（50 米左右）；海峡南侧岛屿较少岸线平直而水深 100~200 米。济州海峡是黄海东岸沿岸水流出黄海，以及夏季黄海暖流进入朝鲜海峡的主要通道。朝鲜海峡是沟通东海、黄海与日本海的重要通道，地理位置极为重要（图 2-8），在航运交通、军事上都有重要意义，为 1986 年美国宣布要控制的全球海上 16 个咽喉要道之一。对马暖流流经朝鲜海峡进入日本海，因而海峡在海洋环境研究上具有重要地位。海峡的海底地形较平坦，但有少数洼地，在对马岛西北，有一较大的舟状海盆。海峡的沉积物分布特点是：东南部为砂质，并有贝壳和珊瑚；九州北岸及岛屿附近出现砾石；西北部韩国沿岸为泥质，向外为砂质沉积。已建成由佐贺到釜山的"日韩海底隧道"。

3. 大隅海峡

大隅海峡位于日本九州大隅半岛和大隅群岛之间（图 2-8），呈东北-西南走向，长约 24 千米，宽约 33 千米，最窄处约 28 千米，位于大隅半岛的佐多岬与竹岛之间。水深一般为 80~150 米，海底多泥、沙、贝、珊瑚等，除沿岸有礁石外，无障碍物。沿岸助航标志明显，利于各类舰船昼夜通航，是黄海、东海沿岸港口与日本东岸港口之间的海上捷径，有多条国际航线经此，也是美国第7舰队常用的航道之一。

4. 吐噶喇海峡

吐噶喇海峡是琉球群岛中的屋久岛与奄美大岛之间（图2-8）水域的总称，宽约203千米，水深100~1000米。吐噶喇列岛位于海峡西口，把该海峡分为5条水道：① 吐噶喇水道，即狭义的吐噶喇海峡，屋久岛至口之岛，宽54~57千米，水深120~600米；② 口之岛水道，指口之岛至中之岛，宽9~10千米，水深300~500米；③ 中之岛水道，位于中之岛与诹访之濑岛之间的水域，宽约20千米，水深200~700米；④ 诹访之濑水道，诹访之濑岛至恶石岛，宽约17千米，水深200~800米；⑤ 恶石岛水道，恶石岛至宝岛，宽约48千米，水深400~500米。吐噶喇海峡海底地形崎岖不平，底质为基岩、砾和砂质，并有珊瑚碎屑物。吐噶喇海峡是黑潮流经东海返回太平洋的主要通道，对海洋环境和海上交通至关重要。

5. 台湾海峡

台湾海峡是沟通东海与南海的直接通道，位于东海的西南部，西靠福建省，东邻台湾省（图2-8）。以福建省海潭岛至台湾岛富贵角连线为北界（也有人主张从福建省北茭至台湾省富贵角连线）。以广东南澳岛至台湾岛西南端的猫鼻头连线作为南界（南界的说法还有：广东南澳岛至台湾南端的鹅銮鼻；广东南澳岛经澎湖列岛至台湾东石港的连线；福建诏安的宫口半岛经台湾浅滩至台湾鹅銮鼻；福建省东山岛南端沿台湾浅滩南侧至台湾鹅銮鼻）。台湾海峡呈东北-西南走向，北窄而南宽。长约426千米，平均宽285千米，最窄为134千米，最宽达436千米，面积7.7万平方千米（一说8.5万平方千米）。平均水深约80米，最大水深达1400米。除东南一侧外，海底地形是北深南浅，从东、西两侧向海峡中央缓倾。整个海峡分为6个地形单元：台湾浅滩、澎湖水道、澎湖盆地、台中浅滩、马祖盆地和基隆水道。台湾浅滩位于澎湖列岛西南，水深平均20米左右，最浅处仅8.2米，多激流；浅于40米的面积为8800平方千米。澎湖水道位于台湾西南与澎湖列岛之间,水深大于200米。澎湖盆地和马祖盆地分别位于澎湖列岛西北和台中浅滩以北,最大水深分别为80米和100米。台中浅滩位于台中市以西的海峡中,最浅处9.6米。台湾浅滩与台中浅滩之间的澎湖列岛及岩礁区,南北长约70千米,东西宽46千米,北部岛礁较集中,水道狭窄,南部岛礁较分散,水道较宽。

　　6. 吕宋海峡

　　泛指我国台湾岛与菲律宾吕宋岛之间的水域,宽约380千米,有岛屿将其分成三个主要的水道(图2-8)。① 台湾岛南端的猫鼻头、鹅銮鼻、兰屿与巴坦群岛之间的水域称巴士海峡,东西长约200千米,南北平均宽185千米;最窄处95.4千米(兰屿到巴坦群岛北端的阿米阿南岛),水深2 000~5 000米,最大深度为5 126米,海峡北侧陆架较窄,仅20千米。② 巴坦群岛至巴布延群岛称巴林塘海峡,南北宽约82千米,水深700~2 000米,最大深度2 887米。③ 巴布延群岛至吕宋岛北岸称巴布延海峡,东西长217千米,南北宽40千米,最窄处28千米,水深200~900米,最大深度1 013米。因巴士海峡最宽、最深、最重要,故常把三者泛称为巴士海峡。吕宋海峡地处台湾构造带与吕宋岛弧构造带相会处,为南海与菲律宾海的分界线。海底地形起伏变化甚大,主要是岛坡,也有海槽和海岭。吕宋岛附近的岛架宽20~110千米,台湾岛南端岛架仅20千米左右。海峡中的海底沉积物以砂质为主,并有砾石和珊瑚碎屑。吕宋海峡不仅是国际航运的重要航道,也是南海与太平洋进行水交换的重要通道。这里经常有台风过境,海洋环境状况比较复杂。

　　7. 琼州海峡

　　指雷州半岛与海南岛之间的水域,西界自雷州半岛灯楼角至海南岛玉包(一说临高角)一线,东界为雷州半岛赤坎村至海南岛的海南角连线。海峡东西长约80.3千米,南北平均宽约29.5千米,面积2 370平方千米。平均水深44米,最大深度120米。海峡底部地形复杂,大体由南、北两岸向海峡中部变陡增深。琼州海峡属强潮流区,流速可达2.5~3.0米/秒,使海底形成了冲刷槽和水下沙脊等地貌形态。该海峡是沟通北部湾与南海北部沿岸的主要通道（图 2 - 8）。

8. 民都洛海峡

指菲律宾民都洛岛西南岸与布桑加岛北岸之间的水域（图 2 - 8），宽约 83 千米，长 220 千米，水深 300 ~ 2 900 米。是沟通南海与苏禄海北部的主要通道。海峡走向为西北 - 东南向。岛屿及礁滩把民都洛海峡又分割为东阿波水道和西阿波水道。前者是主要的通道，宽约 25 千米，水深 500 ~ 1 000 米。

9. 巴拉巴克海峡

指菲律宾巴拉巴克岛与马来西亚的邦吉岛之间的水域（图 2 - 8），是沟通南海与苏禄海的另一个主要通道。宽约 140 千米，长 75 千米，水深 50 ~ 200 米。

10. 马六甲海峡

位于马来半岛和苏门答腊岛之间，因临近马来半岛南岸的古代名城马六甲而得名。它西接印度洋的安达曼海，东经新加坡海峡、杜里安海峡等通南海，是连接亚、非、欧、澳各大洲的海上交通要道，为世界上最繁忙的海峡之一。马六甲海峡长 1 080 千米，连同新加坡海峡在内，全长 1 185 千米。海峡呈一喇叭形（图 2 - 8），西北口宽，最宽为 370 千米；东南口窄，最窄处仅 37 千米，水深 25 ~ 113 米。海底平坦，多为泥沙底。深水航道靠近马来半岛一侧，宽 2.7 ~ 3.69 千米；但在一英寻滩附近航道较窄，航道东北侧最浅处 6.1 米，为航行危险区。进出海峡东南口的主要水道位于皮艾角与小卡里摩岛之间，宽约 18 千米，而靠近苏门答腊岛一侧水较浅。

在殖民主义时代，葡萄牙和荷兰曾先后称霸和控制马六甲海峡数百年。第二次世界大战后重归沿岸国家控制，但美苏争霸而强调海峡"国际化"。1971 年印度尼西亚、马来西亚和新加坡发表联合声明反对海峡国际化，由三国共管海峡事务；1977 年三国又签署"关于马六甲海峡、新加坡海峡安全航行的三国协议"，以保证海峡航行安全和沿岸国家领土主权。1986 年美国海军宣布为要控制的全球 16 个海上航道咽喉之一。

11. 卡里马塔海峡

位于卡里马塔岛至加里曼丹岛散巴角连线与勿里洞岛之间的海域（图 2 - 8），是连接南海和爪哇海的主要通道。呈东北 - 西南走向，长约 180 千米，宽 220 ~ 250 千米，水深 20 ~ 40 米。

2.4.5　径流简况

我国邻近海域有许多江河流入，但各海区的入海径流量相差悬殊；即使同一海区，因季节变化也有较大差别。它们对毗邻海域的环境状况影响是很显著的。

流入渤海的河流主要有黄河、海河、滦河和辽河等，年径流量约 888 亿立方米。黄河平均年径流总量为 485.65 亿立方米，但 78% 集中于每年的 6—9 月，而且年际变化也很大，如 1964 年曾高达 973.1 亿立方米，而 1960 年仅 95.1 亿立方米。从 1972 年黄河下游开始出现断流，至 1999 年计有 21 年出现断流；1996 年内累计断流 139 天，1997 年断流 13 次，累计断流 226 天。1999 年以来黄委会采取各种措施控制断流，才有所好转。黄河又以高含沙量著称于世，平均年输沙量在 10 亿吨以上，1958 年曾达 21 亿吨。输沙量多易造成河床和河口淤积，导致决堤和改道，从 1855 年以来较大改道 10 余次。改道入海不仅对河口外海域的海洋环境有影响，而且在新河口附近堆积造陆的同时，衍生其他地段岸线蚀退（图 2 - 4）。

海河的平均年径流量为 264 亿立方米，主要集中在每年的 8 月。上游支流多，雨季汇集容易成灾。经多年治理，各大支流均可分流入海，主要入海口已有 10 多个。滦河平均年径流量 45.63 亿立方米，主要集中在每年的 6—9 月，年际变化可相差 39 倍之多。大辽河和双台子河平均年径流量分别为 46.6 亿立方米和 39.5 亿立方米，以 8 月最多，2 月最少。

流入北黄海的河流主要是鸭绿江，平均年径流量为 289.47 亿立方米，以 8 月最多 2 月最少，相差也可达 2.5 倍以上。东侧有大同江注入北黄海，汉江注入南黄海；山东和江苏二省也有河流注入南黄海，但水量不多。

注入东海的长江是我国和亚洲第一大河，世界第三大河，平均年径流量高达 9 414 亿立方米。洪水季节为每年的 5—10 月，可占全年的 71.7%，尤以 7 月最大；11 月至次年 4 月为枯水季，又以 2 月为最小。年输沙量曾高达 6.78 亿吨，多年平均为 4.86 亿吨。经多年治理，进入 21 世纪输沙量已降一半。长江的巨量径流入海，与海水混合后形成长江冲淡水；径流所携运的巨量泥沙则在长江口附近形成巨大的陆上三角洲和水下三角洲。浙江省注入东海的河流主要有钱塘江和瓯江。钱塘江年径流量多年平均为 386.4 亿立方米，最大为 695.6 亿立方米，最小为 225.5 亿立方米，相差可达 3 倍多。其输沙量不多，故入海处没有形成三角洲。河口形状类似漏斗，属于强潮河口，涨潮时出现壮观的"涌潮"而闻名于世。瓯江平均年径流量为 196 亿立方米，最大为 332 亿立方米，最小为 110 亿立方米，相差也达 3 倍多，且年内分配很不均匀，4—9 月可占全年的 80%；输沙量洪水季节可占 75%，甚至一次洪峰几天的输沙量就可达全年的一半。

福建省流入东海的河流主要是闽江和九龙江。闽江平均年径流量 620 亿立方米，最大可达 903 亿立方米，最小仅 304 亿立方米；汛期为 4—9 月，占全年水量 75%，且以 6 月最多，12 月最少；输沙集中在 5—7 月，占 76%。九龙江平均年径流量 148 亿立方米，最大可达 228 亿立方米，最少为 99.6 亿立方米；径流量和输沙量主要集中在 6—9 月，尤以 6 月最多；台风暴雨、山洪暴发时，输沙量可达枯水期的 600 倍。

台湾省的浊水溪分多股河汊流入台湾海峡，平均年径流量为 72.45 亿立方米，中上游山地陡峻，水流湍急，水力资源丰富。

我国流入南海的最大河流是珠江，它由西江、北江和东江组合而成，从八大口门（虎门、蕉门、洪奇门、横门、磨刀门、鸡啼门、虎跳门和崖门）经三大河口湾（伶仃洋、磨刀门、黄茅海）分流入海（图 2–5）。平均年径流量 3 261 亿立方米，年际变化大，变幅可达 1 169 亿立方米，输沙量也可相差 8 倍多。韩江的年平均径流量是 252 亿立方米，4—9 月为汛期，占全年的 80.7%，以 6 月最多而 1 月最少；年际变化也较大，1983年曾达 478 亿立方米，而最少仅 112 亿立方米；在东南沿海是含沙量较多的河流。海南省的南渡江注入琼州海峡，平均年径流量 61.6 亿立方米，有暴涨暴落的特点，最大洪峰流量可达最小流量的 800 倍之多。广西的南流江注入北部湾，年平均入海径流量 53.1 亿立方米，年际变化可达 5 倍，年内季节变化也很明显。

经越南注入南海的河流主要是湄公河和红河，两河的源地都在我国，其上游在我国分别称为澜沧江和元江，两河的下游至河口三角洲都呈多网状汊流。红河因流经红土区域河水现红色而得名，年径流量 1 230 亿立方米，年输沙量 1.3 亿吨，主流入北部湾的口门称红河口，此外还有 3 条小支流入海。湄公河多年平均径流量 4 750 亿立方米，年平均输沙 1.7 亿吨；季节变化很显著，1—3 月为枯水期，8—10 月为汛期，汛期最大洪峰流量可比枯水最小径流多 60 余倍。注入泰国湾的河流主要是昭披耶河、湄公河等。

我国注入菲律宾海的河流有台湾的花莲溪和卑南溪等。菲律宾和日本入海河流也较短小。

2.5　海洋地质灾害

海洋灾害是自然灾害的组成部分，而海洋地质灾害又是海洋灾害中较为严重的部分，对人类的经济、社会活动影响很大。

2.5.1　性质与分类

在海洋中由于地质作用而使自然环境恶化，从而造成人类生命财产毁损及人类赖以生存的资源与环境遭受严重破坏的事件，称为海洋地质灾害。

2.5.1.1　海洋地质灾害的特点

海洋地质灾害的种类和形式很多，致灾程度亦相差悬殊，但经深入对比分析也发现它们有大致相通的性质。

（1）成因的多样性

海洋地质灾害的种类多，成因也显著不同。例如：海底地震和火山，是由地质内动力因素造成的；海底滑坡和塌陷，则是因地质外动力作用引发的；海平面上升为灾，是多种多样因素促成的，而地质因素不可忽视。还有一些海洋地质灾害又与人类活动有关，如挖沙、围海、筑堤等人为活动不当，会造成海岸冲刷、海港或航道淤积、海水入侵等灾害。

（2）发生的阶段性

地质活动虽然复杂多变，但从其能量分析，大都有孕育、储存、应变、聚集而最终释放的过程，从而体现出阶段性。有些海洋地质灾害的发生和海洋环流或大气活动密切相关，则与海洋环流、台风、寒潮的季节变化、年变化或多年变化常相呼应。

（3）重现与复发性

位于地震带内的海域，地震是多发的，位于火山带上的海域，火山的复发屡见不鲜。

（4）继发与并发性

许多海洋地质灾害往往是先后发生（继发性）或者是同时发生（并发性），如太平洋东西两侧的火山、地震和海啸灾害即如此。

（5）灾害的必发性和减灾的可能性

自然灾害有其内在的动因，海洋地质灾害也有其地质构造运动的背景，是自然现象、规律使然。其发生的必然性寓于发生时刻、地点的偶然性之中，是不以人们的意愿为转移的。然而，人们可以通过监测、研究寻求其规律或先兆，尽量提前做出预测、预报，及时做好防灾、救助工作，继而灾后加速恢复与重建，就能显著降低致灾程度和损失。

2.5.1.2　海洋地质灾害的分类

依据成因可以分为：内动力地质灾害（包括地震、火山、新构造运动等）和外动力地质灾害（包括海平面上升、海水入侵、滑坡、塌陷、海底不稳定等）以及人为地质灾害（如挖沙引起的海岸侵蚀、海岸工程或海洋工程导致的冲刷或淤积等）。

按照海洋地质灾害发生的区域，可以分为海岸带灾害，近海和浅海海域地质灾害，深海与大洋地质灾害。若就水体和海底的不同，则有：水体灾害性地质因素，例如浊流、异重流等；海底灾害性地质因素则主要是现代海洋工程所关注的，比如高压浅层气、"鸡蛋壳地层"、埋藏古河道、潮流沙脊群、活动性断层等。

2.5.2　典型海洋地质灾害

典型海洋地质灾害是指危害严重而又典型的灾害，常见的有如下几种。

2.5.2.1　海底地震

海底地震比陆地上更为频繁，也更为强烈。太平洋岛弧地区 8 级左右的特大地震，几乎全部发生在海底。

（1）海底地震的多发区域

全球海底地震发生最多的区域是太平洋，而且主要集中在几个地震带上，其东部、北部、西部直至南太平洋各群岛，都是频繁发生高强度海底地震的区域，尤其西太平洋地震带，是全球地震频率和强度最高的地带之一。印度洋与太平洋毗连的部分，也是地震多发海域，2004 年的海底地震就引发了印度洋海啸。地中海北部也常发生海底地震。

（2）海底地震殃及陆地

地震在海底发生时，由于海洋不像陆上居民密集，致灾应该相对轻一些。但是，发生在海底的大地震，却常常波及陆地并造成严重的灾害。例如：1923 年 9 月相模湾海底发生 7.9 级地震，引起日本关东大地震，死亡 14 万人；1970 年 5 月秘鲁大地震，死亡 6 万多人；1985 年东太平洋地震，波及 400 千米之外的墨西哥，死亡 3.5 万人；1995 年明石海峡地震，神户和大阪均遭重创，死亡 5 400 多人。印尼附近海域近几年多次发生地震，导致爪哇、苏门答腊等地 5 000 多人罹难。2010 年 1 月海地地震 30 万人丧生。2011 年 3 月日本东北海域地震 9 级，死亡、失踪 2.8 万人。

2.5.2.2　海底火山

沿洋底中脊的中央裂谷带有广泛的火山活动，火山常成丛群分布；在洋盆中也散见各种火山。然而，最集中的是在太平洋东、西两侧，即"太平洋火环"，这里的活火山占全世界的 80% 以上。

洋中脊的火山活动虽多，但一般不致酿成大的灾害；一些管状火山口多成了海底热泉，是海底热液生态系统的能量来源和支撑条件。太平洋火环与洋底的俯冲所伴生的沟－弧体系密切相关，这一带的火山活动强烈、致灾程度也较重。火山爆发时产生冲击波，引起地震、海啸或滑坡等都能致灾，火山爆发若有侧翼塌陷，引起的滑坡比陆地上致灾更重，因为它常激发海啸。此外，火山喷出的气体、灰烬、碎屑和熔岩等也易造成灾害。

2.5.2.3　海底滑坡

地壳运动导致海底稳定性变化可引起滑坡，地震活动更是海底滑坡的重大诱因。甚至波浪也能引起滑坡，可能是巨浪的猛烈冲击，或因常浪持续不断地冲蚀使然。海底滑坡的形式多样，比如层滑、圆弧形滑坡或者崩塌滑坡等。其危害更是多方面的，诸如切断海底电缆或管道，损害甚至倾覆海上石油平台，危及落地式水下武器设施，毁损海港等海洋工程，引发海上交通事故。地壳运动或强地震造成的海底滑坡，甚至能激发海啸。

2.5.2.4　海啸

海啸是由海底地震、火山爆发或巨大岩体塌陷和滑坡等地质灾害诱发的一种海洋灾害——能量很大，从而破坏性也极强烈的海面大幅度涨落现象，日本称为"津波"。在大洋中的海啸震源处，最初水面升降的幅度不大，一般为 1~2 米，由于其波长达数百千米，故难以觉察，但其传播速度很快、传的距离很远。到达浅水海域后因能量集中而振幅增大，特别是进入海湾后更骤然增大；若有反射、叠加和共振，波高更会激增，甚至可达 30 米以上；假若波谷先到，则水位剧降，裸露出从未干出的海底，之后波峰再来骤起水墙，冲上海岸造成巨大灾难，往往大于地震灾情。如 1896 年日本三陆地震 7.6 级，没有发生直接的地震灾害，但死于海啸的人数多达 27 122 人。2011 年 3 月日本东北海域大地震的破坏也主要是海啸所致。

全世界有记载的地震引发的海啸，太平洋地区占 80%，西北太平洋海域地震海啸更为集中，太平洋东岸也是海啸的主要分布区。受灾最重的是日本、智利、秘鲁、夏威夷、阿留申群岛沿岸（表 2-7）。

表 2-7　重大地震海啸事件

时间	地点	地震震级	海啸最大波高(米)	灾情
1498 年 9 月 20 日	日本东海道	8.6	15~20	伊势、静冈、三重死亡 4.1 万人
1755 年 11 月	葡萄牙里斯本		10	里斯本 6 分钟死亡 6 万人
1783 年 2-4 月	墨西哥海峡			墨西哥城死亡 3 万人
1896 年 6 月 15 日	日本三陆外海	7.6	38.2	三陆沿岸死亡 27 122 人，伤 9 316 人
1906 年 1 月	哥伦比亚外海		12	图马科死亡 500~1 500 人
1908 年 12 月 18 日	墨西哥海峡	7.5		墨西哥死亡 8.5 人（另一说 7.5 万人）
1933 年 3 月 3 日	日本三陆外海	8.3	24	死亡 3 008 人，伤 1 152 人
1946 年 4 月	阿留申海底	7.3		夏威夷死亡 159 人
1960 年 5 月 22 日	智利蒙特港外海	8.4~9.5	30	智利死亡 909 人，夏威夷死亡 61 人，日本死亡 119 人
1964 年 3 月 28 日	阿拉斯加湾	8.4	30	阿拉斯加死亡 130 人，加拿大、美国死亡 15 人
1976 年 8 月 17 日	棉兰老海域			菲律宾死亡 917 人
1978 年 7 月	俾斯麦海区	7.1		巴布亚新几内亚死亡 7 000 人

时间	地点	地震震级	海啸最大波高(米)	灾情
2004 年 12 月 26 日	印度洋洋底	9.3	34.9	印度尼西亚、泰国、马来西亚及外地游客死伤 34 万人
2006 年 7 月 17 日	印度洋	7.7	21	爪哇死亡 668 人，失踪 270 人
2007 年 9 月 12 日	印尼苏门答腊	8.5	3	死亡 7 人，伤 1 000 人
2009 年 2 月 29 日	萨摩亚群岛	8.0	9	死亡 184 人
2010 年 1 月 14 日	所罗门群岛	6.5 ~ 7.2	2.5	1 000 多人失去家园
2010 年 2 月 27 日	智利	8.8	2.34	死亡近 700 人
2011 年 3 月 11 日	日本东北海域	9.0	37.9	死亡、失踪 2.8 人，福岛核电站泄漏污染

有记载的火山大海啸如：公元前 16 世纪希腊克里特岛北的桑托林岛火山喷发，致波高 90 米，灾后只剩下锡拉岛等小岛；1792 年 5 月 21 日，日本温泉岳前山（0.48 平方千米）和主峰崩入有明海，海啸波高达 55 米，死亡 14 920 人；1883 年 8 月 27 日，印度尼西亚喀拉喀托火山岩浆喷口倒塌，海啸波高 40 余米，死亡 36 140 人。

2.5.2.5　海洋工程灾害性地质因素

随着海岸工程、近海工程和海洋工程数量与规模越来越大，对海底工程地质条件要求也不断提高，特别是对海底不稳定因素更加关注。诸如海洋石油平台、海底输油（气）管道、海底电缆光缆、人工岛等工程投资很大，安全性能要求高；国防建设方面的工程更要安全可靠。为此，应特别关注对海底工程安全有直接危害或潜在威胁的地质因素，视其危害程度可分为以下两类。

（1）危险性因素

高压浅层气、"鸡蛋壳"地层等属于危险性工程地质因素。在此类地质状况相关范围之内，一般不能进行工程建设。

（2）限制性因素

海底埋藏古河道、不平坦的海底面等，可能对工程有影响或对工程有所限制，因而在设计与施工中应采取相应的对策措施。

2.5.3　我国近海海域海洋地质灾害简况

渤海、黄海、东海、南海和菲律宾海，地质情况比较复杂，也有不同类型的海洋地质灾害，这是进行经济和国防建设时应当重视的。

（1）海底地震

渤海区域历来地震活动显著，因为正位于郯城 – 庐江大断裂带上，历史上曾发生过多次大地震，1969 年又发生 7.4 级地震。黄海的地震活动也较多，北黄海的地震更强烈一些。东海大部分海域的地震一般不超过 7级，所以危害较小；但在台湾海峡一带多次发生大地震，属于地震重灾区。1604 年 12 月 29 日泉州近海地震 8 级，1606 年 3 月 28 日又发生 7.2级；至 20 世纪台湾海峡已记录 6 级以上地震 20 多次；2006 年 12 月 27 日屏东恒春近海 6.7 级地震，使多条国际海底光缆、电缆中断。南海位于西太平洋赤道区地震带上，周边的菲律宾、印度尼西亚和马来西亚多次发生大地震；南海北部地震活动也相当强烈，琼州海峡一带曾发生过多次大地震，1605 年雷琼地震达 7.5 级。台湾以东的菲律宾海域地震更频更重，自 1919 年起仅台湾以东 7.0 级以上的地震已发生近 30 次；2009 年花莲近海接连出现中强级地震；2010 年以来台湾以东频发地震。

（2）海底火山

东海和南海的外缘毗邻太平洋火环的西部，邻近的太平洋区也有海底火山，但是我国一侧没有活火山。

（3）海底滑坡

我国近海发生过多次海底滑坡事件，主要区域是浙江、福建沿海，长江口和杭州湾沿岸也较多。究其原因，一是这些海域潮差大，台风风暴潮较多，大浪和大潮的破坏力较强；二是沿海工程争相上马，设计与施工不当也可引发海底滑坡。

（4）海啸

我国濒临的西北太平洋海域，是全球海啸的集中多发区。然而我国的现实情况是：地震在西部陆上国土多发，东部海域较少；火山活动不论陆上还是海域都极为罕见。因此，由本地火山或地震激发的海啸较少。毗邻的太平洋火环和地震带，虽然海啸发生的几率和强度都很大，但因有日本列岛、琉球岛链和台湾岛屏障，所以对我国大陆沿岸的危害很小。当然台湾省则另当别论，因为处于地震带上，既有附近海域地震可引发海啸，还可以受太平洋海啸的来袭，属于我国海啸灾害的多发区。

（5）海底灾害性地质因素

渤海三大海湾的泥沙运动和淤积，对航运交通、军事活动和海洋石油开采的影响是不言而喻的。黄河于 1976 年改道入莱州湾之后，加速了莱州湾新黄河口沙嘴的东伸，平均每年伸出 2.3 千米；但原河口输沙的减少，抵不过海水的入侵，北部海岸蚀退加剧，部分油田已被海水淹没。黄河来水来沙的减少，导致黄河三角洲平均每年净蚀退 7.2 平方千米。

在渤海、黄海和东海，还有相当多的海底潮流脊群以及强潮流侵蚀沟。渤海海峡北段、鸭绿江口到大同江口近海，尤其江苏弶港近海，都有大片的潮流沙脊群；长江口到杭州湾的泥沙淤积与冲刷等，都是不稳定的地质因素。不平的海底，如海底沟、陡坡、泥丘，对海底工程是不利的，而埋藏古河道、埋藏古湖泊、埋藏古三角洲，浅层天然气或沼气，底辟构造或蛋壳式地层，特别是活动性断层和小型塌滑断层，对海洋工程和军事设施，均存隐患。有文献等曾对此类地质因素有所记载。

（6）海岸带地质灾害

我国海岸带地质灾害主要有海岸侵蚀、港口航道淤积、海水入侵、河口盐水入侵以及风暴潮灾害等。海岸侵蚀灾害是在各种因素作用下使海岸明显后退所造成的灾害。其原因有海平面上升、供沙少于输沙以及人类不当活动等。30 多年来我国沿海海平面上升显著，升速 2.6 毫米/年，高于全球平均值，2010 年全国沿海海平面比常年高 67 毫米。海平面上升导致海水倒灌、岸线后退等灾害。沿岸供沙的减少，或因河流改道亦可导致海岸侵蚀，如苏北废黄河口附近海岸蚀退，年均 30 米以上；在鲁北人工改道向东后则致三角洲北部海水倒灌；近年来中游拦蓄，下泄水沙剧减，黄河三角洲蚀进型海岸的长度已达淤进型的 2 倍。滥采沙石则使辽宁盖州、山东蓬莱岸线急剧后退。

　　泥沙的淤积对港口航道也是一种灾害，天津、黄骅、连云港、宁波港的淤积都较明显，其疏浚治理费用巨大而收效并不理想。

　　海水入侵灾害是指海水或与海水有直接关系的地下咸水沿含水层向陆地方向扩展，使地下水资源遭到破坏所造成的灾害。辽宁大连市受灾面积达 300 平方千米，山东省超过 750 平方千米。

　　在河流入海处，盐水上溯的最远点称为盐水入侵界，近年来河口盐水入侵灾害屡见不鲜。上海市和广州市自来水厂取水点一再溯河上移就是典型的例证。

复习思考题

1. 地球上海陆分布有何特点？
2. 海和洋各有什么特点？是如何划分的？
3. 简述我国濒邻的海、海湾和海峡及其特点。
4. 比较内海的海洋学定义和海洋法定义。
5. 试析大陆架的海洋学定义和海洋法定义。
6. 试比较领海、毗连区和专属经济区的概念与法律地位。
7. 试议海峡和国际海峡的异同，列举 5 个国际海峡。
8. 试对比公海和国际海底区域的异同。
9. 何谓海岸线和海岸带？现代海岸带有何特征？
10. 简述滨海资源的种类及价值。
11. 试论海底热液的成因及意义。

12. 何谓海洋地质灾害？主要类型有哪些？

13. 简论中国近海海域海洋地质灾害。

15. 试论中国在黄海、东海和南海的海洋权益。

参考文献

1. 冯士筰，李凤岐，李少菁. 2006. 海洋科学导论［M］. 北京：高等教育出版社.

2. 中国大百科全书. 1987. 大气科学·海洋科学·水文科学［M］. 北京：中国大百科全书出版社.

3. 中华人民共和国领海及毗连区法［M］：中华人民共和国海洋法规选编（第3版）. 2001. 北京：海洋出版社.

4. 中华人民共和国海域使用管理法［M］. 2001. 北京：海洋出版社.

5. 联合国海洋法公约（汉英）［M］. 1996. 北京：海洋出版社.

6. 全国科学技术名词审定委员会. 海洋科技名词［M］. 2007. 北京：科学出版社.

7. 中华人民共和国专属经济区和大陆架法［M］. 载：中华人民共和国海洋法规选编（第3版）. 2001. 北京：海洋出版社.

8. 孙湘平. 2006. 中国近海区域海洋［M］. 北京：海洋出版社.

9. 曾呈奎，徐鸿儒，王春林. 2003. 中国海洋志［M］. 郑州：大象出版社.

10. ［日］友田好文，高野健三著. 李若钝、井传才译. 王赐震，李凤岐修订. 1990. 海洋［M］. 北京：海洋出版社.

11. 李学伦. 1997. 海洋地质学［M］. 青岛：青岛海洋大学出版社.

12. 刘锡清. 2006. 中国海洋环境地质学［M］. 北京：海洋出版社.

3 海洋环境物理特征

3.1 纯水和海水的盐度、密度

海水是一种溶解了多种无机盐、有机物质和气体并且含有许多悬浮物质的混合液体，因而它的一些物理性质和纯水差异较大。

3.1.1 纯水的特性

水分子为一个氧原子和两个氢原子，但结构不对称，正、负极性不能相互抵消而成了极性分子。水分子之间因极性又互相结合，形成比较复杂的分子，而水的化学性质并未改变，这种现象称为水分子的缔合。温度升高时促使缔合分子离解，温度降低时有利于分子缔合，致使水与其他液体或其他氧族元素的氢化物在性质上有诸多异常。

水是一种很好的溶剂，也因水分子有很强的极性，容易吸引溶质表面的分子或离子，使其脱离溶质的表面进入水中。正因为海水溶解了许多物质，所以其性质与纯水又有很多差异。

"热胀冷缩"是一般物质的性质。纯水在大气压力下、温度 3.98℃ 时密度最大；高于 3.98℃ 时，密度随温度的降低而增大，但低于 3.98℃ 时却随温度的降低而减小，出现"反常膨胀"。与其他液体相比，水的热性质有许多异常。同是氧族的氢化物，如 H_2S、H_2S_e 和 H_2T_e，而水（H_2O）的冰点、沸点、比热、蒸发潜热和表面张力等都比它们高得多。

3.1.2　海水的盐度

海水中溶有多种盐类，盐度就是海水含盐量的一种标度。海洋中的许多现象和过程都与盐度的分布和变化有密切的关系。精确地测定海水中的绝对盐量是十分困难的，长期以来人们对此进行了广泛地研究。

（1）基于化学方法的盐度的首次定义

1902 年基于化学分析测定方法，定义盐度为："1 千克海水中的碳酸盐全都转换成氧化物，溴和碘以氯当量置换，有机物全部氧化之后所剩固体物质的总克数。"单位是克每千克（g/kg），用符号‰表示。

按上述方法（480℃烘干 48 小时）测定盐度相当繁琐。依"海水组成恒定性"（海水中的主要成分之间的比值是近似恒定的），若能测出海水中某一主要成分的含量，便可推算出海水盐度。已知海水中的氯含量最多，且可方便地用 $AgNO_3$ 滴定法测定，基于海水组成恒定性，便可依测定海水氯含量计算盐度。

用 $AgNO_3$ 滴定法测定海水的氯度时，国际上统一使用一种其氯度值精确为 19.374‰的大洋水作为标准（其盐度值对应为 35.000‰），称为标准海水。

（2）基于电导率的盐度的测算

电导盐度计问世后，测定盐度的方法更为方便、快捷，国际"海洋学常用表和标准联合专家小组"（JPOTS）于 1969 年将其推荐为海水盐度的新定义。

（3）1978 年实用盐度标度（PSS$_{78}$）

为使盐度的测定脱离对氯度测定的依赖，JPOTS 又提出了 1978 年实用盐度标度（the practical salinity scale，1978），并给出计算公式，编制了查算表，自 1982 年 1 月起在国际上施行。实用盐标取消符号‰，即为旧盐度的 1 000 倍。有些书刊也称其为实用盐度或记作 PSU。

（4）利用 CTD 现场观测资料计算海水盐度

温盐深仪（CTD）观测得到的电导率，是在盐度为 S，现场温度为 $t℃$，所处水层压力为 p 情况下的电导率 C（S，t，p），依国际海洋学常用表即可查算得出现场的实用盐度标度。

现今实际工作中，CTD 已配有电脑及相应软件，可直接输出实用盐度。

（5）"绝对盐度"及其启用

2009 年政府间海洋学委员会（IOC）提出采用具有 SI 单位克/千克的"绝对盐度"代替电导率比计算的相对盐度，尚待正式启用。

依盐度的初始定义，应该属于海水化学范畴。但因海水有了"盐度"，物理性质发生了诸多变化，从而成了物理海洋学研究的重要参量。

3.1.3 海水的密度和海水状态方程

3.1.3.1 海水的密度和比容

单位体积海水的质量定义为海水的密度，用符号"σ"表示，其单位是千克每立方米（$kg \cdot m^{-3}$）。它的倒数称为比体积，习称海水的比容，即单位质量海水的体积，记为 μ，单位是立方米每千克（$m^{-3} \cdot kg^{-1}$）。

因海水密度是盐度、温度和海水现场压力（以下简称"海压"）的函数，因此，海洋学中常写为 S，t，p。它表示盐度为 S，温度为 t，海压为 p 条件下的海水密度。相应地比容写为 α（S，t，p）。

海水密度一般有 6~7 位有效数字，且其前两位数字通常是相同的。为便于书写计算，历史上在密度单位为克每立方厘米的情况下，曾采用 Kundsen 参量 σ 与 v 分别表示海水的密度与比容。即分别写为

$$\sigma = （\rho - 1）\times 10^{3} \qquad (3-1)$$

$$v = （\alpha - 0.9）\times 10^{3} \qquad (3-2)$$

在海面（$p=0$），海水密度仅是盐度和温度的函数，曾经记为

$$\sigma_t = [\rho（S，t，0）- 1] \times 10^{3} \qquad (3-3)$$

称为"条件密度"。

依海洋学国际单位制（SI），已不再推荐使用参量 σ 和 σ_t 而改为密度超量。

3.1.3.2　密度超量

由于密度单位已为千克每立方米，故定义密度超量（γ）为

$$\gamma = \rho - 1000 \quad（千克/立方米）\qquad (3-4)$$

它与密度具有同样的单位，并且与 σ 的数值相等，从而保持了海洋资料使用的连续性。

3.1.3.3　海水状态方程

表层海水的密度可以直接测量，海面以下深层的海水现场密度尚无法直接测量。然而海水密度在大尺度海洋空间的微小变化，也会产生显著的效应。因此，海洋学者长期致力于研究通过海水的温度、盐度和压力间接而又力求精确地来计算海水现场密度。

海水状态方程是描述海水状态参数温度、盐度、海压与密度或比容之间相互关系的数学表达式（因此有人称之为 $p-V-t$ 关系）。依该式便可根据现场实测的温度、盐度及海压来计算海水的现场密度。

JPOTS 推荐的 1980 年国际海水状态方程（EOS_{80}）由联合国教科文组织（UNESCO）发布，从 1982 年 1 月 1 日起启用。

（1）国际海水状态方程

现场海水密度 ρ（S, t, p）与实用盐度，温度 t（℃）和海压 ρ（帕）的关系式为

$$\rho\ (S,\ t,\ p) = \rho\ (S,\ t,\ 0)\ \cdot\ [1 - np/K\ (S,\ t,\ p)]^{-1} \qquad (3-5)$$

式中 K（S, t, p）为割线体积模量，而 ρ（S, t, 0）是在"一个标准大气压"（即海压为 0）下，海水密度与实用盐度 S 和温度 t（℃）的关系（曾称为"一个大气压国际海水状态方程"）。已有实用编程软件。该方程的适用范围是：温度 $-2 \sim 40$℃；实用盐度 $0 \sim 42$；海压 $0 \sim 10^8$ 帕。国际

海水状态方程比其他形式的状态方程更为精确，若用于计算海水的体积热膨胀系数或压缩系数等，精度也很高。

在式（3-5）中，温度 t 当时皆采用 1968 年国际实用温标（IPTS-68）；1990 年国际温标（ITS-90）与其在 0℃时是相等的，其他温度点则有差别。在世界大洋水温变化范围内，两种温标的关系为 $t_{90} = 0.999\,76t_{68}$。纯水的沸点为 100℃（IPTS-68），但用 ITS-90 时则为 99.974℃；相应地，其最大密度时的温度应为 3.984 ± 0.005℃（t_{90}）。其实，以往记冰点温度为 0℃也是近似的，严格说应是 0.010℃（t_{68} 或 t_{90}）。

由于已启用 ITS-90 温标，国际海水状态方程中的温度，应该对应地换算。

依国际海水状态方程（EOS_{80}）可直接计算海水的密度，如图 3-1 即为计算绘出的密度超量随温、盐、压变化的情况。此外，尚可利用它计算海水的热膨胀系数、压缩系数、声速、绝热梯度、位温、比容偏差以及比热容随压力的变化等。

（2）热力学状态方程

政府间海洋学委员会（IOC）于 2009 年决定用热力学状态方程—2010（$TEOS_{-10}$）代替 EOS_{80} 作为官方认可的海洋参量描述，尚待正式启用。

3.2 海水的主要热学和力学性质

3.2.1 海水的主要热学性质

海水的热学性质一般指其热容、比热容、绝热温度梯度、位温、热膨胀及压缩性、热导率与比蒸发潜热等。它们都是海水的固有性质，且随温度、盐度、压力而变化。它们与纯水的热学性质多有差异，故造成海洋中诸多现象特异。

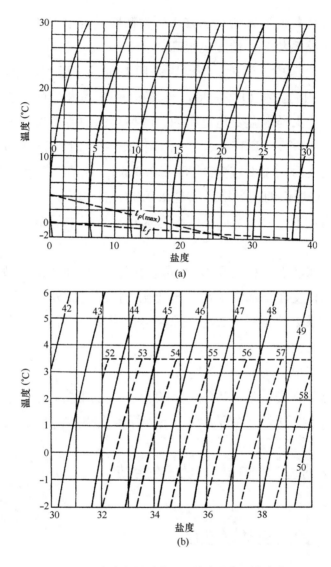

图 3 – 1　密度超量随水温、盐度和海压的变化

（a）海压为 0；（b）海压为 4×10^7 帕（图中粗实线）和 6×10^7 帕（图中粗虚线）

（1）热容和比热容

海水温度升高 1 开尔文（或 1℃）时所吸收的热量称为热容，其单位是焦耳每开尔文（J/K）或焦耳每摄氏度（J/℃）。单位质量海水的热容

称为比热容，其单位是焦耳每千克每摄氏度（J·kg⁻¹·℃⁻¹）。在一定压力下测定的比热容称为比定压热容，记为 c_p；在一定体积下测定的比热容称为比定容热容，用 c_v 表示。海洋学中最常使用前者。

c_p 和 c_v 都是海水温度、盐度与压力的函数。c_p 值随盐度的增高而降低，但随温度的变化比较复杂。大致规律是在低温、低盐时，c_p 随温度的升高而减小；在高温、高盐时，c_p 随温度的升高而增大；若 $S \geqslant 30$，只要水温高于 5℃，c_p 即随水温上升而递增。比定容热容 c_v 的值略小于比定压热容 c_p，c_p/c_v 一般为 1~1.02。

海水的比热容约为 3.89 千焦耳每千克每摄氏度，在所有固体和液态物质中近于最大。海水的密度大致为 1 025 千克每立方米，空气的比热容为 1 千焦耳每千克每摄氏度，密度为 1.29 千克每立方米；故 1 立方米海水降低 1℃放出的热量可使 3 100 立方米的空气升高 1℃。因为地球表面积近 71% 为海水所覆盖，可见海洋对气候的影响是不可轻视的。正因为海水的比热容远大于大气的比热容，因此海水的温度变化缓慢，而大气的温度变化比较剧烈。地球表面气温极差（伊朗卢特沙漠 71℃，南极 −94.5℃），可达海水温度极差的 5 倍。

（2）体积热膨胀

在海水温度高于其最大密度温度时，若再吸收热量，除温度升高外，还会发生体积膨胀，该相对变化率称为海水热膨胀系数。海水的膨胀系数比纯水的大，且随温度、盐度和压力的增大而增大；但在大气压下，低温、低盐海水的热膨胀系数为负值，此时若温度升高则海水体积收缩。热膨胀系数由正值转为负值时所对应的温度，就是海水最大密度对应的温度 $t_{\rho(\max)}$，它也是盐度的函数，且随海水盐度的增大而降低，其经验公式为

$$t_{\rho(\max)} = 3.95 - 2.0 \times 10^{-1}S - 1.1 \times 10^{-3}S^2 + 0.2 \times 10^{-4}S^3 \quad (3-6)$$

海水的热膨胀系数比空气的小得多，故由水温所致海水密度的变化也小得多，由此而导致海水的运动速度便远小于空气。

在低温时海水的热膨胀系数随压力的增大更为明显。例如盐度为35的海水，若温度为0℃，在1 000米深处（$p \approx 10.1$兆帕）的热膨胀系数比在海面大54%，而温度为20℃时，则仅大4%。高纬海域水温低，此类效应更显著。

（3）压缩性、绝热变化和位温

单位体积的海水，当压力增加1帕时，其体积的负增量称为压缩系数。

海水微团在被压缩时，和周围海水若有热量交换而得以维持其水温不变，则称为等温压缩；若与外界没有热量交换，则称为绝热压缩。海水的压缩系数随温度、盐度和压力的增大而减小。因其压缩系数小，故在动力海洋学中常把海水视为"不可压缩流体"。但在海洋声学中，压缩系数却是重要参量。由于海洋深度很大，被压缩的量实际上是相当可观的；若海水真的"不可压缩"，则海面将会比现今升高30米左右。

当一海水微团绝热下沉时，压力增大使其体积缩小，增加了其内能导致温度升高；反之，绝热上升时体积膨胀，导致其温度降低。该类温度变化称为绝热变化。海水绝热变化随压力的变化率称为绝热温度梯度，用 Γ 表示。由于海洋中现场压力与水深有关，故 Γ 的单位可用开尔文每米（K/m）或摄氏度每米（℃/m）表示。它也是温度、盐度和压力的函数。海洋的绝热温度梯度很小，平均约为 1.1×10^{-4} 摄氏度每米。

海洋中某一深度的海水微团，绝热上升到海面时所具有的温度称为原处海水的位温，记为 Θ。海水微团此时相应的密度，称为位密，记作 ρ_θ。海水的位温显然比其现场温度低。若其现场温度为绝热上升到海面温度降低了 Δt，则原深度海水的位温为 $\Theta = t - \Delta t$。

在分析大洋底层水的分布与运动时，由于各处水温差别甚小而难奏效，但绝热变化效应比较明显，所以用位温分析比用现场温度更能说明问题。

（4）蒸发潜热及饱和水汽压

单位质量海水化为同温度的蒸汽所需的热量，称为海水的比蒸发潜热，单位是焦耳每千克（J/kg）。其量值与纯水非常接近，受盐度影响很小，可只考虑温度的影响。其公式为：

$$L = (2\ 502.9 - 2.720t) \times 10^3 \tag{3-7}$$

式中的 t 是水温，适用范围为 $0 \sim 30℃$。

在液态物质中，海水的比蒸发潜热最大。伴随海水的蒸发，海洋既失去水分，同时也失去巨额热量，伴随水汽而输入大气内，从而对海面的热平衡和大气状况发挥巨大影响。

海洋蒸发每年平均失去 1.26 米厚的海水，可使气温发生剧烈的变化。然而海洋的热容量很大，3 米厚的表层海水的热容量就相当于地球上大气的总热容量，故水温变化比大气缓慢得多。

蒸发是水分子由水面逃逸的过程。所谓饱和水汽压，是指水分子由水面逃出和同时回到水中的过程达到动态平稳时，水面上水汽所具有的压力。海水因有"盐度"，单位面积海面上平均的水分子数目减小了，使饱和水汽压降低。海面的蒸发量与海面上水汽的饱和差（相对于表面水温的饱和水汽压与现场实际水汽压之差）成比例，海面上饱和水汽压小就不利于海水的蒸发。

（5）热传导

相邻海水温度不等时，因水分子或海水微团的交换，会使热量由高温处向低温处转移，这就是热传导。

单位时间内通过某一截面的热量，称为热流率，其单位为"瓦[特]"（W）。单位面积的热流率称为热流率密度，单位是瓦[特]每平方米（$W \cdot m^{-2}$）。它既与海水本身的热传导性能密切相关，也与传热方向的温度梯度有关，即

$$q = -\lambda \frac{\partial t}{\partial n} \tag{3-8}$$

式中 n 为热传导面的法线方向，λ 为热传导系数，单位是瓦[特]每米每

摄氏度（W·m^{-1}·℃$^{-1}$）。仅由分子随机运动引起的热传导，称为分子热传导，水的热传导系数在液体中仅次于水银。海水的热传导系数 λ_t 比纯水的稍低，主要与海水的性质有关，随盐度的增大略有减小。若海水的热传导是由海水微团的随机运动引起，则称为涡动热传导或湍流热传导。涡动热传导系数 λ_A 主要和海水的运动状况有关，其量值可达 λ_t 的数千倍甚至上万倍，故涡动热传导在海洋的热量传输过程中起主要作用。

类似于热量的传导，海洋中的盐量（浓度）也能扩散传输，同样亦有分子盐扩散和涡动盐扩散两种方式，且不同盐度的海水，其盐扩散系数也不同，盐扩散率表达的形式类似于式（3-8）。一般而言，分子盐扩散系数仅为分子热传导系数的 0.01 左右，从而导致"双扩散对流"现象（详见第4章）。

海水的动量传输的表达式，也与式（3-8）相似。

（6）沸点升高、冰点降低

随着盐度的增大，海水的沸点升高而冰点下降。在海洋中，人们关心的是海水的冰点随盐度的变化。UNESCO 采纳的公式为

$$t_f = -0.0575S + 1.710\,523 \times 10^{-3}S^{3/2} - 2.154\,996 \times$$
$$10^{-4}S^2 - 7.53 \times 10^{-8}p \qquad (3-9)$$

式中 S 为实用盐度，海压 p 的单位为帕。

海水最大密度的温度 $t_{\rho(max)}$ 与冰点温度 t_f 都随盐度的增大而降低，但是前者降得更快（图 3-1a）。当 = 24.695 时，两者对应的温度都是 -1.33℃，而当盐度再增大时，$t_{\rho(max)}$ 就低于 t_f 了。

3.2.2 海水的一些力学性质

1. 海水的粘滞性

单纯由分子运动引起的海水的粘滞力仅与海水自身的性质有关，粘滞系数很小，随盐度的增大略有增大，随温度的升高却迅速减小。在讨论大尺度湍流状态海水运动时，其粘滞性可以忽略不计；但在描述海面、海底

边界层的物理过程以及研究很小尺度空间的动量转换时，分子粘滞应力却不可忽视。在研究大尺度湍流状态下的海水运动时必须考虑涡动粘滞系数，而且它与海水的运动状态有关。

2. 海水的渗透压

若在海水与淡水之间放置一个半渗透膜（水分子可以透过，但盐分子不能透过），则淡水一侧的水会慢慢地渗向海水一侧，致使海水一侧的压力增大，直至达到平衡状态。此时膜两边的压力差，称为渗透压。它随海水盐度的增高而增大；低盐时随温度的变化不大，而高盐时随温度的升高其增幅较大。

海水渗透压对海洋生物有很大影响，因为海洋生物的细胞膜就是一种半渗透膜；不同海洋生物的细胞膜性质有差别，对盐度的适应范围不同，所以海洋生物有"狭盐性"和"广盐性"之分。

海水与淡水之间的渗透压，依理论计算可相当于约250米水位差的压力，因而被视为一种潜在能源。

3. 海水的表面张力

液体自由表面上分子之间的吸引力所形成的合力，可使其表面趋向最小，这就是表面张力。海水的表面张力随水温的升高而减小，随盐度的增大而增大，海水中杂质的增多会使其表面张力减小。表面张力对海洋水表生物和水面毛细波的影响较大。

3.3　海冰

由海水冻结而形成的冰称为海冰。但在海洋中所见到的冰，除海冰之外，尚有大陆冰川、河流及湖泊流滑入海中的淡水冰，广义地把它们统称为海冰。世界大洋约有3%~4%的面积被海冰覆盖，对航远交通等海洋活动是严重威胁，甚至酿成灾害。某些海区尽管只有冬季结冰，但它对海洋水文化状况自身和海上活动都有很大影响。

3.3.1　海冰的形成、类型和分布

海冰形成的必要条件是海水温度降至冰点并继续失热、相对冰点稍有过冷却现象且有凝结核存在。

由图 3 – 1a 显见，当盐度低于 24.695 时，海水最大密度对应的温度比其冰点的温度高，结冰情况与淡水相似，即从水面开始结冰。当盐度高于 24.695 时，海水冰点高于最大密度的温度，因而，即使海面温度降至冰点，但由增密所引起的对流混合可把下层的热量向上层输送，从而延缓了上层的冷却；只有当对流混合层内海水的温度都降到冰点后且海水中有凝结核，才可以从海面至对流所达深度内同时开始结冰。当然，海冰一旦形成，因其密度小便会浮上水面而形成比较厚的冰层。

海水的结冰，主要是纯水的冻结，可将盐分大部排出冰外，从而使冰下海水的盐度增大，这又进一步降低其冰点。当冰层形成后，因其导热性差，又可阻碍其下海水的热量的散失。上述过程都可减缓冰下海水继续降温。

按结冰过程海冰可分为初生冰、尼罗冰、饼状冰、一年冰和老年冰。按海冰的运动状态可分为固定冰和流冰。固定冰是指与海岸、岛屿或海底冻结在一起的冰，包括冰川舌、冰架、沿岸冰、冰脚和搁浅冰。流冰又称浮冰，是指自由浮在海面上，能随风、流漂移的冰，可分为初生冰、冰皮、尼罗冰、莲叶冰、灰冰、灰白冰、白冰、一年冰和多年冰；由大陆冰川或冰架断裂后滑入海洋且高出海面 5 米以上的巨大冰体——冰山，不在流冰之列。

流冰面积小于观测海区十分之一至八分之一，可以自由航行的海区称为开阔水面；当没有流冰时，即使出现冰山，也称为无冰区；密度在十分之四至十分之六者称为稀疏流冰，流冰一般不连接；密度在十分之七以上称为密集（接）流冰。在某些条件下，流冰搁浅相互挤压可形成冰脊或冰丘，有的高达 20 余米。

北冰洋终年被海冰覆盖，覆盖面积每年3—4月最大，约占北半球面积的5%，8—9月最小，约为最大覆冰面积的3/4；多年冰的厚度一般为3～4米。流冰主要沿洋盆边缘运动，冰界线的平均位置在58°N。格陵兰是北半球主要的冰山发源地，每年约有4万多座冰山由此进入海洋。其中约5%南达48°N，0.5%可达42°N，个别冰山曾穿过湾流抵31°N海域。1958年冬曾发现高达167米的冰山。在北冰洋边缘的附属海，太平洋的白令海、鄂霍次克海、日本海，还有北欧波罗的海以及我国的渤海和黄海北部，每年冬季都有海冰。

南极大陆是世界上最大的天然冰库，周围海域终年被冰覆盖，暖季（3—4月）覆冰面积为2～4百万平方千米，寒季（9月）达18～20百万平方千米。南极大陆周围多固定冰架，一年冰的厚度多为1～2米；在南太平洋和印度洋，流冰北界分别在50～55°S和45～55°S，在大西洋则更偏北，达43～55°S。南大洋海域经常有几十万座冰山在海上游弋。1956年曾观测到长335千米，宽97千米的巨大冰山。南大洋中冰山的平均寿命为13年，是北半球冰山的4倍多。

全球气候变暖已使南、北极的冰川和海冰的融化加速。《北极气候评估报告》称，北极变暖的速度是全球的2倍。2010年夏融冰更甚，我国极地科考船"雪龙"号8月20—21日竟能到达88°26′N。

3.3.2 海冰对海洋环境的影响

结冰引起的海水铅直对流混合能达到相当大的深度，在浅水区甚至可直达海底，从而导致海洋水文要素的铅直分布趋向均匀。伴随这一过程能把表层高溶解氧向下输送，也可将下层富含营养盐的海水输送到表层，有利于生物的大量繁衍。因此，亚极地海区往往有丰富的渔业资源。

融冰时，表面形成暖而淡的水层覆盖于高盐的冷水之上，在其界面会出现密度跃层，从而影响各种环境要素的铅直分布和上下层的水交换，对水声通讯也有很大影响。

海冰对潮汐、潮流的影响极大，因为它可以减小潮差和潮流流速。海冰也能使波高减小，阻尼海浪的传播等。

海面有冰时，海水通过蒸发和湍流等途径与大气所进行的热交换会显著减少。同时由于海冰的热传导性极差，冰封即相当于给海洋盖上了"保温被"。海冰对太阳辐射的反射率大，也能制约海水温度的变化，故在极地水温年变幅只有1℃左右。

在南极大陆架上大量海水冻结，使冰下海水增盐而具有低温、高密度特性。它可沿陆架向下滑沉至底层，形成南极底层水，继而向三大洋散布，从而对大洋底层环境状况产生重要影响。

海冰也会直接影响人类的社会、经济活动。冰情严重可封锁港口和航道，阻断海上运输，损坏海洋工程设施和船只。俄罗斯北方航线的某些区段，因封冻每年通航期仅有2—4个月。冰山的水下部分可比其水上大2～6倍，更是航海大患，45 000吨的"泰坦尼克"号大型豪华邮轮，1912年4月14日凌晨在北大西洋撞上冰山而沉没，溺亡1 700余人。

3.4　海洋温、盐、密度的分布和水团

3.4.1　海洋温、盐、密度的分布与变化

海水的温度、盐度和密度的时空分布及变化，几乎与海洋中各种现象都有密切的联系。

宏观而言，世界大洋温、盐、密度场的共同特征是：在表层东—西方向上量值的差异相对很小，而在南—北方向上的变化十分显著（图3－2）；在铅直方向上则基本呈层化状态，且随深度的增加各自的水平差异逐渐缩小，至深层皆分别趋于均匀。

3.4.1.1　水温的分布与变化

世界大洋约75%的水体温度为0～6℃，50%的水体为1.3～3.8℃，

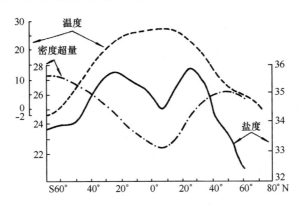

图 3 - 2　大洋表层温、盐、密度随纬度的变化

总体水温平均为 3.8℃。太平洋平均为 3.7℃，大西洋达 4.0℃，印度洋
为 3.8℃。

（1）水温的平面（水平）分布

大洋表层水温年平均值为 17.4℃。太平洋最高，达 19.1℃；印度洋
为 17.0℃；大西洋为 16.9℃。与各大洋的总体平均温度（均不高于 4℃）
相比，大洋表层是相当温暖的。

太平洋表层水温高，主要是因其热带和副热带的面积宽广，约有66%
的洋域温度高于 25℃；大西洋的热带和副热带的面积小，高于 25℃的面
积仅占 18%；而且大西洋与北冰洋之间水交换更为畅通。

北半球比南半球相同纬度内的年平均水温高 2℃左右，尤其大西洋南、
北半球纬度 50°~70°之间相差 7℃左右。缘于南赤道流的一部分跨越赤道
进入北半球，且北半球的陆地阻碍了北冰洋冷水的流入，而南大洋的冷水
北流则十分通畅。

世界大洋表层水温分布具有如下共同特点：

① 等温线大多沿纬线伸展，特别在南半球 40°S 以南海域，等温线几
乎与纬圈平行（冬季比夏季更为明显）。

② 最高温度出现在赤道附近海域，在西太平洋和印度洋近赤道海域，
可达 28~29℃，称为"暖池"（warm pool）。图 3 - 3 中点断线称为热赤

道，表示最高水温出现的位置，平均在7°N左右。

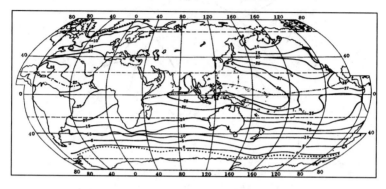

图3-3 世界大洋夏季（8月）表层水温分布

（点线表示海冰边界，点断线为热赤道）

③ 由热赤道向两极水温逐渐降低，极圈附近降达0℃左右；在极地冰盖之下，温度接近于相应盐度值的冰点温度。南极冰架之下曾有 -2.1℃的记录。

④ 在两半球的副热带到温带区，特别在北半球，等温线偏离东西走向：在大洋西部向极地凸出，大洋东部则向赤道方向凸出，导致大洋同纬度带的西部水温高于东部。在亚北极海区相反，即大洋东部比西部温暖。大洋东西两侧水温的这种差异在北大西洋尤为明显，夏季水温差6℃左右（冬季可达12℃）。这是由大洋环流造成的。在南半球的中、高纬度海域，有著名的南极绕极流环绕南极洲流动，其东西方向的温差不如北半球明显。

⑤ 在寒、暖流交汇区温度水平梯度特别大。如北大西洋的湾流与拉布拉多寒流之间以及北太平洋的黑潮与亲潮之间。在大洋暖水区和冷水区的过渡海域，水温水平梯度也特别大，称为极峰（the polar front）。

⑥ 表层水温冬季的分布特征与夏季相似，但是水温值较低且在中纬度海域南北方向梯度比夏季大。

大洋表层以下水温的水平分布与表层差异甚大，原因是环流情况与表

层不同。500米层温度的分布，南北方向梯度明显减小，但在大洋西边界
流相应海域出现明显的高温中心：大西洋和太平洋的南部高温区高于
10℃，太平洋北部高于13℃，北大西洋最高，达17℃以上。1 000米水层
水温南北方向变化更小；但在北大西洋东部，因高温、高盐的地中海水溢
出直布罗陀海峡下沉后扩展而出现了大片高温区；红海和波斯湾的高温高
盐水下沉扩展，使印度洋北部也出现相应的高温区。在4 000米层，温度
分布趋于均匀，整个大洋的水温只差3℃左右。大洋底层的水温（除海底
热泉和冷渗口之类局部海域外）极为均匀，约0℃左右。

（2）水温的铅直向分布

图3－4是大西洋准经线断面水温分布。特点是水温通常随深度增加
而不均匀递减。低纬海域的暖水局限于近表层，其下为大洋主温跃层
（the main thermocline），相对于大洋表层随季节变化而生消的跃层——季
节性温跃层（the seasonal thermocline）而言，又称永久性温跃层（the per-
manent themocline）。大洋主温跃层以下，水温铅直梯度很小。

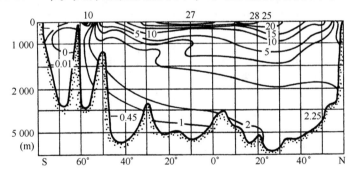

图3－4 大西洋准经线断面水温分布

大洋主温跃层的深度随纬度而变化。在赤道海域深度约为300米左
右；到副热带如北大西洋海域（30°N左右），下沉到800米附近，在南大
西洋（20°S左右）有600米；由副热带海域向高纬度海域又逐渐上升，
至亚极地可升达海面。其沿经线方向分布大体呈"W"字形。

主温跃层之上为水温较高的暖水系，之下是水温梯度很小的冷水系。

冷、暖水系在亚极地海面的交汇形成极锋。极锋向极一侧的冷水区向上一直扩展至海面，即没有上层暖水区。

暖水系近表面由于受动力（风、浪、流等）及热力（蒸发、降温、增密等）因素的作用，湍流混合强烈，从而形成一个几近均匀的水层，称为上均匀层或上混合层（upper mixed layer，UML）。上混合层的厚度在低纬海区一般不超过100米，赤道附近只有50～70米，在赤道洋域东部更浅些。到冬季混合层加深，低纬海区可达150～200米，中纬度海区甚至可伸展至大洋主温跃层。

在极锋向极一侧海域不存在永久性跃层，冬季在上层甚至会出现逆温现象，其深度可达100米左右（图3-5）。夏季表层增温后，由于混合作用可在逆温层之上形成一厚度不大的均匀层，其下界与逆温层的下界之间显示出"冷中间水"，它实际是冬季冷水依然存留的结果。当然，在个别海区它也可能由冷平流所致。

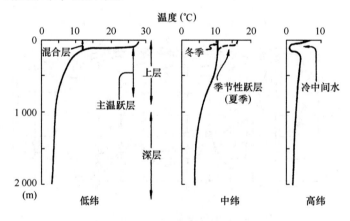

图3-5　大洋平均温度典型铅直分布

大西洋水温分布的这些特点，在太平洋和印度洋也类似。

（3）水温的时间变化

大洋水温的日变幅一般不超过0.3℃。主要影响因子为太阳辐射、内波等，在近岸海域潮流影响也较大。

由太阳辐射引起的水温日变化，其曲线为一峰一谷型，最高值出现在午后 2~3 点，最低值则出现在日出前后。若仅考虑表层水直接吸收太阳辐射，其变幅应大于下层海水，但因湍流混合可把表层热量不断向下传输且有蒸发耗热，使其变幅相对减小。一般规律为：晴好天气比多云时水温的变幅大；海面平静比大风天气海况恶劣时的变幅大；中纬海域比高纬海域的变幅大；夏季比冬季的变幅大；近岸浅海比外海变幅大。

一般而言，水温日变幅随深度增加而减小，位相则随深度的增加而落后；在 50 米水层的日变幅已经很小，而最大值的出现时间可落后于表层 10 小时左右。如果在表层之下有密度跃层则会阻止日变化的向下传递。若有内波导致跃层起伏，所引起的温度变化常掩盖水温的正常日变化，日变幅甚至可大大超过表层。

在近岸海域，潮流对水温日变化的影响往往很明显。它所引起水温在一天内的变化与太阳辐射引起所水温日变化叠加在一起，会使水温日变化更趋复杂。

大洋表层温度的年变化主要受制于太阳辐射的年变化，在中、高纬度，有年周期特征；在热带海域有半年周期。水温极值出现的时间，一般分别在太阳高度最大和最小之后的 2~3 个月内。年变幅则因海域不同以及海流性质、盛行风系的年变化和结冰、融冰等因素的变化而有别。

赤道海域和极地海域表层水温的年变幅都不到 1℃，年变幅最大值总是出现在副热带海域，如大西洋的百慕大岛和亚速尔群岛附近，其变幅大于 8℃，太平洋 30°~40°N 之间可大于 9℃；而在湾流和拉布拉多寒流以及黑潮和亲潮的交汇处分别达 15℃ 和 14℃。

南半球大洋表面水温的年变幅小于北半球。

在中纬度浅海、边缘海和内陆海，由于受大陆的影响，水温年变幅显著增大，例如日本海、黑海和东海的变幅可达 20℃ 以上，渤海和某些浅水区可达 28~30℃，其升温期也往往长于降温期。

表层以下水温的年变化，主要受混合和海流等因子在表层以下的影响，一般是随深度的增加变幅减小，而水温极大值出现时间也迟后。

3.4.1.2　盐度的分布及变化

盐度平均值以大西洋最高，达34.90；印度洋次之（34.76）；太平洋最低，仅34.62。在各个洋区其分布极不均匀。

（1）盐度的平面分布

各洋区表层平均盐度值为：北大西洋35.5，南大西洋、南太平洋35.2，北太平洋34.2。与水温分布相比，大洋表层盐度分布有同有异，其特征可综述如下。

①沿纬线方向基本上呈带状分布。赤道海域盐度较低；至副热带海域盐度达最高值，南、北太平洋分别达36和35以上，大西洋达37以上，印度洋也达36；从副热带向两极盐度逐渐降低，至两极海域降至34以下。大西洋东北部至挪威海、巴伦支海盐度值普遍升高，则是北大西洋流和挪威流携带高盐水输送使然。在几内亚湾、孟加拉湾、巴拿马湾等，由于降水量远远超过蒸发量，为明显的低盐区，也偏离了带状分布特征（图3-6）。

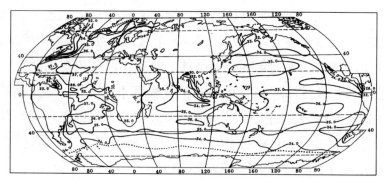

图3-6　世界大洋8月表层盐度分布

②在寒、暖流交汇和径流冲淡海区，盐度梯度特别大，某些海域可达0.2千米以上。

③海洋中盐度的最高与最低值多出现在一些大洋边缘的海盆中。红

海北部高达 42.8，波斯湾和地中海在 39 以上，缘于其蒸发很强而降水、径流却很小，且与大洋水的交换又不通畅。在降水和径流远远超过蒸发的海区盐度则很低，如黑海为 15～23；波罗的海北部盐度最低时只有 3。

④ 冬季盐度的分布特征与夏季相似，但在季风影响特别显著的海域，如孟加拉湾和南海北部海区表层冬、夏有较大差异。

海洋表层以下盐度平面分布的特点是水平差异随深度的增大而减小，在水深 500 米层，整个大洋的盐度差约为 2.3，高盐中心偏大洋西部；到 1 000 米层仅差 1.7，至 2 000 米层则只有 0.6。大洋深处的盐度分布几近均匀。

（2）盐度的铅直向分布

图 3 - 7 为大西洋准经线断面的盐度分布，显见与温度分布（图 3 - 4）差异很大。

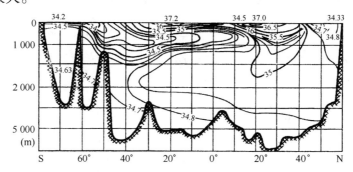

图 3 - 7　大西洋准经线断面的盐度分布（转引自文献 [2]）

在赤道海域盐度较低的海水只涉及一薄层，其下便是由南、北副热带海区下沉后向赤道方向扩展的高盐水，称为大洋次表层水。南大西洋高盐核心值可达 37.2 以上，南太平洋也可达 36.0 以上，高盐水舌都可穿越赤道达 5°N 左右。北半球的高盐水相对较弱。

在高盐次表层水之下，是由南、北半球中、高纬度表层下沉的低盐水，称为大洋（低盐）中层水。在南半球其源地是南极辐聚带，下沉后在 500～1 500 米的水层向赤道方向扩展，在大西洋能越过赤道达 20°N，

于太平洋亦可达赤道附近，在印度洋则只限于 10°S 以南。高盐次表层水
与低盐中层水之间形成盐度跃层。南大西洋跃层最为明显，上、下盐度差
可达 2.5，太平洋和印度洋则只差 1.0。

　　在印度洋因源于红海、波斯湾的高盐水下沉之后也在 600~1 600 米的
水层中向南扩展（称其为高盐中层水），从而阻挡了南极低盐中层水的北
进。在北大西洋，地中海高盐水溢出后，也在相当于中层水的深度上散
布，东北方向可达爱尔兰，西南可到海地岛。但在太平洋却未发现相应的
高盐中层水。

　　在低盐中层水之下，充溢着在高纬海区下沉形成的深层水与底层水，
其盐度稍有回升，在 34.7 上下。

　　由于海水在不同纬度带的海面下沉，继而散布，故在不同气候带海域
内形成了迥然不同的盐度铅直向分布特点，如图 3-8。

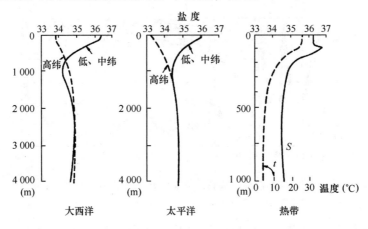

图 3-8　大洋平均盐度的典型铅直分布

（3）大洋盐度的时间变化

　　表面盐度的日变幅通常小于 0.05；在下层若有内波影响时，日变幅可
大于表层。特别在浅海，内波引起的盐度变幅可达 1.0 甚至更大。盐度的
日变化不像水温日变化那样有规律，唯在近岸受潮流影响大的海区，常显
示出潮流周期的影响。

　　大洋盐度变化的主要因子大都具有年变化的周期性，故盐度也相应地出现年周期变化。但因子在不同的海域所起的作用不同，致使各海区盐度变化的特征差别较大。在白令海和鄂霍次克海等高纬度海域，春季由于融冰，约在每年 4 月前后表层盐度出现最低值；冬季大风引起强烈蒸发以及结冰排出盐分，使表层盐度在 12 月前后达一年中的最高值；年变幅达1.05。在降水和大陆径流集中的一些海域，夏季的盐度为一年中的最低值，而冬季由于蒸发的加强盐度出现最高值。

3.4.1.3　密度的分布与变化

　　在大洋上层特别是表层，密度的分布主要受制于海水的温度和盐度分布情况。

　　赤道区密度超量可小于 23 千克每立方米，向两极方向密度逐渐增大。在副热带海域，密度超量约 25.5 ~ 26 千克每立方米。随着纬度的增高密度继续增大，最大密度出现在寒冷的极地海区，格陵兰海的密度超量高达28 千克每立方米以上，南极威德尔海也可大于 27.9 千克每立方米。

　　随着水深的增加，密度的水平差异不断减小，至大洋底层即相当均匀。

　　平均而言，海水的密度随深度的增加而不均匀地增大，但它也有典型的区域特征，见图 3 - 9。

　　从赤道至副热带，相应于温度的上均匀层，其密度基本上是均匀的。在该层之下，与大洋主温跃层相对应，出现密度跃层。副热带海域表面的密度比热带增大，致使跃层的强度比热带海域减弱。至极锋向极一侧，由于表层密度超量已达 27.5 千克每立方米或更大些，故铅直向下密度的增加已不显著。

　　当然，在个别降水量较大的海域或在极地海域夏季融冰季节可使近表面一薄层海水密度降低，在其下界会形成弱的密度跃层。在有季节温跃层的浅海也常伴随密度跃层的生消。

　　大洋密度的日变化较小，一般可不予考虑。当下层有密度跃层时，若

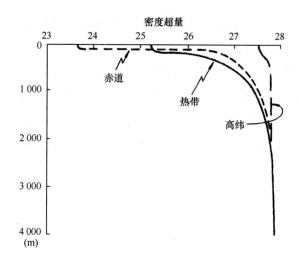

图 3 - 9　大洋典型的密度铅直向分布

有内波作用，可能引起一些明显的日变化。

　　至于密度的年变化，由于受温度、盐度年变化的综合影响，因而比较复杂，但其年际变化不显著。

3.4.2　海洋水团

3.4.2.1　水团、水型和水系

　　水团（water mass）是"源地和形成机制相近，具有比较均匀的物理、化学和生物特征及大体一致的变化趋势，而与周围海水存在明显差异的宏大水体"。用集合论的语言可以定义水团为"兼备内同性和外异性的水体的集合"。

　　所谓内同性是指，在同一个水团范围之内的海水体来自同样源地或形成机制相近，它们的物理、化学和生物学特征在空间上分别具有相对均一性，随时间的变化则各自具有大体一致的趋势。

　　所谓外异性是指水团内的水体与该水团之外周围的海水在源地、形成机制、物理、化学、生物特征及其时间变化规律方面分别存在着明显

差异。

水型（water type）是指性质完全相同的海水水体元的集合。通常在温 - 盐图解（以水温为纵坐标，盐度为横坐标组成的直角坐标系）上，一个水型就是一个单点。由于水型关心的是水体元海水性质的类型而不涉及海水的体积，所以不能等同于宏大体积的水团。然而，源地与形成机制，特别是性质相近的水型集合在一起，若体积足够大，且与周围海水性质有显著差异时，便构成了水团。在温 - 盐图解上根据点集或曲线族分布特征而进行水团划分，是多年来经常使用的方法之一，而这种方法就是上述定义的体现。

在海洋水团和环流分析中，还经常使用"水系"（water system）一词，水系定义为符合一定条件的水团的集合。所谓符合一定条件，即并不要求同时考察水团的各项特征是否相近，有时甚至只考察一项指标即可。例如在分析边缘海特别是近岸浅海的水团时，常有"沿岸水系"与"外海水系"之称，就是仅考察水团的盐度这一项特征而将水团集合归类的；显然，沿岸水系是指受陆地，特别是径流冲淡作用明显，以低盐为典型特征的各水团的集合；而外海水系是指受陆地影响小，特别径流影响小，盐度相对较高的一些水团的集合；类似地，若仅考察水温，大洋则有暖水系与冷水系之分。

3.4.2.2　世界大洋的水团特征及分布

关于世界大洋的水系划分、各大洋的水团特征及空间分布，在《海洋水团分析》一书中有比较详细的解说，这里只从宏观上简要介绍。

考察世界大洋各水团的温度特征，在中、低纬度洋域的上层，各水团的水温都比较高，可以归并为暖水系；而其他海域和水层的水温普遍低，即为冷水系。冷、暖水系在铅直方向的分界即为大洋主温跃层，主温跃层在亚极地海域升达海面，称为极锋，极锋便是冷、暖水系在洋面上的水平分界。极地海域从海面至海底全为冷水系的水团，暖水系的水团只在大洋中、低纬度海域的厚度不大的上层，而厚度很大的中层、深层和底层则为冷水系的水团。

按水团所在的水层的深度划分，传统的方法是划分为 5 个水系，即表层水系、次表层水系、中层水系、深层水系和（近）底层水系。

（1）表层水系

太平洋、大西洋和印度洋低纬洋域的表层水团都具有高温和相对低盐的特征，其源地和形成机制也相同——当地海水在强烈的太阳辐射和充沛的降水条件下而形成。

（2）次表层水系

上述三大洋的次表层水团都具有相对高温和显著的高盐特征，其源地和形成机制也类似——在副热带洋面由于强烈的蒸发而增盐、增密后，下沉至次表层。

（3）中层水系

上述三大洋南部的中层水团，都具有显著的低盐特征，它们形成于亚南极辐聚带，下沉后向北扩展可至赤道海域中层，统称为南极中层水或亚南极中层水。北太平洋的中层水团范围也很大，盐度更低（33.8 ~ 34.3），与鄂霍次克海低温低盐水的下沉及混入了亲潮水有关。大西洋东北部及印度洋北部的中层水则以高盐为特征，它们分别是由地中海水和红海 - 波斯湾水溢出海盆后下沉扩展而形成的。

（4）深层水系

源于北大西洋拉布拉多海一带表层之下，下沉至深层而后扩展到三大洋的南部，再向东及向北扩展。由于离开海面时间长，贫氧是其突出的特征。

（5）底层水系

主要是南极底层水团，由南极大陆架表层的极低温、高密度水下沉形成，具有世界大洋水的最大的密度。北极底层水团势力较弱。

3.5 我国近海温、盐、密、冰及水团分布

3.5.1 我国近海表层水温分布

南海冬季表层水温高且分布较均匀；尤其中、南部广阔的海域，水温都在 24~27℃。粤东沿岸因台湾海峡低温沿岸流的影响，水温可下降到 15℃左右；然而这一带海域表层的年平均水温（22.6℃），仍然比渤海、黄海、东海高得多；当然，与南海南部（如邦加岛近海平均为 28.6℃）相比，则属于相对低温区。菲律宾海冬季表层水温也是南部高且均匀，北部低且水平梯度大；台湾东南及吕宋海峡以东为 25℃左右，再往南的广阔海域为 25~28℃；北部至日本沿岸可低于 15℃（图 3-10）。

东海冬季表层水温分布的明显特点是西北低而东南高，黑潮流域为高温区，暖水舌轴处水温可高达 22~23℃；杭州湾附近则低至 5~7℃，长江口外可达 5℃以下。大致沿 124°E 向北，有暖水舌指向长江口外，是台湾暖流水影响所致。东海东北部亦有暖水舌向北及西北方向伸展，一般认为这是对马暖流水和黄海暖流水扩展的征兆。

黄海冬季水温分布的突出特征，是暖水舌从南黄海经北黄海直指渤海海峡，随着纬度的升高和逐渐远离暖水舌根部，水温也越来越低（从 14℃降到 2℃）。在其东、西两侧，水温明显低于中部海域。黄海的平均最低水温分布于北部沿岸至鸭绿江口一带，为 -1~0℃左右，近岸常出现程度不同的冰冻现象。某些沿岸海洋站的观测记录，曾经出现低于相应盐度的冰点温度值。

冬季渤海温度最低，尤以辽东湾最甚；渤海中部至海峡附近相对较高，也仅达 1~2℃。因渤海水浅对气温响应较快，故 1 月水温低于 2 月，三大海湾顶部的水温皆低于 0℃，1—2 月往往出现短期冰盖。渤海沿岸某些海洋站，也多次记录有过冷却水温值。

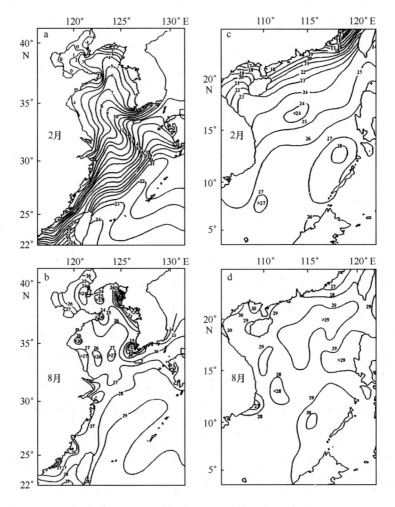

图 3 - 10　我国近海海域表层水温分布

　　夏季各海区表层水温的分布比冬季均匀得多，渤海、黄海的大部分海域均为 24～26℃。浅水区或岸边水温较高，连云港和塘沽海洋站曾测报 31℃和 33℃。辽东半岛和山东半岛顶端，却有明显的低温区；朝鲜西岸低温区更显著，大同江口附近可低于 20℃。东海、南海和菲律宾海夏季的表层水温更为均匀，大多为 28～29℃。南海南部及黑潮进入东海处曾有高达 30℃的报道。泰国湾表层水温在 4 月为全年最高，达 31℃。南海某些海洋站也报道过更高的水温，如涠洲岛 34.4℃，西沙 36.8℃ 等。东海和南海在某些近岸海域也出现小范围的低温区，如舟山及浙江沿岸、海南岛、粤东及越南近岸等（图 3 - 10），这多是夏季季风所致上升流以及潮汐混合使然。

3.5.2　我国近海水温的铅直向分布

冬半年涡动和对流混合增强，渤海、黄海的全部以及东海的大部分浅水海域，混合可直达海底，在深水区也可达 100 米甚而更深，致使这一上混合层内水温趋于均匀。这种状态维持的时段一般是由北向南递减：渤海可达半年多（10 月至翌年 4 月），黄海缩短至 5 个月（12 月至翌年 4 月），东海北部 4 个月（1—4 月），到东海南部仅仅 3 个月。

南海并无实质的冬季，水温上均匀层冬季加深的现象，只在其北部海区尚属明显，广阔的南海中、南部海域即使当北半球隆冬之时，其上均匀层深度也仅达 50 米左右。

春、夏季水温铅直向分布的突出特点是有季节性温跃层。由于跃层屏障，下层海水仍基本保持了冬季的低温特征，因而在渤海、黄海、东海的陆架海域，底层大都有令人注目的冷水区。黄海槽内约 25 米以深至底层，均为冷水盘踞，盛夏上层水温高达 25 ~ 27℃，底层水温在北黄海仍可低于6℃，南黄海也可低于 9℃，致使上均匀层、跃层和下均匀层这种三层结构异常著目（图 3 - 11）。东海深水区则不然，如横跨东海黑潮主流各断面，在季节性温跃层（约 50 米）之下还有第二跃层。

春、夏之交在黄海、东海某些海域，可有逆温分布。在济州岛及浙江近海一带，会伴有"冷中间层"或"暖中间层"。

南海的海盆深、底层水范围内，随深度的增加水温略有回升，由3 000 ~ 4 000 米，水温约上升 0.06 ~ 0.07℃，主要是因绝热增温所致。

菲律宾海水温铅直向分布，具有大洋水温铅直向分布的特征，参见图3 - 5。

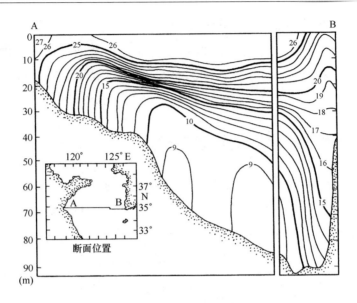

图 3 – 11　南黄海 A – B 断面夏季水温分布

3.5.3　我国近海盐度的分布

渤海的盐度，年平均仅 30.0，海区中部至渤海海峡，平均可达 31.0，而近岸区域则只在 26.0 上下。盐度分布的变化，与沿岸水系的消长关系密切：冬季入海径流量剧减，等盐度线便大致与海岸线平行；夏季河川径流增大，河口附近海域的表层盐度常低于 24.0；在辽东湾顶可低于 20.0；黄河冲淡水影响则可达渤海中部。

黄海表层盐度的分布，明显受沿岸水系、黄海暖流及其余脉所左右。冬季，济州岛附近最高可达 34.0 以上，高盐水舌可一直伸入黄海北部，盐度可达 32.0。此时也是鲁北沿岸流、西朝鲜沿岸流、苏北沿岸流以及"黄海冷水南侵"强盛之际，致使近岸盐度多在 31.0 以下，鸭绿江口外可低于 29.0。夏季黄海表层盐度普遍降低：大部分海域降至 31.0 以下，鸭绿江口外可达 28.0 以下；长江冲淡水低盐水舌影响甚至可到济州岛附近（图 3 – 12）。黄海的平均盐度近年来也明显升高，近 40 年平均升高了0.4。

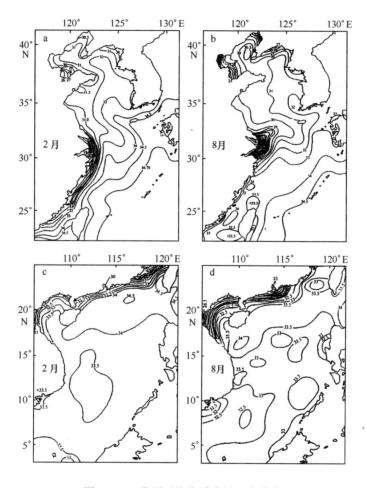

图 3 - 12　我国近海海域表层盐度分布

东海表层盐度分布的明显特点是西北部低盐而东部、东南部高盐，其间往往出现盐度锋。冬季，长江冲淡水势力较弱，近岸盐度在 31.0 以下，黑潮水域则高达 34.7 以上；锋面在浙闽沿岸与台湾暖流之间最明显，宽度小而强度大。夏季，冲淡水势力强盛，长江口附近盐度降至 4.0 ～ 10.0，水舌向东及东北方方向伸展甚远，锋面位置也随水舌相应东推。

南海表层近岸海域大多受低盐沿岸水的影响，盐度低且季节变化较大。珠江口外低盐水舌春夏季由偏南向逐渐转东向，秋冬季则由偏东向渐次转南和西南；洪水年份盐度低至 7.0 以下。外海表层盐度的分布受季风环流的影响更明显：冬季，来自太平洋的高盐水舌经吕宋海峡伸向西南；南海东侧补偿流北上，中部低盐水舌则向东北伸展；夏季，西南季风漂流使南部的低盐水舌向东北扩展，而把海区北部的高盐水挤向北方。南海广阔的中、南部海域，盐度相当均匀，约为 33.0 ~ 33.6。湄公河等径流冲淡水的扩展使中、西部河口附近海域的盐度降低。在粤东、海南岛东北和越南沿岸等上升流区，局部海域表层出现相对高盐区。

　　浅水海域盐度的铅直向分布有明显的季节变化，即冬季上下均匀，夏季在上、下均匀层之间有跃层。河口冲淡水盐度很低、密度小，厚度一般仅为 10 米左右；冲淡水舌之下则有外海高盐水楔入。深海水域盐度的铅直向分布，层次较多也较复杂：最高盐度值出现在次表层内，近 35.0；到中层盐度则出现一个极小值，低于 34.3；中层之下，盐度又缓慢回升。

　　南海也有类似的分布特点，但与东海相比，其中层盐度极小值升高，而次表层盐度极大值降低，并随吕宋海峡向西向南距离的增加，这种变化也愈趋明显。

　　菲律宾海的盐度普遍较高，绝大部分为 34 ~ 35。夏季在台湾东岸、日本南岸表层可降至 34.0 以下。盐度铅直向分布的突出特征是：次表层出现盐度极大值，中层水对应于盐度极小值。

3.5.4　我国近海密度的分布

　　表层的密度冬季明显大于夏季。冬季又以渤海中部、北黄海中部、南黄海东部至东海中、北部海域最高，密度超量可大于 25.0 千克每立方米。东海南部、南海大部及菲律宾海西部密度超量为 24.0 千克每立方米左右；南海中、南部水温更高，则进一步降到 22.0 千克每立方米。沿岸水密度低，如莱州湾 21.5 千克每立方米，长江口至杭州湾一带更低达 15.0 千克每立方米以下。

冬季在舟山外海的 50～100 米海域形成了一个高密度水体,核心部分密度超量可达 25.5 千克每立方米以上,其形成与台湾暖流水北上后降温有直接关系。由于暖流水的盐度明显高于西北侧的沿岸水,也略高于其东侧的东海混合水,北上降温遂使之显著增密。

夏季各海区密度普遍降低,渤海中部的密度超量降至 19.0～20.0 千克每立方米,海湾和河口附近更低,最低在东海长江口附近,可低于 10.0 千克每立方米。菲律宾海西部也降为 22 千克每立方米左右。

上层海水密度的铅直向分布季节变化显著。秋、冬季是对流层内均匀,浅水海域则表底完全均匀。春夏季节,相对于温、盐跃层,也会形成密度跃层,在渤、黄海和东海北部,季节性的密度跃层与季节性的水温、盐度跃层是紧密相关的。

3.5.5　我国近海水温和盐度随时间的变化

渤海、黄海和东海的绝大部分表层水温和盐度随时间的变化有年周期。在不同的海区表层之下,变化的情况则复杂得多。

图 3-13a 为南黄海中部水温年变化过程曲线,它可表征渤海和黄海大部分海域水温变化的主要特点——表层近似正弦曲线。图 3-13b,3-13c 分别为东海北部及南海北部的水温过程曲线,已很不正规,尤其东海北部。对比 a,b,c 三图显见,随着海区所处纬度的降低水温渐次升高,尤以年最低温度值的升高更突出;因而表层水温年较差便随纬度的降低而减小。渤海年较差一般为 23～28℃,有些海域可大于 28℃;黄海为 16～25℃,东海为 14～25℃,南海则大都在 10℃ 以下。南海中南部海域不仅表层水温高,而且 1 年有 2 次峰值,分别出现在 4—5 月和 10—11 月,7—8 月却为相对的低温期。单峰型的北部和双峰型的中、南部海域大致以 17°N 为界(图 3-14),后者在 7—8 月水温有所降低,与南海中、南部海域此时阴雨连绵有关。

表层之下各水层的温度年变化,比表层复杂得多(图 3-13a,3-13b,

3 - 13c）。最高温度出现的时间逐层推迟，一般是出现在秋、冬季对流混
合已达该层之时。

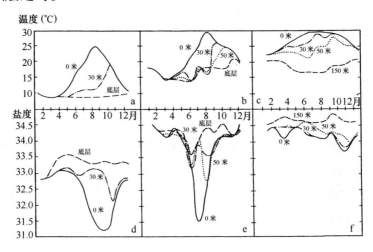

图 3 - 13　黄海、东海和南海的温、盐年度变化过程曲线

(a)、(d) 黄海（35°N, 124°E），1980 年；(b)、(e) 东海（31°N,
127°E），1979 年；(c)、(f) 南海（20°N, 114°E），1980 年

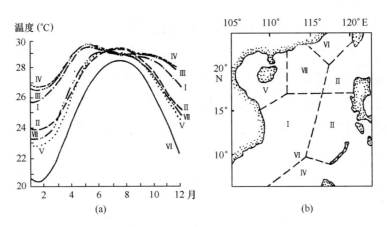

图 3 - 14　南海表层水温年度化的类型（a）与区划（b）

　　近年来渤海和北黄海的水温有明显上升现象，据统计，1965—1997 年
海表温度升高了 0.48℃，平均每年上升 0.015℃。可能是受全球气候变暖

等因素的影响。

表层盐度的年变化区域差异较大，可大致分为河口浅海型、外海型及混合型。第一类受河川径流影响最显著，年较差甚大，特别是长江口、珠江口、湄公河口等附近海域。第二类主要受外海水控制，年较差小而盐度值较高，如黄海中部、东海黑潮区和南海中部、菲律宾海大部等。第三类既受外海水的制约，又受到近岸水的干扰，如图 3 - 13e；其秋、冬季表层盐度高达 34.0 以上，是对马暖流水影响，夏季表层盐度降到 31.5 左右，则是东海陆架混合水扩展所致。表层之下盐度的年变化呈现出甚为复杂的形态，乃是多种因素综合作用的结果。

表层水温大多有日周期变化，最高温度出现在午后 2 时，最低出现在凌晨 4~6 时。云和风以及浅海区潮流的日变化，常施加重要影响，在同样的风力下，有云和无云，其日较差有时可差 1 倍。不同海区、不同季节或不同水层，日变化的特点或日较差的量值，也有明显的差别。

表层盐度的日变化比温度复杂。近岸常有明显潮周期，外海表层盐度日变化一般较小，但规律性也较差。夏季日较差最大，约为 0.3~0.4；春季次之；秋季和冬季最小，达 0.2 以下。从海区来看，东海西部沿岸日较差最大，可达 4.0 以上，其次为南海北部沿岸，再次为渤海，其后顺次为东海外海、南海外海，而台湾以东海域日较差最小，仅为 0.1 左右。

表层之下盐度的日变化一般比表层小。但若有跃层，则不仅使日变化出现复杂的短周期，而且日较差的量值也可能超过表层。

近期研究表明，渤海的平均盐度有上升的趋势，2000 年 8 月和 1958 年 8 月比较，大部分海区盐度升高 2.0 以上。黄河入海口改址后，原黄河口外的低盐区成了高盐区，2000 年 8 月比 1958 年 8 月盐度高出 10.0 以上。盐度低于 27 的海域面积 2008 年比 1959 年减少 7 800 平方千米，而高于 30 的海域扩大了 3.59 万平方千米。

3.5.6　我国近海的跃层、障碍层与海洋锋

3.5.6.1　跃层和障碍层

我国近海跃层的种类比较多，其中以温跃层最具有代表性。

季节性水温跃层一年生消的全过程，可分为 4 个阶段：无跃期、成长期、强盛期和消衰期（表 3 - 1）。

表 3 - 1　我国近海季节性水温跃层的生消周期

海区	无跃期	成长期	强盛期	消衰期
渤海、北黄海	11 月至翌年 3 月	4—5 月	6—8 月	9—10 月
南黄海、东海北部	1—3 月	4—5 月	6—8 月	9—12 月
东海南部及南海	2—3 月	4—5 月	6—9 月	10 月至翌年 1 月

东海浙江近岸至台湾海峡一带，春 - 夏以及秋 - 冬交接之际，伴随"冷中间层"和"暖中间层"的出现，还能形成逆温跃层。济州岛附近海域，屡屡出现双跃层和多级跃层。盐度跃层以江河入海口外最显著，但其厚度和深度都不大。

长年性跃层在东海、南海的深水区和菲律宾海普遍存在，由暖水系和下层冷水系的叠置而形成，其季节变化不太明显。我国的海洋调查规范对水深 200 米以浅和以深分别给出了不同的判定跃层强度的最低标准，如表 3 - 2 所示。所谓跃层的强度，是以跃层上、下界深度范围（称为跃层厚度）内海洋环境要素的铅直方向梯度的平均值来描述的。

表 3 - 2　跃层强度的最低标准

跃层	水深 <200 米	水深 ≥200 米
水温跃层强度（℃·米$^{-1}$）	0.20	0.05
盐度跃层强度（米$^{-1}$）	0.10	0.01
密度跃层强度（千克·米$^{-4}$）	0.10	0.015
声速跃层强度（秒$^{-1}$）	0.50	0.20

东海和南海的大陆架外缘，水深 200 米左右的海域中的跃层，仍能显现出浅海季节性跃层的生消周期（表 3 - 1），但其上界深度比陆架区域浅海季节性跃层的上界深度大，跃层强度则比陆架弱。有人称之为浅海到深海之间的过渡性跃层。

在海洋上层温跃层的顶界深度明显深于密度跃层的顶界深度时，会出现一种特殊的环境海洋学现象——障碍层（barrier layer）。在密度相对均匀的水层之下且位于温跃层之上，会出现一个密度随水深而急剧增大但温度却近于均匀的水层；密度跃层顶界深度至温跃层顶界深度之间的这一水层，因其温度与上混合层内的温度相同，故对热量的铅直向交换起"热障"作用。况且该层密度梯度的增大，也减弱了混合层内夹卷的冷却效应，从而影响海洋和大气的热交换，也会影响水声传播。

东海夏季的障碍层，常出现在长江冲淡水与台湾暖流水交汇处以及东海陆架水和黑潮水交汇处。其深度（即所对应的密度跃层的顶界深度）前者不超过 20 米，长江口外不超过 10 米，后者可达 20 米以深，其厚度前者约 10 米、长江口外仅为 2 米左右，后者可达 20 米。南海的障碍层也较活跃，但其北部的障碍层比赤道西太平洋要薄，南部的障碍层与南海暖水区的位置相一致，在南海东南侧最为深厚，可达 30 米。障碍层的"热障"效应，显然对上层南海暖水（高于 28℃的水体）的发展有促进作用。

3.5.6.2　海洋峰

海洋锋是指"海洋要素水平分布的高梯度带"，在大洋表层温盐分布图中，极锋和寒、暖交汇处就是如此。

黄海和东海的温度锋，一年四季都可以出现（图 3 - 15），依其成因可分为以下三类。一是暖流锋，它出现于冷半年（11 月至翌年 4 月），在黄海暖流、对马暖流和台湾暖流的前沿一般都比较明显。二是黄海冷水团锋，于暖半年（5—10 月）在黄海底层冷水团周边，形成范围广、强度大的冷水团锋带。三是潮汐锋，出现在近海沿岸区，属浅海锋，是由风和潮混合而形成的，该类锋面从表层到底层基本上可以贯通，这是潮生陆架浅海锋的显著特点。

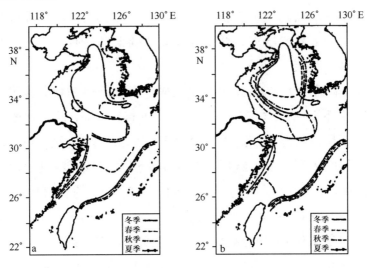

图 3 - 15　黄、东海四季主要水温锋的分布

（a）表层；（b）底层

由于大陆径流和沿岸水都以低盐为特征，因而这类海洋锋又往往伴生盐度锋（图 3 - 16）。夏季黄河和长江等径流入海区即有显著的冲淡水盐度锋。

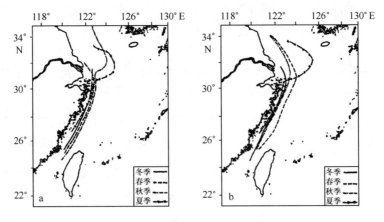

图 3 - 16　黄、东海四季主要盐度锋的分布

黑潮锋属强西边界流边缘锋和陆架坡折锋。其锋带大致与黑潮主流相平行，位置则偏于黑潮前进方向的左侧（图 3 – 15）。该锋主要以中等强度的水温水平梯度为其标志，而且往往在 75 ~ 100 米层较强。黑潮锋比上述中国海的其他锋要稳定，终年存在，秋季较强，其位置变动主要受黑潮和陆架水的变化所制约。

3.5.7 我国近海海冰的分布与变化

我国近海的海冰，仅在冬季出现于渤海和北黄海沿岸。海冰的盐度在各海（湾）区的平均值为 4.29 ~ 12.99，绝大多数介于 5.0 ~ 9.0，有记录的极大、极小值分别为 16.86 和 1.53。海冰的密度为 770 ~ 870 千克每立方米，曾记录的极大、极小值分别为 925 千克每立方米和 610 千克每立方米。裸冰表面接近于或稍低于当地气温，为 – 1.2 ~ – 6.8℃，冰底的温度则接近于水温。

3.5.7.1 冰期及其区域变化

初冬第一次出现海冰的日期称为该海域的初冰日，而翌年初春海冰最后消失的日期称为终冰日。初冰日与终冰日间隔的天数称为结冰期或总冰期，简称冰期。依海冰及其与航运交通和海上生产的关系，将冰期划分为初冰期、盛冰期和终冰期，3 个阶段的分界是盛冰日和融冰日。盛冰日是第一次连续 3 天整个能见海面的 80% 或更多被海冰覆盖，并且这 3 天连续出现厚度为 15 ~ 30 厘米的海冰。所谓融冰日是在冰期中最后一次冰量连续 3 天大于或等于 8，且连续 3 天出现薄冰时该 3 天最后一天的日期。

辽东湾的初冰日一般在 11 月中旬（鲅鱼圈曾提前到 11 月 3 日），终冰日一般在 3 月下旬（鲅鱼圈曾迟至 4 月 7 日），冰期之长全国第一（图 3 – 17）。其北部是东岸冰期（鲅鱼圈 124 天）比西岸（葫芦岛 97 天）长，而南部却是西岸（秦皇岛 107 天）比东岸（长兴岛 66 天）长。莱州湾的冰期最短，如龙口每年平均仅 62 天，最长的记录也只有 97 天。渤海湾的冰期略长于莱州湾（图 3 – 17）。黄海北部的冰期各地差异甚大，如大鹿岛平均长达 123 天，而小长山平均只有 50 天。

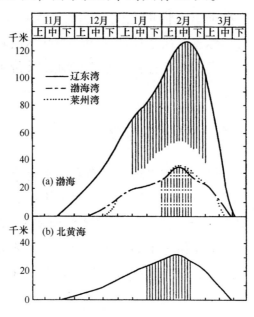

图 3 - 17　渤海、北黄海的冰期和结冰范围

沿岸固定冰主要出现在辽东湾，冰期一般为 60 ~ 70 天，海湾北部更长；营口冰期年平均 119 天（曾达 127 天）。固定冰的宽度，可达 2 ~ 8 千米。

即使在冰期之内，当天气转暖海冰融化或因受潮、浪、风、流作用而漂移别处，在能见海域内也可能观测不到海冰，称为"无冰日"。在冰期内无冰日最多的海域是渤海湾，占 52%，莱州湾为 33%，黄海北部 13%，辽东湾仅为 12%。在固定冰期内，由于气温的变化、潮位的涨落和海浪的起伏，也会使固定海冰脱离海岸或海底而随风或流漂移。

冰期之内出现无冰日，必与"返冻"现象相伴而生。因为返冻现象出现在冰情显著减轻，通常是海上活动业已开始，所以会给生产、巡航等造成相当大的影响甚至危害。

3.5.7.2 冰情及其时空变化

渤海和北黄海沿岸，初冰期从 11 月上旬即陆续开始。因温度常有短暂回升，所以海冰时融时生。1 月之后，结冰的范围可由岸边迅速向外扩展，冰情逐渐加重，对海上活动渐渐有所影响。初冰期在各海区内都是冰期内最长的时段：北黄海可超过 2 个月，辽东湾、渤海湾 50 天左右，莱州湾只有 30 ~ 40 天（图 3 - 17）。

盛冰期是一年中冰情最严重的时期，对海上交通和生产影响最大。辽东湾北部的个别海湾和港口船只无法通行。盖州角至葫芦岛以北海域，沿岸固定冰一般伸展 1 ~ 5 千米，湾顶及河口浅滩可达 8 ~ 10 千米，冰厚度最大可至 60 厘米，堆积高度最大可在 4 米以上。渤海湾北部浅滩和南部河口一带，常年的固定冰也可伸展 5 ~ 10 千米；黄海北部鸭绿江口至大洋河口，常年沿岸固定冰宽度为 2 ~ 5 千米；莱州湾的固定冰较窄，一般不到 500 米，仅在西岸与南岸河口浅滩处可宽于 2 千米，东岸刁龙嘴以北基本上无固定冰（图 3 - 18）。

各海域盛冰期（图 3 - 17 竖影线区）的长度及起止时间也有明显差别。辽东湾最长，北黄海次之，渤海湾和莱州湾不足 1 个月，且冰厚度常达不到标准（15 厘米），有时为使其也有"盛冰期"，便把标准降为冰厚 5 厘米。

终冰期一般仅 20 ~ 30 天，以辽东湾最短，且其东岸终冰日比西岸又大约推迟 2 ~ 8 天。原因是辽东湾西部和北部的大量流冰，在风和流的作用下漂移到东岸附近海域。

渤海及北黄海的冰情分为 5 个等级，即冰情轻年、偏轻年、常年、偏重年和重冰年。在图 3 - 18 中以断线及点线，绘出了渤海和北黄海常年 2 月中旬沿岸固定冰和流冰外缘的范围。常年流冰外缘辽东湾 2 月中下旬向南伸展可达 120 千米之多，渤海湾和莱州湾在 2 月上中旬最远，但不到 40 千米，黄海北部则仅达 30 千米。

渤黄海域也曾出现过多次严重冰情，1936 年、1947 年、1957 年和

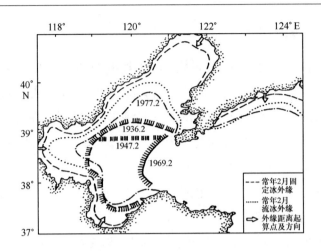

图 3 – 18　渤海和北黄海的冰界

1969 年是 20 世纪最严重的 4 次。在其盛冰期内，渤海 70% 被冰覆盖，辽东湾的冰期长达 60 天，冰厚可达 90 厘米以上。1969 年盛冰期比常年推迟 1 个月，渤海湾的冰期比常年多 1 个月。冰封严重时，除渤海海峡外，整个渤海几乎全被坚冰覆盖（图 3 – 18），冰封状态维持 40 ~ 50 天。渤海湾的堆积冰坚硬而密集，最高达 4 米，最多达 4 层，58 艘海轮被挤压变形或进水，重 550 吨的"海二井"生活平台、设备平台和钻井平台被冰推倒，"海一井"（重 500 吨）平台支座拉筋被冰割断，造成了很大的损失。

　　轻冰年则结冰范围小、冰层薄、冰期短，某些海区没有盛冰期，甚至整个冬季完全不结冰。例如 1972 年，辽东湾盛冰期比常年短 20 ~ 30 天，除其北部外，其他海域无盛冰期；莱州湾龙口和黄海北部小长山附近，冬季均未结冰。

　　20 世纪 70 年代以来我国冰情一般都较轻，即使相对偏重的 1976—1977 年，其流冰外缘线也仅在辽东湾和渤海湾比常年（图 3 – 18）向外扩展一些而已。20 世纪 80—90 年代，除 1985—1986 年外，更趋转轻。例如 1990—1991 年渤海初冰日创纪录地晚，葫芦岛比历史记录推迟 28 天；冰期之短历史记录全部刷新，秦皇岛、鲅鱼圈分别缩短 8 天和 9 天，平均冰厚小于 15 厘米；辽东湾流冰外缘线，多数时间不到 55 千米（但是在 2 月 20—23 日，却又返冻，流冰外缘线曾远达 100 千米，也造成了危害）。1994—1995 年及 1995—1996 年的两个冬季，冰期更短，莱州湾都只有 1 天。2000—2001 年，冰情属于偏重年，但其后除 2005 年属常年外，其余全是偏轻年，特别是 2006—2007 年属有历史记录以来冰情最轻的年份。然而，2009—2010 年又出现了近 30 年来最严重的冰情，辽东湾最大流冰外缘线可达 130 多千米，胶州湾北部冰封近 3 千米，为 1958 年以来最重的冰情；2010—2011 年冰情也较重，渤海半数海域结冰。

3.5.8　我国近海的水系和水团

我国近海的水系可分为外海水系、沿岸水系以及混合水系。外海水系的特征是高盐，可达 35.0；沿岸水系的特征是低盐，低于 31.0，近河口更低；混合水系盐度处于两者之间，且有很明显的季节变化。

3.5.8.1　渤海、黄海和东海的水团

渤海、黄海和东海的水团分布见图 3 – 19。属沿岸水系的水团有辽东湾沿岸水、渤 – 莱沿岸水（渤南沿岸水，鲁北沿岸水）、辽南 – 朝鲜沿岸水、朝 – 韩西岸沿岸水、苏北沿岸水、长江冲淡水和沪浙闽沿岸水。外海水系有东海黑潮表层水团、东海黑潮次表层水团、东海黑潮次 – 中层混合水团、东海黑潮中层水团、东海黑潮深层水团。其他水团属混合水系。其中，黄海冷水团、东海次表层水团（东海陆架底层冷水）只在夏季出现；东海黑潮变性水团只在冬季出现；黑潮区次表层及其以下各水团基本上无季节性变化。

冬季在渤海、黄海和东海西北部海域表、底层水团分布基本一致，但夏季表、底差异较大；东海东部冲绳海槽海域底层水团分布与表层水团分布，即使在冬季两者也有明显不同，见图 3 – 19b、3 – 19c。

3.5.8.2　南海的水团

南海沿岸水系的水团有广东沿岸水（包括珠江冲淡水、粤东北沿岸水

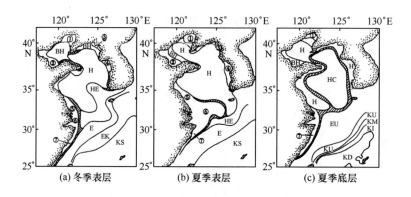

图 3 - 19 渤海、黄海和东海的水团分布

（a）冬季表层；（b）夏季表层；（c）夏季底层

①辽东湾沿岸水；②渤 - 莱沿岸水；③辽南 - 朝鲜沿岸水；④朝 - 韩西岸

沿岸水；⑤苏北沿岸水；⑥长江冲淡水；⑦沪浙闽沿岸水

BH - 渤 - 黄海混合水团；H - 黄海混合水团（夏季又称黄海表层水团）；HC - 黄海冷水团；E - 东

海表层水团；EK - 东海黑潮变性水团；EU - 东海次表层水团；HE - 黄 - 东海混合水团；KS - 东

海黑潮表层水团；KU - 东海黑潮次表层水团；KM - 东海黑潮 - 中层混合水团；KI - 东海黑潮中

层水团；KD - 东海黑潮深层水团

（图中影线区为混合区）

和粤西沿岸水），北部湾沿岸水，越南沿岸水，加里曼丹沿岸水。混合水系有南海北部陆架区近岸混合水团，北部湾混合水团，加里曼丹近岸混合水团，泰国湾 - 巽他陆架表层混合水团。外海水系的水团有南海北部表层水团，南海中部表层水团，南海次表层水团（南海太平洋副热带次表层水团），南海次 - 中层混合水团，南海中层水团（南海北太平洋中层水团），南海深层水团，南海底层水团（南海底盆水），黑潮表层水团，黑潮次表层水团。

根据 1998 年冬、夏二季的实测资料进行计算和分析，可得南海水团的分布如图 3 - 20。在 10 米层和 50 米层，广东沿岸（冲淡）水团（F），近岸混合水团（M），南海表层水团（S），冬、夏两季的分布有所不同；也可看出，黑潮表层水团（KS）和黑潮次表层水团（KU）在 1998 年夏季，是通过吕宋海峡向西而进入了南海的，而冬季却没有进入南海。当然，其他调查也有的发现，黑潮水团在某些年份冬季亦可以入侵南海。

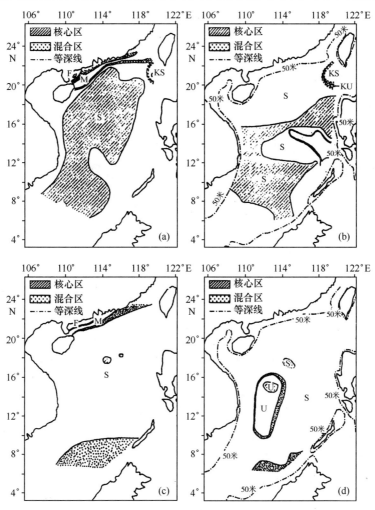

图 3 - 20 南海 1998 年夏、冬季水团分布

（a）夏季，10 米；（b）夏季，50 米；（c）冬季，10 米；（d）冬季，50 米

F - 广东沿岸水；M - 南海北部陆架区近岸混合水；S - 南海表层水团；U - 南海次表层水团；

UI - 南海次 - 中层混合水团；KS - 黑潮表层水团；KU - 黑潮次表层水团

3.6　海洋的光学和声学环境特征

3.6.1　海水的光学环境特征

人们早已熟知光在海水中衰减很快，福布斯进而提出水深超过550米的深度是无生命带。尽管他后来将深度加大到700米，也被实测所否定，然而深海"黑暗"是不争的事实。研究发现最洁净的大洋水，1米厚的水层也可使进入海面的太阳辐射能损失55.5%，10米层损失达77.8%，至100米深处则可损失99.47%。

3.6.1.1　光在海水中的衰减

光在海水中传播时，水分子会产生散射。纯净海水的散射作用一般较弱，且主要在短波波段。实际海水中有许多悬浮物质直径远大于光波波长，其散射作用比水分子大得多。散射的结果使光在海水中衰减。

光在海水中也因被吸收而衰减，但它与散射对光衰减有本质的区别：散射只是改变了光传播的方向，而吸收则把光能转变成了海水的热能使水温上升，或由海洋植物的光合作用而最终储存于有机体中。海水中悬浮的或溶解的物质对吸收作用的影响很大。实验发现过滤后的大洋水光学性质接近于纯水，而较浑浊的近岸海水，即使反复过滤其吸收仍远大于纯水。盖因后者含有"黄色物质"——海洋生物及来自陆地的有机体腐败分解而形成的可溶性有机物质，通常呈黄色，它可使吸收在短波部分随波长减小而迅速增大。

散射和吸收的共同作用，导致光在海水中衰减。研究证明，清洁大洋水在波长0.45微米附近衰减系数有极小值，致使蓝光衰减最小而最易透射，在短波段（趋向紫外光）和长波段（红光及红外）衰减系数很大而透射相应减小。在浑浊的沿岸海水中，所有波段都比清洁大洋水衰减强烈，而黄光波段衰减最弱。

这些特征对海洋藻类和浮游植物的光合作用是有重要意义的，也影响与制约了海水的透明度、水色和水中视程，进而影响了海洋环境与景观价值。对入海污染物而言，显然也影响其光学降解速率。

3.6.1.2 海水的透明度、水色和海色

在清洁的大洋水中，深达 50~100 米尚有足够光线，可以维持潜水员在水下工作，但浑浊的近岸海水中，几乎所有的光能即被 10 米厚的水层衰减殆尽，从而使其透光性能——透明度大大降低。

在海洋调查的早期，是用透明度板（Secchi-disc）观测海水的透明度，实际上这样测量的仅仅是相对透明度。透明度的新定义是衰减系数的倒数——衰减长度，其数值与相对透明度大体相当，但其物理意义更明晰。现在海洋调查中测量用的仪器有透明度仪（transparency meter）或浊度计（turbidity meter）。透明度的单位是米。

水中能见度是指在海水中的视程，它比大气能见度小得多，水平方向一般仅为大气能见度的千分之一。这对于人类在水下作业是不利的，但对于海洋生物躲避敌害，以及潜艇隐蔽待命或伺机出击和水下武器的使用，又是非常有利的。

所谓海色，即海洋的颜色，通常是指在岸边或者船上观察者所能看到的海洋的颜色，往往与天空状况和海面状况有关。它既有海洋自身光学性质的反映，但也有海面反射光谱的影响。前者能表征海洋自身的光学性质，而后者有很大一部分是对天空的光反射，所以常因天气阴晴或海面平静与否有很大关系，甚至太阳高度和水深的变化也会导致观察者感知的海洋颜色不同。广为流传的"蓝色的海洋"以及用色彩冠名的海如黄海、红海、黑海和白海，大都指的是海色。

较能如实反映海水本身光学环境特征的是水色。它是由海水、水中溶解物、水中悬浮物的光学特征决定的海水的颜色，与天空状况和海面状况无关。换言之，水色是海水（包括其中溶解的和悬浮的、有机的和无机的物质）对入射光的散射与吸收的选择性等综合作用的结果。清洁的大洋

水，散射光中短波部分的比例显著增大，吸收系数在短波部分很小，尤其是在蓝光波段可达最小；两者综合作用的结果导致该波段散射相对增强，从而使相应波段的光较易射出海面，所以水色呈现蓝色。近岸海域由于海水浑浊度增大，特别是黄色物质增多，选择吸收的结果是短波部分迅速衰减而黄光波段衰减最小，透射能量比率最大值向黄光波段推移，因而水色趋向于黄色甚至黄褐色。

依福莱尔（Forel）水色计，从蓝色至褐色编号 1～21 号；大洋水色最高，可达 1～2 号，浅海水色多为 9～10 号，近岸水浑浊呈褐色为最低，排 21 号。

3.6.1.3　海发光和荧光海现象

"海发光"现象实际是海洋生物发光。生活在 700 米以深的海洋动物适应在黑暗的深海环境中生活，90% 以上能自身发光。上层海洋生物有的也能发光，故在夜间使海洋中显现微光，特别当海水被扰动时发光更亮，例如，渔船抖动网具可现"万点银星"，船舰航行时两侧显现乳白色光，船尾撒下闪烁的磷光等。上述海发光以热带海域最为强烈，东海也常见。

海洋中生活的庞大的细菌群落发光，可形成所谓"荧光海"现象。其光亮能持续数小时或数天。从 1915—2005 年已记录的"荧光海"现象超过 235 次，大多数集中在印度洋西北部和印尼的爪哇岛附近海域。

3.6.1.4　光学技术在海洋环境研究和开发中的应用

20 世纪 30 年代开始用飞机进行海上气象观测和海岸带摄影测量，就是利用海水的向上光辐射和热辐射等性质，而借助于遥感仪器实施的。航空海洋遥感的进一步发展促生了"航空海洋学"的新概念。

卫星海洋遥感发展更为迅猛，20 世纪 90 年代其业务化应用趋于成熟，且被列为全球海洋观测系统（GOOS）的重要技术构成。其中红外传感器主要用于测海表温度，海色传感器用于测多种海洋光学参数，微波高度计、微波散射计、微波辐射计及合成孔径雷达等能探测更多类型的海洋环境参数，如海面高度、海浪、海面风速、表层流、内波、浅海地形、海冰、海面污染等。

光学技术在海洋渔业、海洋工程、海洋调查研究和军事海洋中都得到了广泛而有效的应用，如灯光诱鱼、水下电视、海洋激光雷达等。

3.6.1.5 我国近海水色、透明度的分布与变化

在描述海水的光学性质时，水色和透明度是久已应用的基本参量。然而以往的观测只在白天目测，所以资料的数量和质量，均远不如水温和盐度。就海区而言，渤、黄、东海尚能积累 20 余年的资料，南海的水色、透明度观测资料，无论从时间还是空间看，其连续性都逊色得多。

（1）水色的分布和变化

渤海的水色，平均而言为各个海区最低（水色号码大），冬季尤甚（图 3 - 21a、3 - 21b）；仅渤海海峡至海区中部一带小于 16 号（最小可达 12 号）；在三个海湾水色号码均大于 18 号。夏季铅直向混合受限，水色增高（号码普遍减小），10 号水色等值线包络了渤海中部的广阔海域。黄河口外，因受冲淡水的影响，水色等值线的舌状分布相当明显（图 3 - 21c）。

黄海的水色分布，冬、夏差异也较大，大部分海域夏季水色号码为 4~8，而冬季为 6~10。在南黄海至东海西北部，特别是长江口外，无论冬夏均为高浊度水域，夏季 10 号水色等值线可东伸至 123°E，冬季东伸更远，几达 126°E。

东海西部和北部，水色的空间分布和时间变化皆较复杂。长江冲淡水的扩展，显然是相应海域水色号码大的主要原因。东海的东南部海域，水色高且均匀，在黑潮附近海区仅 3 号上下，其季节变化也较其他海域小得多（图 3 - 21a、3 - 21c）。

南海一年四季都是北部沿岸为低水色带，而其他广阔的海域水色都比较高，且区域差异相当小（图 3 - 21）。

菲律宾海的水色最高且年变化不大，多为 1~2 号，冬季稍低，部分

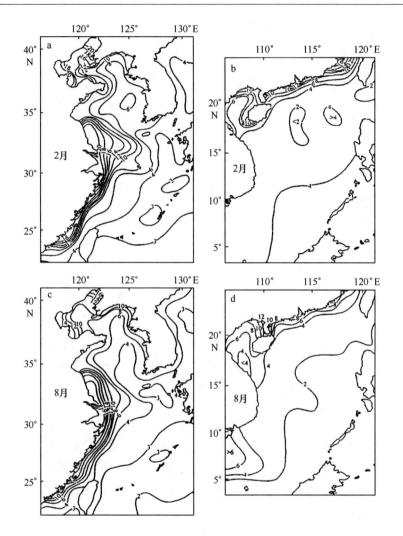

图 3-21　我国近海四季代表月水色（号）分布

海域为 3 号上下。

（2）透明度的分布和变化

我国近海透明度的分布，与水色的分布有某些对应关系：渤海最低，黑潮及菲律宾海域最高，水色锋区与透明度锋的对应等。在海洋环境研究、渔情预报及渔场分析中，同样受到人们的重视。

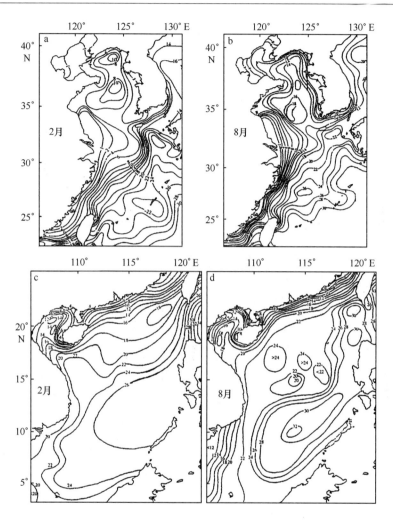

图 3 – 22　我国近海四季代表月透明度分布

　　冬季，渤海三大海湾的透明度大都小于 1 米，靠近渤海海峡处可增至
2～3 米。夏季透明度增大，8 月渤海海峡可达 8～10 米。北黄海的绝大部
分海域大于 12 米，并且呈舌状伸向渤海。在辽南及朝鲜半岛西岸，透明
度锋比较明显。在苏北外海透明度空间变化则相当明显。南黄海中部，无
论冬夏透明度均较高，特别是在夏季，透明度更高，可达 16～18 米（图

3 – 22）。

东海海水透明度的分布有明显的区域特征。黑潮区终年为高透明度海域，无论冬夏都不浅于 20 米。1987 年 6 月在 27°25′N，127°50′E 附近，曾测得高达 42 米的透明度。东海西北部及西部海域，透明度的季节变化较大，例如长江口外，2 月 5 米透明度等值线可东伸至 126°E，而夏季则西缩至 122°E 附近。相应地，透明度锋区也西移，沪、浙外海，西移更明显。在对马暖流海域和台湾海峡，透明度分布不仅有季节变化，而且由于流系复杂，交混强烈，常有高、低透明度间杂零乱分布的现象。

南海冬季透明度分布北低而南高，等透明度线北密而南疏。北部为 4~16 米，等透明度线基本与岸线平行。南海中部、南部透明度都在 22~26 米之间，唯西南部透明度降为 20~24 米。

夏季南海北部沿岸及北部湾为低透明度区，大多为 8~20 米，且区域差异大，雷州半岛西岸海域仅为 4~6 米。南海东半部透明度较高，一般可达 24~30 米。南海中部透明度及其范围的最大值都出现在春季而非夏季，这一特征与渤、黄、东海是明显不同的。北部湾中央和湄公河口附近海域的透明度值，夏季也比春季低，但湄公河口附近海域的透明度低值区范围要比春季大，见图 3 – 22。

菲律宾海西北部的透明度冬季为 22~30 米，夏季更大，普遍深于 30 米（图 3 – 22）。

3.6.2　海水的声学环境特征

声波与光波、电磁波一样，都可以在海水中传播，但唯有声波在海水中衰减较小，致使水声技术在海洋研究、开发和军事等方面获得了广泛的应用。

3.6.2.1　声波在海水中的传播

声波在大气中传播的速度为 320 米/秒，在淡水中传播的速度几乎为其 4.5 倍，可达 1 436 米/秒，而在海水中更快，高达 1 450~1 540 米/秒。

声波在海水中传播的速度与海水的温度、盐度和水深（压力）有关。实验证明，水温增高1℃，声速约增加5米/秒；盐度增加1，声速可增加1.14米/秒；深度增加100米，声速增加1.75米/秒。在实际应用中，可以根据实测的水温、盐度和压力（水深），用经验公式计算声速值。已提出的经验公式不少，依国际海水状态方程亦可计算出较准确的声速值。

因为海水温度一般是随水深增加而降低的，而盐度随水深的变化幅度较小，其影响远不及水温，所以声速由表层向下层随水深的增加而减小；但水温随水深的变化不是线性的，在深层水温的降低越来越缓慢，而随着水深的增加，压力的增大使声速增加的效应相对明显起来。这样一来声速随深度变化就出现了一个声速最小层。在大西洋，该水层约位于1 200～1 300米，在太平洋则位于900～1 000米左右；在某些热带海域可深达2 000米，在温带海域则可升至200～500米上下；在两极海域，因水温随深度变化不大，故压力的影响更显著，结果常使声速最小层位于海面附近。

当声波与声速最小层成较小的角度向上或向下传播时，其传播的路径则发生弯曲，亦即在该层上下返转，总是趋向于折回该水层。这样一来，近于水平方向发射的声波，大多不会折向海底或被海面吸收，故损失很小，波能相对集中于该水层而可超常距离传播，甚至可达通常传播距离的数百倍，这一水层被称为大洋声道，声速最小层称为声道轴（图3－23）。

当声速最小层位于海表面时，也会形成表面声道。即声发射器在海面之下与海面成一较小角度发射时，声波则以海面为声道传播。这样不致因海底损耗，传播距离即能增大。由于海洋边界或海水性质分布不均匀对声能的折射或反射，使得波能被局限在有限区域或通道内，这样的区域或通道被称为波导。

在中纬度陆架浅海海域，冬季由于对流混合可直达海底，水温在铅直方向分布均匀，而海水静压作用使下层声速略大于上层，形成弱的表面声道，从而具有波导型传播。夏季或午后表层水温上升较快，下层则升得少

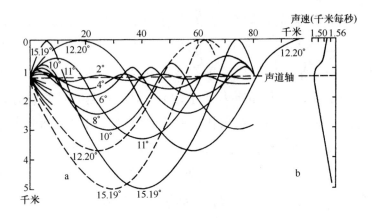

图 3-23　大西洋声道声线

或保持原有的温度,致使声速随深度增加而减小,形成反波导型传播。此时的声线弯向海底,经吸收、散射后声能损失较多,再从海底反射回来的声能减弱,传播距离大受限制;尤其处于声线阴影区内时,接收不到直达声,只收到散射声,这就是"午后效应"。详见图 3-24。

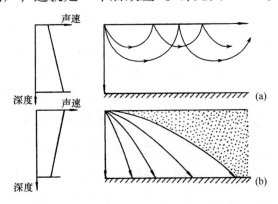

图 3-24　中纬度浅海声线

(a) 冬季;(b) 夏季

　　然而,当夏季形成较强的水温跃层之后,跃层也类似于海表面反射声波,从而使声波在混合层内传播较远的距离(图3-25)。

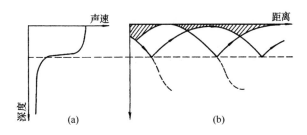

图 3 - 25　夏季强温跃层对声线的影响

（a）声速剖面；（b）声线轨迹

3.6.2.2　海洋的环境噪声

1. 海洋中的噪声源

人们曾经推测海洋深处是最寂静的，实际并非如此，即使在海洋最深处也一样。这些声音可能来自海洋生物和海洋介质本身运动，也可能是人为的发声。通常称海洋本身的噪声为环境噪声。海洋环境噪声源包括海浪飞溅形成的噪声、风与海浪表面相互作用产生的噪声、击岸浪发出的声音、雨滴声、海洋湍流、生物噪声、海水分子热运动所辐射的噪声、远处航船噪声和沿岸工业噪声、地震扰动形成的低频声波、冰层破裂产生的噪声、火山爆发以及远处风暴引起的噪声等。它们的频率从人耳听不到的超低频直到超声频段。在低频范围，海洋环境噪声听起来像低沉的隆隆声；在高频段则像煎炸爆裂的噼噼声。上述的噪声源中有一些被称做间歇噪声源，如能发声的海洋生物。甲壳类的虾群，其中尤其是鳌虾，相互碰击发出的嘈杂声，频率在 500 赫至 20 千赫。北美海域有一种鱼，能像啄木鸟敲击空洞一样，发出叩击般的间断噪声序列。中国渔民在黄海和东海早已发现大黄鱼、小黄鱼、黄姑鱼，白姑鱼也会发出咕咕声。鲸和海豚用喉管喷气产生噪声。海豚还会在不同生活形态下发出调频的啸声。测量得到海豚发出的声音大致在 200 赫至 150 千赫，波形从脉冲波（滴答声）到正弦波（哨声）都有。海豚有 2～3 个独立的发声源，可以分别使用或联合使用。人们用水听器在海洋测听到许多间歇性的鸣声、哼声、音节声、呻吟声、吼声等，大半都是由海洋生物发出的。

人们用噪声平均功率谱描述海洋环境噪声场的统计特征。在海上定点每隔一定时间间隔用磁带记录仪录制一段时间的海洋环境噪声，然后对所录制的系列抽样作谱分析，并对大量抽样做统计平均，得出各种特定环境下海洋环境噪声的平均功率谱。

2. 海洋动力学噪声谱特征

在所有海区，任何水文气象条件下，都可以观测到海洋动力学噪声。海洋动力学噪声包括所有因海水介质本身运动和与风等气象因素作用产生的噪声，因此海洋动力学噪声又可作为描述该海区水文气象和地貌的综合海洋参数。如由噪声的谱级可确定风速和波浪级，根据噪声场各向导性特征，可估计海底反射系数，噪声谱特征可估算内波周期或海面波浪的基本周期。Wenz 所总结的深海环境噪声谱，是具有代表性的深海噪声谱，反映了噪声源的多样性。其谱线虽然定性地解释了海洋环境噪声与海洋动力参数之间的关系，但因冬季的传播条件优于夏季，相应的海洋环境噪声谱级也应有所增加。此外，海洋环境噪声是有方向性的，通常将水听器置于水下几米处，接收到来自海面的噪声强度大于水平方向。

3.6.2.3　声学技术在海洋环境研究和开发中的应用

利用深水声道超远传播的特点，可以建立海难救助系统、海啸预报系统等。

第一次世界大战时期，应对潜艇作战的需求，研制了回声探测仪，即后来简称的声呐（sonar）。第二次世界大战及其后，声呐技术更广泛地应用于军事活动，反过来也推动了它更快地发展。现在已于水下通讯、声导航系统、声遥测遥控、数据图像传输、海洋战场环境保障等各方面发挥了显著作用。

水声技术已经推广应用于各行各业。例如海运交通的冰山探测和声导航，海洋渔业的鱼群探测和渔场探测。在海洋学调查研究中，水声测深取代缆绳重锤测深，使航道测量和海图编绘更准确快速，从而极大地推动了海洋地质、地貌环境特征，特别是大洋深海大范围地貌的研究；中国"大洋一号"科考船 2009 年 9 月在太平洋实施了"声学深拖"调查。在探测海底地质剖面结构，以及海底油气等矿藏资源的勘探和开发方面，水声技术同样展现了广阔的前景。在海洋环境研究方面，声学多普勒流速剖面仪（ADCP）的使用和海洋声层析（marine acoustic tomography），更为海洋环境场的研究提供了有力的支持。全球大洋声学监测网（ATOC），无疑为声学技术的更广泛应用拓展了通途。

海洋生物对水声的反射、散射以及海洋动物噪声，是海洋声学研究中倍受关注的问题之一。海洋水声仪器的应用和改进，信噪比是应予重视和研究的。海洋动物噪声的研究成果已有广泛应用，如第二次世界大战时日本用"弹指虾"干扰美军的探测声呐；也有些已应用于鱼类的声音训育。因海豚的哨声对许多鱼类有警示作用，若予以训练可充任"海洋牧业的牧犬"，也可训练为人类环境开发、探测、通讯、联络服务；美国海军基地已训练海豚当"保安"。

3.6.2.4　我国近海声速与声道分布

我国近海声速的分布与变化，主要受制于海洋水温的区域特征，而在河口近海海域，由于盐度变化较大，对声速分布也有明显影响。海水声速在铅直方向的分布称为海水声速剖面，剖面的特点和变化对声道的形成和变化起着决定性的作用。我国近海海域海水声速剖面的季节性变化非常显著，为海洋声场研究和水声技术应用所关注。

（1）浅海声速和声道的分布与变化

渤海、黄海、东海西北部和南海北部大陆架海域，在冬季由表至底水温几乎趋于均匀；随着水深的增加压力增大，下层海水的声速略有增加，从而使声速剖面呈现微弱的正梯度（数量约为 10^{-5}）。东海东南部和南海北部水深大于 100 米的海域，冬季上层对流混合也可达 100 米上下，在100 米以深，则因海域不同而变化较复杂。

冬季在上均匀层中，水声主要是表面声道的波导型传播。因海区水深制约，表面声道的厚度各海区存在差异：黄海以及东海与南海北部浅水区一般为 25 米左右；黄海中部可达 50 米以上；在东海和南海水深超过 100 米的海域，表面声道则可厚达 100 米左右。在水深浅于 100 米的海域，表面声道虽为波导型声传播，但海面和海底都能导致声能的衰减：冬季海面风多浪大，尤其破碎波将空气卷入海中，使海面成了一个运动着的粗糙面，其下还有不均匀运动着的气泡群，从而增加了海面对声能的吸收和散射；海底沉积物特别是细砂、砂质粉砂和粉砂以及其粒间空隙等的粘滞摩擦，对声能的吸收、散射也很显著，致使经海底反射的声能也显著减少。

春季海表面开始增温，由于风混合可形成较薄的等温层。这一等温的上混合层，在渤海、黄海和东海的大部分海域不深于 20 米，只个别海域可深于 25 米。夏季在上混合层声速较大，其下是较强的季节性跃层，声速急剧下降，跃层上下的声速差甚至可达 40 米/秒，跃层之下声速基本不变，即声速剖面相应地出现三层特征。这种声场分布使水声传播出现许多特殊情况，如上发下收和下发上收都有很大差别。夏季强跃层之上的表面声道，广泛分布于渤海、黄海、东海和南海的浅水海域，厚度略大于初春之时，如舟山群岛附近、台湾海峡南部和江浙外海，一般厚度约为 25 米左右；值得注意的是该季节内声呐的"午后效应"较明显。秋季随着对流混合的发展，上混合层加深，如济州岛以南可达 50 米以深。

上述为主导的季节性特征，而某些海区也出现小范围的浅海水下声道，当然强度不大，且不稳定。如春季在黄海中部至 29°N 海区声道轴可出现在 25～50 米层，夏季黄海中部、济州岛以南于 40～50 米层也可出现声道轴。

(2) 深海声速和声道的分布与变化

深海水域的上混合层也有季节变化，在冬季厚度较大，如东海黑潮区及南海深水区，可达 100～150 米上下。其他季节与浅海类似，因此，其表面声道的季节变化也大体与浅海区相近；但是由于在深海区水深较大，声线大多数可以不经海底反射而返转折向海面，从而减少了声能的衰减。

　　深水海域声场的显著特征，是在水下有相当稳定的深海声道。东海深水区的声道轴深度一般在 800 ~ 1 000 米，南海深海区的声道轴在 1 200 米水层。菲律宾海的南部声道较深，为 1 000 ~ 1 200 米，北部温带海域则浅于 1 000 米。

复习思考题

1. 简述海水物理性质的特殊性及其对海洋环境的影响。
2. 试析"海水盐度"与"实用盐度标度"的区别和联系。
3. 简要分析世界大洋表层水温分布有何特点？原因如何？
4. 何谓主温跃层和季节性跃层？是如何形成的？
5. 世界大洋表层盐度分布有何特点？形成原因如何？
6. 简要对比水温和盐度铅直向分布的异同。
7. 简要分析我国近海表层水温分布的特点和形成原因。
8. 简要分析我国近海表层盐度分布的特点和形成原因。
9. 简要分析我国近海跃层的特点和分布状况。
10. 何谓海冰？对海洋环境有何影响？
11. 水型、水团和水系是如何定义的？它们之间有何关系？
12. 何谓海洋锋？对海洋环境有何影响？
13. 简析水团运动与海流的异同。
14. 世界大洋冷水系和暖水系是如何划分的？其铅直向分界和水平方向分界有何特点？
15. 世界大洋水团的五个基本水层各有何特征？
16. 我国近海水团可划分为哪几个水系？各有何特征？
17. 我国近海水团分布冬、夏季节有何异同？
18. 光和声在海水中传播的特点有何异同？
19. 何谓海色和水色？何谓海水透明度和水中能见度？有何环境效应？

20. 何谓海发光和荧光海现象？对海上活动有何影响？

21. 我国近海水色和透明度分布有何特点？试分析其影响因素。

22. 试比较水温、盐度和压力对声波在海水中传播速度的影响。

23. 何谓大洋声道？形成原因如何？在各大洋分布有何特点？

24. 浅海跃层对声速和声道分布有何影响？

25. 我国近海海域声速与声道分布有何特点？

参考文献

1. 叶安乐，李凤岐. 1992. 物理海洋学［M］. 青岛：青岛海洋大学出版社.

2. 冯士筰，李凤岐，李少菁. 2006. 海洋科学导论［M］. 北京：高等教育出版社.

3. UNESCO. 1981. Background papers and supporting data on the Practical Salinity Scale 1978［R］. *Tech. pap. in mar. sci.*，No. 37. Paris，pp144.

4. UNESCO. 1985. The International System of Units（SI）in oceanography［S］. *Tech. pap. in mar. sci.*，No. 45. Paris，pp124.

5. UNESCO. 1981. Background papers and supporting data on the International Equation of State of Seawater 1980［R］. *Tech. pap. in mar. sci.*，No. 38. Paris. pp192.

6. 李凤岐，苏育嵩. 2000. 海洋水团分析［M］. 青岛：中国海洋大学出版社.

7. 中国大百科全书. 1987. 大气科学·海洋科学·水文科学［M］. 北京：中国大百科全书出版社.

8. PICKARD G. L. and W. EMERY. 2000. Descriptive physical oceanograph：An introduction［M］. New York：Pegamon Press.

9. 全国科学技术名词审定委员会. 2007. 海洋科技名词（第二版）［M］. 北京：科学出版社.

10. 孙湘平. 2006. 中国近海区域海洋［M］. 北京：海洋出版社.

11. 曾呈奎，徐鸿儒，王春林. 2003. 中国海洋志［M］. 郑州：大象出版社.

12. 李凤岐，李磊，王秀芹，等. 2002. 1998 年夏、冬季南海的水团及其与太平洋的水交换［J］. 中国海洋大学学报，32（3）：329-3.

4 海水运动及其环境效应

海水不仅物理性质特殊，还处于永无休止的运动之中。海水运动的形式、时空尺度和成因多种多样，而运动的结果对海洋环境的影响则繁杂不同。

4.1 海水运动概述

4.1.1 海水运动的尺度与类型

海水运动的空间尺度差别很大。世界大洋中的大洋环流、大洋潮波、海洋与大气之间相互作用等，其视野可与地球行星尺度相比拟，而特定海域的环流和水团运动则限于海域尺度。潮位涨落的尺度可以多达 21 米，也有的不到 1 米。波浪的起伏范围比潮差还大，例如涟漪只有几毫米而巨浪可达几十米。至于海水内部的分子运动，其尺度则甚为微小。

海水运动的时间尺度差别也很大。且不说古海洋学，仅现代海洋学研究就关注从世纪际、年代际、年际、季节变化到日变化甚至更短时间尺度的运动，例如海面的毛细波周期为十分之几秒，而海洋水声纵波，其周期则更小。

就海水运动的依时性来分，可有定常与非定常，周期性与非周期性。依运动的学科属性划分，仅就物理学范畴的运动，即可再分为热运动和机械运动；而机械运动中最为人们所熟知的既有海浪、潮汐和海流，还有虽不像流、浪、潮那样易于觉察，但却普遍存在于海洋各处的海水混合。

4.1.2　海水运动的形成与作用力

海水运动之所以复杂,既有内因也有外因。内因在于海水自身物理性质的特殊,外因则是各种作用力或条件。海洋外部驱动海水运动的力有:天体引力和重力;在海面上的大气压力和风的切应力。在运动发生之后,还会派生出地球自转偏向力和摩擦力,继而对已经存在的海水运动施加影响。海洋内部则有:海水分子运动导致热量的传输与盐量的扩散;由于海水密度分布不均匀或其他原因引起的海面倾斜,导致压强梯度力驱动海水发生相应的运动。海水分子黏滞性或运动速度分布不均匀导致的湍流黏滞应力,还有表面张力等,则是阻尼或削弱海水运动的因素。

在物理海洋学中,对上述各方面的内容都已进行了深入而系统的探讨,有意深入研究者可参考有关的著述。本章则从环境效益关注的角度,简要介绍有关的海水运动。

4.2　海水混合

海水混合又称海洋混合,是分子或海水微团的不规则运动而引起的。海洋中热量、盐分或其他物质浓度等的分布从不均匀而趋向均匀的不可逆的物理过程,也称扩散过程。运动形式的杂乱无章和物理过程的不可逆,是其最显著的两大特点。一般按发生的原因分为两类:分子混合与湍流混合。

4.2.1　分子混合及双扩散效应

1. 分子混合

专指由海水分子不规则运动引起的混合。分子热传导定律表明,热通量密度正比于温度梯度,方向是从高温指向低温一方;分子扩散定律也表明,物质通量密度正比于物质浓度梯度而指向低浓度一方。其比例系数即分子热传导系量或相应物质的分子扩散系量，它们仅与海水自身的性质有关，而且量值也比较小。然而，海洋混合过程最终却是靠分子混合完成的，况且海水的可流动性及强溶解能力，也有助于分子混合的持续进行。

2. 双扩散效应

海水分子热传导系量比盐分子扩散系量可大 100 倍左右，从而造成了有趣的双扩散现象。又可分为两种情况和效应。

（1）双扩散对流。当一层高温、高盐海水叠置于相对低温、低盐的海水上方且两层海水仍能处于静力稳定状态时，仅仅缘于海水分子的扩散作用上层海水也会降温降盐，而下层海水则会升温增盐。因为温度变化引起的海水密度变化更显著，故使上层海水的密度变得比下层水大而下沉，下层海水则因密度减小而上升。于是上下两层海水便会通过原先的分界面对流而分别向另一层扩散，从而形成簇状小水柱，称为“盐指”（salt finger）。高温高盐的地中海水溢出直布罗陀海峡在大西洋中层散布，与其下方相对低温、低盐的大西洋水之间，就产生这种双扩散对流现象。

（2）双扩散层结。当低温、低盐海水叠置于相对高温、高盐的海水之上时，扩散的结果是：使上层海水升温增盐，因升温影响比增盐大，故密度减小导致海水从界面处上升，下层则降温降盐但密度变大而从界面处下沉。这样一来，从界面处开始分别向上及向下对流扩散。北冰洋上层低温、低盐水覆盖于其下相对高温高盐的水层之上，就出现了这种双扩散层结现象。

4.2.2　湍流混合

1. 海洋湍流

海洋湍流是海水微团的不规则的运动，即速度的大小和方向都不稳定的紊乱的流动，亦称为紊流或乱流。

海洋湍流生成的一个重要原因是平均运动中的速度剪切。例如：水平流速分布不均匀，海岸边界对海水的侧向摩擦效应，海底对海流特别是潮流的摩擦效应，甚至作用于海洋表面的风应力的不均匀也可引起水平湍流。

海洋湍流生成的第二个原因是海水出现静力学不稳定。即一旦海水密度上大下小，便会打破静力学稳定而产生自由对流，也能生成海洋湍流。海水静力学不稳定的出现，往往是海水温、盐度变化所致，例如秋冬季节，表层海水持续降温，还可同时伴有增盐，即导致表层海水密度相应增大。

2. 海洋湍流混合

海洋湍流所引起的海洋湍流混合，比分子混合的强度大得多。

海水静力学不稳定引起的混合以铅直方向的对流为典型特征，故有人将其特称为对流混合，而将速度切变（既包括水平方向的切变，也包括铅直方向的切变）型混合称为涡动混合。两者在季节性、区域性和混合效应等方面都有显著的不同。

（1）季节性　涡动混合在一年四季都可能生成与发展，对流混合则只在降温季节比较强盛，且其效应可超过并掩盖涡动混合。

（2）区域性　季节性降温以中、高纬度海域最为明显，故对流混合主要发生在中、高纬度海域，低纬度海域则全年以涡动混合占优势。降温导致的对流混合主要发生在海洋上层，涡动混合则在海洋各层都可发生。

（3）混合效应　混合的结果都是使混合所及范围内的海水性质趋向均匀，然而，即使同样发生在海洋上层的混合，涡动混合与对流所达到的深度，混合趋匀后的温度值、盐度值、密度值，也各有所不同，在研究海洋污染分布变化时，这是值得注意的。

4.2.3　海洋混合对环境的影响

在海洋中，分子混合无时无刻不在进行，其效应的长期积累是非常明显的。湍流混合的产生和发展需要某些条件，而这些条件在海洋中是很容易具备的，所以湍流混合在海洋中也普遍存在。各种类型的海洋混合的维持和发展，对海洋环境造成了巨大的影响。

4.2.3.1 上混合层和跃层

海洋上层是各种类型混合都非常强烈的区域。首先，在海洋－大气界面存在着经常性的动力扰动，海浪、海流和潮汐都给涡动混合的发生、维持和发展提供了能量支持。其次，海－气之间的热量、物质交换，也主要集中在海洋上层，降温、蒸发、结冰等过程，若导致上层海水密度显著增大，即可引发对流混合。

在暖季，通常以涡动混合占优势，而寒季则两类混合均可发生。由于寒季的风力一般大于暖季，故风力所致涡动混合达到的水层深度往往也大于暖季，一次大风过程，可使海洋上层数十米厚的水层性质趋于均匀；大风降温又可引起对流混合，其影响会更大，在中、高纬度陆架浅海海域，混合甚至可直达海底。上层混合的效应是使海洋表面以下相应水层之内海水的各种性质分别趋于均匀，从而形成"上均匀层"；缘于该层的形成直接受制于混合，因而也习称为"上混合层"（UML）。在上混合层之下，仍然保持混合前的状态，它们之间出现一个"过渡层"（图 3 － 11）。当过渡层海水性质的铅直向梯度大过一定的临界值时，便被称为跃变层，简称"跃层"；所谓临界值，就是"跃层强度的最低标准"。

海洋上层混合以及跃层的形成和消衰，对溶解或悬浮于海水中的各种物质包括污染物质的分布与变化，有着不可忽视的影响——在混合层内是趋向匀化，而跃层则是上下层海水交换的屏障。关于跃层的分析及我国近海跃层的分布与特点，可参阅章末参考文献 [1]、[2]、[4] 等。

4.2.3.2 底混合层

海底的摩擦使海水运动产生速度切变，这种作用越近海底必然越明显，故近底层混合效应是自海底向上发展的，从而在海底向上的一定厚度水层内形成近底层混合层，简称底混合层。从混合的类型看，它显然属于涡动混合。底混合层的厚度与流速的大小及海底地形的变化密切相关。沉积于海底的泥沙及污染物质，因混合而再悬浮或运移，对环境的影响也是相当明显的。

4.2.3.3 浅海表、底层混合层的可贯通性

在浅海海底地形多变或岸线复杂的海域，潮流速度切变引起的底层混合相当强烈并充分向上发展，在某些区域甚至可导致上混合层之下的跃层消亡从而使上、下混合层贯通，进一步发展可实现从海表面到海底的充分混合。在暖季，这种贯通混合可使上层的温度降低，例如渤海海峡的老铁山头以及黄海的成山头、苏北浅滩和朝鲜半岛西南岸等处，夏季表层水温分布就出现"冷水区"。

4.2.3.4 海洋中、深层的混合

除了上混合层及底混合层之外，大洋和深海的中、深层也不是静止的。由于流系的复杂多变及广泛存在于大洋的中尺度涡旋，都为混合的形成和发展提供了能量来源；海洋内波研究进一步指出，海上风场对海洋的作用不仅限于风浪、风海流和内波等的生成，其能量还会影响尺度再小的内波，内波的破碎和其他不稳定过程又可产生混合斑片（patch），直到尺度更小的双扩散混合。

混合过程的持续和混合效应的累积，导致大洋中、深、底层的温度、盐度分布比上层均匀得多。当然，不同水团的邻接或叠置，也相应形成过渡区或过渡层，广布于中、低纬度大洋的主温跃层，就是世界大洋冷、暖水系之间的过渡层。

4.2.3.5 混合区、混合带

与水体铅直方向的跃层相对应，在水平方向上则有过渡区。这是不同的水体相邻接及交汇的区域，互相邻接与交汇混合的效应，是过渡区内特征要素水平梯度显著增大。第3章介绍世界大洋水温、盐度水平分布特点时，都提到此类等值线的密集区。

水平方向的过渡区又称为混合区，显然这是着眼于不同水体或流系的

交汇混合而言。但要注意与铅直方向的称谓须严格甄别，因为铅直方向的跃层也是过渡层，但决不能称为混合层，因为混合层是专指上均匀层或底均匀层的。

有些混合区呈狭长的带状，即其长度远大于其宽度，习称为混合带。当混合带的环境要素梯度值达到一定的标准时，便称为海洋锋。海洋锋的分布和变化，对海洋渔业，海运和海洋工程、军事活动、物理海洋学和海洋生态学研究，以及海洋气象学和海洋天气预报等，都有重要的影响而倍受关注。

4.2.3.6　海洋温度、盐度、密度的细微结构

在20世纪60年代以前，依常规层距观测数据绘出的温度、盐度铅直向分布曲线，实际上是忽略了小于观测层距的小尺度的变化。使用新仪器观测层距更小时便发现，分布曲线远非那么规则光滑，而是存在着许多小于1米、数厘米甚至更薄的成层结构，此即所谓"细微"结构。其成因多与上述各类混合有关。

4.3　海流和海洋环流

海流和海洋环流的时空尺度比海水混合大得多，对海洋环境的影响也更大。

4.3.1　海流和海洋环流的概念

4.3.1.1　海流

海水是流体，可流动性是其典型特征，海流就是其具体表现形式之一，但海流一词是特指海水大规模而相对稳定的流动。在近海现场测得的流，常含有潮流及其他周期性变化的流动，将其滤除后剩余的部分称为余流，可体现相对稳定的流动。通常把海水流动的水平分量狭义地称为海流，而把铅直

向上、向下的分量分别称为上升流和下降流。由于海洋的水平尺度远远大于其铅直方向，所以海流的水平范围比铅直向大得多；又因为铅直向有重力和浮力的制约，致使上升流和下降流的强度也小得多。前者流经和影响的范围一般很广，后者则往往发生于局部海域，然而这种强度较小貌似局部的上升流和下降流，却同样对海洋环境和过程有重要的影响。

在讨论海流对环境的影响时，既关注其速率也关注其方向。需要注意的是，流向是指海水流去的方向，这与通常习用的风向恰恰相反，因为风向是指风吹来的方向。

4.3.1.2 海洋环流

海洋环流是海流的一种集合，通常指大洋或某一研究海域中海流的气候式平均（即滤掉了潮流等周期性流动以及随机变化等）的总结构。其最典型的形式是由首尾互相接续的海流组成相对完整的环状或准环状流系。例如在北太平洋，由黑潮、北太平洋流、加利福尼亚流和北赤道流，构成了北太平洋中、低纬度洋域的顺钟向环流。

对某一研究海域而言，通常将其中各种海流的分布总结构称为该海域的环流，而不论它们是否首尾互相接续或闭合成准环状。例如通常讨论黄海环流，即指黄海中的黄海暖流、辽南沿岸流、朝鲜沿岸流、山东沿岸流和苏北沿岸流等海流的总体结构。

大至世界大洋或某个洋区，小至一个具体的海区甚至其中的一个海湾，都各有其环流结构，它们之间又借助于世界大洋的连通性而彼此联系。正是有赖于此，才把广袤而复杂的世界大洋各部分联系在一起，从而维持着全球大洋的水文物理和化学等特征长期相对稳定，为人类和海洋生物提供了适宜生存繁衍的良好环境。

4.3.1.3 海流的成因与分类

1. 海流的形成原因

海流形成的原因可以归纳为两大类。一类是海洋外部的原因，如海面上风力的驱动、江河径流入海或降水等增水导致海面水位变化等。广阔洋面上相对稳定的风系，可导致洋区尺度的洋流，如赤道流和西风漂流，它们的水平尺度均可达数千千米甚至上万千米，但在铅直方向则因海水黏滞性的阻尼而衰减较快，一般只能涉及深约几百米的上层。

第二类是海洋内部的原因，如海水温度、盐度变化导致海水密度分布不均匀而造成海洋等压面的倾斜，其压强梯度力即可引起海水的流动。海水流体的连续性也可以衍生海流，例如由于海水在水平方向的辐聚或辐散将导致下降流或上升流。

2. 海流的分类

海流的分类或名称，常因视点和分类的依据不同而有别。若依形成原因或受力情况分，可有风海流（或漂流）、密度流、倾斜流、补偿流等。就水温和流经海域的温度对比则分为暖流和寒流。根据海流的区域特征分类，即有赤道流、西边界流、东边界流、陆架流等。按海流所在的水层深度分，就有表层流、潜流、中层流、深层流以及（近）底层流等。

4.3.2　海水运动方程

海水运动遵循运动学定律和质量守恒定律。描述物体质量、加速度和受力之间关系的牛顿第二定律应用于海洋中，取直角坐标系，对单位质量海水而言，可写成

$$\left. \begin{array}{l} \dfrac{\mathrm{d}u}{\mathrm{d}t}\ \sum F_x \\[2mm] \dfrac{\mathrm{d}v}{\mathrm{d}t}\ \sum F_y \\[2mm] \dfrac{\mathrm{d}w}{\mathrm{d}t}\ \sum F_z \end{array} \right\} \qquad (4-1)$$

式中 u，v，w 分别为 x，y，z 方向上的速率分量，$\sum F_x$，$\sum F_y$，$\sum F_z$ 分别为 x，y，z 方向上单位质量海水所受作用力的合力。若能给出这些力，便可求解了。在 4.1.2 中已列举过这些力，这里先讨论与海流有关的力。

4.3.2.1　重力

重力是地球上任何物体都承受的作用力。对海水而言，它是某地点海水所受地心引力与地球自转离心力的合力，方向垂直于水平面而向下（图4-1），量值则与海水的质量、所处地理纬度及水深有关。单位质量物体所受的重力在量值上与重力加速度相等，故重力也习称为重力加速度，以 g 表示，可依下式计算：

$$g = 9.806\ 16 - 2.592\ 8 \times 10^{-2}\cos 2\varphi + 6.9 \times 10^{-4}$$
$$\cos^2 2\varphi - 3.086 \times 10^{-6} z \qquad (4-2)$$

式中，φ 为地理纬度，z 为从海平面起算的水深（米）。因为 g 随纬度及水深变化的幅度较小，故一般视为常量，取 $g = 9.8$ 米/秒^2。

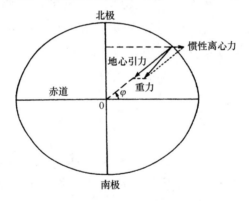

图 4-1　重力的形成

海洋处于静态时，海面是水平的，称为海平面，此时海面上各点所受重力皆相等，势能也皆相等，故静态海洋的表面是一个等势面；表层之下的各层水平面与海平面平行，也各自是一个等势面。从一个水平面逆重力方向移动单位质量物体到 $\mathrm{d}z$ 高度所作之功，称为重力位势，即

$$\mathrm{d}\Phi = g\mathrm{d}z \qquad (4-3)$$

显然，不同的水平面其重力位势也不相同，即有位势差。两个等势面之间的位势差，以位势米（gpm）为单位表示，其定义为

$$d\Phi\text{（gmp）} = \frac{1}{9.8}g dz \tag{4-4}$$

因取 $g = 9.8$ 米/秒^2，且 dz 的单位为米，所以，两个等势面之间的位势差与几何距离"米"在数值上几乎是相等的，为了与几何米区别而称为位势米；从某一等势面向下计算称为位势深度，向上计算称为位势高度。在国际标准单位制（SI）推行之前，它们曾分别称为动力米、动力深度和动力高度。

4.3.2.2　压强梯度力

类比于大气压强（简称气压），海洋中某一水层单位面积所承受的自该层到海面的铅直水柱的压力，则称为海压，常习称为压力。海面即为海压等于 0 的一个等压面。当然，海面还承受着大气压力，故以往把"在海面条件下"，常习称为"在一个大气压下"。按国际单位制（SI），"一个大气压"应改用其平均气压值 1 013.25 百帕。

从海面向下，随着水深的增加，压强也渐次增大。设海水的密度为 ρ，坐标原点置于海面，z 轴向上为正，则在海面之下深度为 $-z$ 处海压为

$$p = -\rho g z \tag{4-5}$$

上式称为流体静力学方程。水深变化 Δz，压强变化 $\Delta p = -\rho g \Delta z$ 故上式也可以写成微分形式

$$dp = -\rho g dz \tag{4-6}$$

当海水密度为常数或仅仅是深度的函数时，在静态的海洋中压强的变化便只是深度的函数。这时，海洋中的等压面必然是水平的，即与等势面相平行。等密度面平行于等压面，而各等压面本身又都互相平行时，这种形式的海洋质量场称为正压场。若密度在水平方向存在明显差异时，等压面相对于等势面发生倾斜，则为斜压场。

在静态的海洋中，海水是静止的，水质点所受的合力应为零。如前已述，重力是必受之力且垂直于等势面而向下，故必有与之方向相反且量值相等的力才能平衡。由式（4-6）知，该力为

$$G = -\frac{1}{\rho}\frac{d\mathrm{p}}{dz} \qquad (4-7)$$

它与压强梯度成比例，称为压强梯度力，垂直于等压面而指向压力减小的方向；$\frac{1}{\rho}$ 则表示对单位质量海水而言。图 4-2a 即表示正压情况下压强梯度力与重力的平衡。

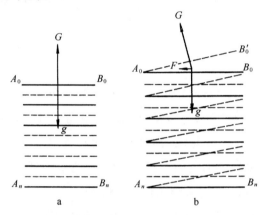

图 4-2　等压面与等势面的配置

a. 两者平行；b. 等压面倾斜

在斜压情况下，因等压面相对于等势面有倾斜，重力与压强梯度力则不能平衡，如图 4-2b。考虑到等压面倾斜可有各种方向，将压强梯度力写成一般形式，即

$$G_n = \frac{1}{\rho}\frac{\mathrm{d}p}{\mathrm{d}n} \qquad (4-8)$$

式中 n 为等压面的法线方向。在 x，y，z 三个方向上的分量可写为

$$G_x = -\frac{1}{\rho}\frac{\partial p}{\partial x}, \ G_y = -\frac{1}{\rho}\frac{\partial p}{\partial y}, \ G_z = -\frac{1}{\rho}\frac{\partial p}{\partial z} \qquad (4-9)$$

由于海洋中等压面相对于等势面常有倾斜，所以压强梯度力的水平分量不恒为 0，于是成了导致海水质点水平运动的驱动力。由式（4-9）亦可知，倾斜越甚，压强梯度力的水平分量也越大，驱动的流也应越大。当

然，现实的海面倾斜一般不会太大，然而由于海水是黏滞性较小的流体，水平方向较小的驱动力即可引起流动。例如湾流区的海面坡度约（1.2 ± 0.3）×10⁻⁵，即距离 100 千米海面高度只差 1.2 米左右，但其流速却可高达 1 米/秒以上；实测表层最大流速可达 2.5 米/秒，甚至 3 米/秒。

需要说明的是，缘于海洋外部的影响，比如大风、降水或江河径流等也能造成海面的倾斜，同样可引起海水流动。相对于海洋内部密度分布所形成的内压场，常称此为外压场。外压场叠加于内压场而形成海洋总压场。

4.3.2.3 地转偏向力

研究地球上的运动现象时通常把参考坐标固定在地球表面上；然而由于地球不停地自转，坐标系也随之而转，故不能无视地转效应。

地球自转的平均角速度 $\omega = 7.292 \times 10^{-5}$ 弧度/秒，在赤道上地面即有向东的线速度 464 米/秒，纬度 30°处约 402 米/秒，而在南、北极点则线速度为 0。假想从北极点向正南方，即沿某经线发射炮弹，因弹行期间地球已向东转过，故弹着点必落于该经线西方。在地球上的人看来，似有一个力把它推向了右方，这就是地转偏向力，或称科氏力（coriolis force）。

科氏力的特点是：只有在物体相对于地球运动时才会起作用；这种作用只表现于改变物体运动的方向，而不会改变物体运动的速率；此类方向的改变，在北半球是垂直于物体运动方向向右，而南半球指向左。

科氏力的量值与物体运动的速度和所在的地理纬度有关。若取 $x-y$ 平面在海面，x 轴向东为正，z 轴向上为正，则科氏力的三个分量为

$$\left.\begin{array}{l} f_x = 2\omega\sin\varphi \cdot v - 2\omega\cos\varphi \cdot w \\ f_y = -2\omega\sin\varphi \cdot u \\ f_z = 2\omega\cos\varphi \cdot u \end{array}\right\} \qquad (4-10)$$

式中 φ 为地理纬度，ω 为地转角速度，u，v，w 为速度在 x，y，z 三个方向的分量。

由于海洋中铅直向运动分量 w 很小，故上式可简化为

$$f_x = 2\omega\sin\varphi \cdot v = fv$$
$$f_y = -2\omega\sin\varphi \cdot u = -fu \qquad\qquad (4-11)$$

式中，$f = 2\omega\sin\varphi$ 称为科氏参量。

4.3.2.4　风应力

假设有均匀的风在海面上吹掠，大气动量将向下输送给海水，引起海表层水运动。海面上的风与海水之间的切应力一般称为海面风应力。由实验室内观测得知，风应力随风速的平方而增加。

4.3.2.5　切应力

当两层流体有相对运动速度差时，因黏滞性在其面上会产生切向作用力（或称切向摩擦力）。实际海洋中的运动大多为湍流，且 x，y，z 三个方向的湍流黏性系量也有差别，可以分别记为 T_x，T_y，T_z。

4.3.2.6　海水运动方程组

实际海洋中的运动，会同时受到各种力的共同作用，考虑上述各力，将其代入式（4-1），便有

$$\frac{\mathrm{d}u}{\mathrm{d}t} = -\frac{1}{\rho}\frac{\partial p}{\partial x} + 2\omega\sin\varphi \cdot v + T_x + \cdots$$

$$\frac{\mathrm{d}v}{\mathrm{d}t} = -\frac{1}{\rho}\frac{\partial p}{\partial y} - 2\omega\sin\varphi \cdot u + T_y + \cdots$$

$$\frac{\mathrm{d}w}{\mathrm{d}t} = -\frac{1}{\rho}\frac{\partial p}{\partial z} - g + T_z + \cdots \qquad\qquad (4-12)$$

这就是直角坐标系的海水运动方程组。由于涉及因素太多，方程组不闭合，欲求解还须引进连续方程、热流方程、盐量方程及边界条件等。即使方程组能闭合，求解也是困难的，因此，应抓主要矛盾，进行简化、近似。地转流和风海流理论，就是很好的例子。

4.3.3　地转流——不考虑摩擦的定常流

当海面风力停止或很小时，可不考虑风应力；对于离岸很远的大洋中

部，可不考虑海岸边界的影响；为简化，也不考虑海水湍切应力。此时大尺度的海流，近似认为是定常的、接近水平的，即仅是压强梯度力和科氏力平衡的产物，称之为地转流。

4.3.3.1 方程的简化与求解

假设只考虑压强梯度力和科氏力平衡的定常流动。为讨论方便，设等压面只相对于 x 轴倾斜，夹角为 β（图 4 - 3），则运动方程式可简化为

$$\left.\begin{aligned}
0 &= -\frac{1}{\rho}\frac{\partial p}{\partial x} + 2\omega\sin\varphi \cdot v \\
0 &= -\frac{1}{\rho}\frac{\partial p}{\partial z} - g
\end{aligned}\right\} \tag{4 - 13}$$

可得

$$v = \frac{g}{f}\mathrm{tg}\beta \tag{4 - 14}$$

可见地转流的速度与等压面倾角的正切及重力加速度 g 成正比而与科氏参量成反比，流向是沿 y 轴方向，即沿等压面与等势面的交线流动，流向之右的海面（等压面）向上倾斜。

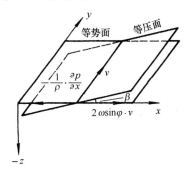

图 4 - 3 地转流与等压面、等势面的关系（北半球）

4.3.3.2 地转流的特征和分类

将上述结果推广至一般情况，地转流即有如下特征。

（1）地转流的方向

沿海面与等势面的交线流动。在北半球，流向之右海面上倾，南半球反之。若海面的倾斜缘于密度分布不均匀，那么，在北半球流向之右应该密度小；考虑到在海洋上层水温变化较大，对密度影响显著，故流向之右水温高（图4－4）；南半球则反之，即地转流流向之左密度小，水温高。

（2）地转流的速率

地转流的速率与所在地点的重力加速度 g 成正比，但 g 的变化不大，一般可视为常量。流速与海面的倾角的正切（tgβ）成正比，显见海面倾斜越甚，则速率越大。与所在地点的科氏参量 $f = 2\omega\sin\varphi$ 成反比；由式（4－14）可知，应有 $\varphi \neq 0$，即适用于赤道之外的海域。计算及实测说明，一般在赤道南北各半个纬度距离（50千米）之外就可以了。

（3）地转流的分类

由地转流的前提假设和求解结果来看，只要海面相对于等势面有倾斜，便可有相应的海流相匹配，这样一来，"压强梯度力与科氏力平衡"意义上的"地转流"，便会有以下情况。

①倾斜流。海面的倾斜是由外因形成的。例如降水或径流，这样的增水区域内，密度在水平方向分布均匀，而在铅直方向仅与水深有关。于是，等密度面平行于等压面，而各等压面又都是互相平行的，它们与等势面的倾角也都是一致的。鉴于这种地转流的成因仅是海面倾斜而非密度分布不均匀，故称为倾斜流。在倾斜流所及范围内，其流向和速率在各水层都是相同的。

②梯度流。海面倾斜是由内因形成的。设有两层海水密度各自均匀，若海水静止不动，则密度小的一层覆盖于密度大的一层之上，其间是密度不连续的界面且处于水平状态。一旦两层海水有相对运动，界面将倾斜，压强梯度力与科氏力达到平衡而海流趋于稳定时即为地转流，其流向之右为密度小的海水，即在流向之右海面向上倾斜（北半球）。此种地转流的速度，取决于该二层海水的密度梯度，故称为梯度流。

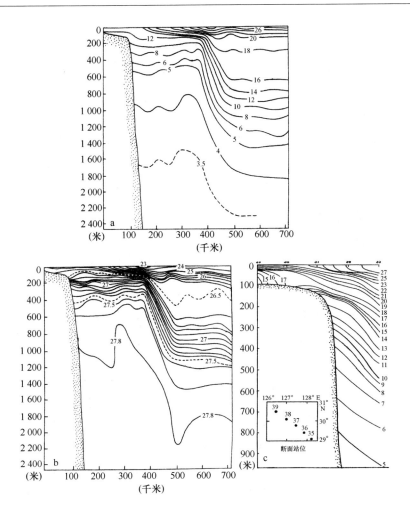

图 4 - 4　横跨湾流断面的水温（a）、密度超量（b）
和东海黑潮断面的水温（c）分布

③密度流。实际海洋的内部密度分布比上述二层模式复杂得多，通常
是海洋上层密度水平差异大、分布不均匀；随着水深增加，密度的水平差
异逐渐减小；换言之，等压面对等势面的倾角越来越小，因而地转流的速
率也越来越小，且其流向与上述也不尽相同。直到某一层，等压面与等势
面趋于平行，则该层的地转流速等于零，称为流速零面，简称"零面"。

该种地转流的流向和速率，紧密依赖于海洋内部密度的分布而变化，故称为密度流。

4.3.3.3　海流的测量和地转流的计算

1. 海流的测量

海流可以用海流计测量。海流计的类型和性能多种多样，可以船载也可以悬挂在浮标上，可测单点，也可以测得流速剖面（如 ADCP）。由于海流的复杂和多变，很需要对较大范围在足够长的时期内（最好几个月到多年）进行频繁的观测。然而许多技术性问题，如海上定位，观测误差，人员及仪器安全，资料分析技术等都难以解决，而耗资巨大也是难以承受的。相比之下，借助地转流理论并结合其他资料，研究海洋环流已取得了公认较实用的成效。特别在强流如湾流和黑潮海域，由于流速太大，实测有难度，依地转流理论计算海流，就显得更为实用。事实上，人们关于大洋环流的许多认识，早期就是靠地转流计算提供的。

2. 地转流的计算

（1）动力计算方法。由式（4 – 14）可见，只要知道等压面（如海面）相对于等势面的倾角，便可以计算出地转流速。问题是海面的倾角一般很小，在开阔海域用船测量其倾角，目前还不现实；然而，依海洋调查所得的水温、盐度、水深等资料，通过计算海水的密度（或比容），就可以推导出海面的倾斜程度。具体做法是：选定参考零面，计算相邻两个测站各水层的密度（或比容），转换成由零面算起的相对位势高度，两测站间的位势高度差即其等压面（动力学地形）高度差的估计值。于是可得出垂直于两测站连线的地转流速（严格说是相对于参考零面的相对流速）。具体算法已有多种程序软件可用。

显而易见，参考零面是作为无运动水平面而选定的。在大洋深海中假定有这样的一个面是可取的，例如太平洋在 1 000 米上下，大西洋在 1 000 ~ 2 000 米之间，海水性质的分布就相当均匀。然而在浅海，海底的流速虽然为零，却不能作为参考零面，因为这里海底流速趋于 0 是摩擦作用所

致，而地转方程推导中假定摩擦力为 0，故在此不适用。关于零面的选取及浅海订正，可以参考文献［1］~［5］等

（2）卫星遥感反演计算法。对于大范围海面的起伏，海洋遥感卫星上装载的微波高度计，可以实施大面积实时测量，依其资料反演计算出位势高度差，也可得出大范围海域的地转流状况。

4.3.4 风海流——考虑摩擦的定常流

挪威海洋学家南森 1893—1896 年在北冰洋探险时，观测到浮冰随海水运动的方向偏于风向之右 20°~40°，并于 1898 年给出了定性的解释。1902 年厄克曼（埃克曼）对于理想化的海洋阐明了地转效应导致了海流的偏转，提出了漂流理论，奠定了风生海流的理论基础。

4.3.4.1 无限深海的漂流

1. 方程的简化与求解

只考虑风的作用而不考虑海水密度分布不均匀的影响。具体假定是：ρ 为常数，即海水密度均匀；海面（即等压面）是水平的，从而排除了压强梯度力水平分量的影响；在北半球，稳定均匀的风作用于无限深、无限广阔的洋面上，从而排除了海底和海岸摩擦作用的影响；不考虑科氏力随纬度的变化；只考虑风应力通过海面而借助海水湍流切应力向深层传递动量，从而引起海水的运动；同时假定铅直湍流黏滞系量为常数。海水在运动过程中受到科氏力的作用而调整，当湍流切应力与科氏力达到平衡时，海流趋于稳定状态。于是运动方程可简化为

$$\left. \begin{array}{l} 0 = 2\omega\sin\varphi \cdot v + \dfrac{k_z}{\rho}\dfrac{\partial^2 u}{\partial z^2} \\[3mm] 0 = -2\omega\sin\varphi \cdot u + \dfrac{k_z}{\rho}\dfrac{\partial^2 v}{\partial z^2} \end{array} \right\} \qquad (4-15)$$

假设风只沿正 y 轴方向吹，因而海面风切应力为

$$\tau_y = k_z \frac{\partial v}{\partial z}$$

$$\tau_x = 0 \qquad\qquad (4-16)$$

考虑到风的影响随深度增加而减小，故在无限深处有 $u = v = 0$。

联合上述三式，求解可得

$$\left.\begin{array}{l} u = V_0 \exp\ (az)\ \cos\ (45° + az) \\ v = V_0 \exp\ (az)\ \sin\ (45° + az) \end{array}\right\} \qquad (4-17)$$

式中

$$V_0 = (u^2 + v^2)^{1/2} = \tau_y\ (2\rho\omega\sin\varphi \cdot k_z)^{-1/2} =$$

$$\tau_y\ (\rho f k_z)^{-1/2} = \frac{\tau_y}{\sqrt{2}ak_z} \qquad (4-18)$$

而

$$a = (\rho\omega\sin\varphi \cdot k_z^{-1})^{1/2} \qquad (4-19)$$

2. 风海流的特征

①当风沿正 y 轴方向吹去时，海流并不仅限于 y 方向，x 方向也有流速分量 u。

②风海流的速率 $V_0 \exp\ (az)$，随深度的增大而指数地减少。

③风海流的方向与 x 轴的夹角为 $(45° + az)$，也随着深度的增大而减小。

④风海流在海面 $(z = 0)$ 时的特征：

流向与 x 轴的夹角为 $45°$，亦即右偏于风向 $45°$（在北半球）；

速率为 V_0，与风应力 τ_y 成正比，与湍流黏滞系量 k_z 及科氏参数 f 的方根成反比。

⑤随着水深的增大 $(z < 0)$，流向递次右偏（北半球），速率呈指数递减；当 $z = -\pi/a$ 时，有：

流向为 $45° + az = 45° - \pi = -135°$，恰与海表面流向相反；

速率为 $V_0 \exp\ (az) = V_0 \exp\ (-\pi) = 0.043V_0$，只有海表面的 4.3%，几乎可忽略不计。

以往通常将深度 π/a 称为（厄克曼）摩擦深度，若记为 D_0，即

$$D_0 = \pi \ (k_z/\rho\omega\sin|\varphi|)^{1/2} \qquad (4-20)$$

它与海上风速 W 有经验关系

$$D_0 = 4.3W \ (\sin|\varphi|)^{1/2} \qquad (4-21)$$

相对于"无限深海"，可见风海流仅是漂浮于海面的一薄层，故亦称漂流。依 SI，定义厄克曼深度为

$$D = (k_z/\rho\omega\sin|\varphi|)^{1/2} \qquad (4-22)$$

⑥厄克曼螺线：风海流的流向和速率均随深度而变化，将各深层的流矢量端点联结而成的线称为厄克曼螺线，如图 4-5。

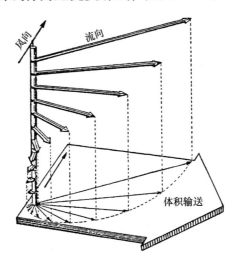

图 4-5 无限深海漂流的空间结构和体积输送（北半球）

⑦风海流的体积输送：从海表面到流动消失处，垂直通过单位宽度向 x，y 方向的体积输送分别是

$$\left.\begin{array}{l} M_x = \displaystyle\int_0^{-\infty} u\mathrm{d}z = \dfrac{V_0 D_0}{\sqrt{2}\,\pi} = \dfrac{\tau_y}{2\omega\rho\sin\varphi} \\[2em] M_y = \displaystyle\int_0^{-\infty} v\mathrm{d}z = 0 \end{array}\right\} \qquad (4-23)$$

即在北半球只向风向之右输送海水（图 4 - 5）。相应地，在南半球则只对风向之左有体积净输送。由风海流导致的这种净体积输送，习称为厄克曼输送。

4.3.4.2　浅海的风海流

在浅海中海底摩擦作用是现实存在的，因而与无限深海的漂流结构有差异。

计算表明浅海水深 h 与摩擦深度 D_0 之比，对流向和速率的影响是很明显的。当 h/D_0 很小时，从海面到海底各层几乎都沿着风向流动；当 $h/D_0 \geq 0.5$ 时，已与无限深海相似；当 $h/D_0 \geq 2$ 时，即可视为无限深海的情况。

4.3.4.3　风海流的环境效应

厄克曼的风海流理论虽然有许多理想的不合实际的假设，但也能解释一些大气和海洋现象，因而至今仍被视为海流研究的重要基础理论之一。从环境海洋学的视角则更关注风海流对环境的影响。

（1）对海洋上层的影响

依风海流理论，在广阔洋面的上层——厄克曼层之内，海流的方向和速率逐层都有变化。对实际的海洋而言，这种变化对该层内海水性质的分布以及入海污染物的运移就有着不可忽视的作用。

需要指出的是，厄克曼层和上混合层不仅概念不同，而且两者的深度一般也是不相等的。上混合层的深度受制于当地在此前风的状况，即使是短暂的强风，也可使混合层加深；再者，它还与海水稳定性密切相关，例如上层若有降温、增盐导致对流，则混合层深度更大。厄克曼层的深度则依赖于当地当时稳定的风，且与当地地理纬度有关。可以认为，在大多数情况下，厄克曼层深度浅于上混合层深度。

（2）对近岸海域的影响

风海流的体积输送在近岸海域很容易引起海水的辐聚或辐散。基于海水的连续性,海水在这些海域则有下沉或上升运动,即形成下降流或上升流。一旦出现上升流或下降流,既对污染物的扩散和运移有影响,也会改变该海域海洋密度场和压力场的态势,继而又引起流场的调整与重新配置。

从理论上讲,平行于海岸的风可以使岸边海水的辐聚或辐散达最大(图4-6);对浅海而言,只要风向与岸线斜交,就有与岸平行的分量可导致海水辐散或辐聚从而派生出升、降流。美国加利福尼亚沿岸盛行东北信风,秘鲁沿岸强劲的东南信风,都可使海水离岸辐散导致下层海水涌升,形成了世界上有名的上升流区。在索马里沿岸、海南岛东北部及粤东沿岸,则有西南季风引起的上升流。上升流的速度虽然较小,通常仅 10^{-5} 米/秒的量级,但能陆续不断地把下层富含营养盐的海水向上输送,有利于生物繁衍,往往形成渔场。全世界渔场的 90% 左右集中分布于大洋的 2% ~ 3% 的水域,其中大部分即属于上升流区。

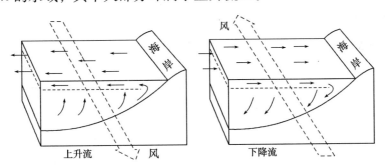

图 4-6 平行于海岸的风引起的上升流或下降流

当近岸水深大于摩擦深度2倍时,由表层至底层可能会形成3层流的结构。上层起初是由风直接驱动形成的纯漂流,深度所及为上层摩擦深度层;其后由厄克曼输送又派生出平行于海岸的倾斜流;由以上两者叠加形成表层流。在上层摩擦深度层以深、底层厄克曼摩擦深度以浅的中层范围内,既不受海面风应力的直接作用,也未受近海底的摩擦影响,仅受制于外压场,是单纯的倾斜流。在底层摩擦深度层内是底层流,它是倾斜流又再受到底摩擦力的作用而形成的。

（3）在开阔海域的影响

即使在远离海岸的开阔海域，风海流的厄克曼输送也会对海域的环境产生明显的影响。例如在西太平洋热带洋域和南海生成的热带风暴或台风，因其强烈的气旋式风场造成表层海水辐散，导致厄克曼抽吸（Ekman pumping），可使下层温度较低的海水上涌，结果在风暴途经的海面上常常留下"冷尾迹"。

海洋上实际的风场，并不像厄克曼假定的那样理想均匀（详见第5章）。太平洋赤道以北的东北信风驱动了向西的北赤道流，衍生了向北的厄克曼输送；其南方的东南信风驱动了同样向西的南赤道流，但体积输送是向南；两者共同作用导致赤道海域海水辐散而出现上升流。甚至在同一风带之内，速率的变化也是屡见不鲜的。由式（4-23）可知，这样一来就造成上层厄克曼输送的不均匀，从而派生出海水的辐聚或辐散，导致在远离陆地边界的大洋中也能出现上升流和下降流。

（4）惯性流

当驱动风海流的风停息或者风海流流出该风区之后，原由定常风所维持的漂流便成了依惯性而自由的流，然而科氏力会使其流向递次偏转，当其离心力与科氏力相平衡时，则稳定的流轨迹为圆形；当然由于摩擦力的客观存在，圆的半径是逐渐变小的。如果该海区还有其他外加流动时，则海水质点的运动是所有各种流的合成，如图4-7即显示先有外加西北流而后转北流的作用。

4.3.5　世界大洋环流

世界大洋各种流的集合——大洋环流把整个世界大洋沟通联系起来，构成了海洋环境的一大特点。

4.3.5.1　大洋环流理论简介

厄克曼的风海流理论看起来相当完美，但在实际海洋中难于观测到厄

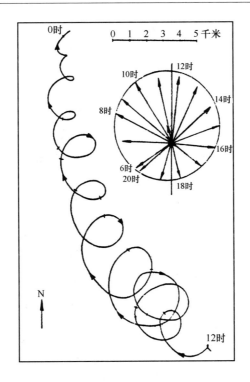

图 4 - 7　在波罗的海观测到的惯性流

(左为 1933 年 8 月 17—24 日的前进矢量图；右为 8 月 21 日 6 时至 20 时的中央矢量图)

克曼螺线，盖因他的许多假设过于理想化，与海洋的实际明显不符。为此，许多海洋学家对其理论进行了推广和改进，如前述有限深海的风海流计算结果等。有关大洋环流的研究与进展简介如下。

斯费德鲁普 1947 年提出的风生大洋环流理论，着眼于环流导致的质量输送，解释了赤道流系的存在和特征，缘于此，在动力海洋学中，通常把海流的体积输送单位称为"斯费德鲁普"，记为"Sv"；依 SI 规定，应将其改为立方米/秒。

在大洋的西部边界有著名的强流——湾流、黑潮，这就是大洋环流的西岸强化。Stommel 于 1948 年首次对此作出了解释——科氏力随纬度的变化是形成西岸强化的基本原因。

1950 年 Munk 在前人研究的基础上提出了均质大洋风生环流的黏性理论，他考虑了水平湍流摩擦和铅直湍流摩擦，并使用太平洋上的平均风速资料计算，给出了大洋环流的主要特征：包括赤道流系和亚极地流涡的环流系统，西岸强化现象及西边界流主流之东的逆流。但他完全忽略了边界层的非线性效应。近年来的研究认为，非线性惯性项比湍流摩擦项大一个量级，应是控制西边界流的重要因子。

Munk 的理论完全忽略了热盐环流，在实际的海洋中风生环流和热盐环流是并存的。尤其是在海洋的中、下层，由温盐分布而导致的密度不均匀所产生的相应的海水流动——热盐环流，显得更为重要。大洋环流是一种风生－热盐环流，即动力因子和热盐因子相互制约。

大洋中层、深层及底层水的厚度和体积比上层水大得多，但我们对其环流的认识和研究与上层相比却少得很。过去很长时期大多是依据海水温盐等要素的空间分布特征来推演其大体的流况。例如，根据沿经线方向大洋断面的温度、盐度、密度和溶解氧分布图，给出环流和水团的分层结构，而由盐度和溶解氧在断面图上的舌状伸展特征，又推演出中、深、底层水的来源和运动趋向。

关于大洋环流理论近年来的新进展，包括温跃层通风，赤道环流和深层环流理论的新成果等，可参阅 Pedlosky 的专著《大洋环流理论》。

4.3.5.2　大洋环流的数值研究

为求得海洋中流速的铅直和水平的分布，必须求解多元联立非线性偏微分方程组。用通常的解析方法，只能靠假设、简化得到非常特殊情况下的解，这类解析解有助于人们理解现实海洋复杂过程的部分过程或某个侧面，但它与现实海洋的偏离是不争的事实；况且依赖于种种假设所得到的解析解，几乎不能用于预测或预报。数值方法为此开辟了新的途径，现已提出多种海洋环流的数值模型。大气－海洋耦合模型的发展，则对研究海－气相互作用和气候变化提供了新方法。

大洋环流模型进一步将潮汐等考虑进去，成为更普适的海洋模型，如普林斯顿大学海洋模型（POM），河口海岸带模型（ECOM），汉堡大学北海模型（HAMSOM）以及日本和我国研制的各种模型等。

4.3.5.3   浅海陆架环流和物质长期输运研究

沿海是人口聚集、经济发达、交通繁忙的地区，人类各种活动日趋活跃，导致近岸浅海和陆架海域的环境质量下降。为了控制和治理海域的污染，对入海难降解污染物在陆架海区的扩散和运移规律，特别是其长期输运趋向必须有所了解，这已成了海区物理自净能力研究的焦点，国内外许多学者对此进行了探讨。

为了确定研究海域的平均输运量或总输运量，多数学者使用循欧拉（Eular）方法，计算空间固定点的长时间平均值——称为"欧拉时均"，当作物质长期输运的速度。然而在求平均的长时间内通过某一固定点的海水微团（及其携带物质）已不是相同的"那一个"，故其"时均"意义不明确；特别是若在一个潮周期内物质浓度变化较大时，这一时均的代表性更可疑。鉴于此，拉格朗日时均环流及物质长期输运模型，已在国内外广泛应用并取得了一系列成果。

4.3.5.4   世界大洋环流概貌

世界大洋表层主要海流以及辐聚带、辐散带的概貌见图 4-8。

在大洋赤道海域，都有与盛行风系相应的风生海流。北半球有与东北信风对应的北赤道流，南赤道流则与东南信风相对应，它们两者都自东向西流。在南、北赤道流之间，有与赤道无风带相应的赤道逆流由西向东。这一赤道流系在太平洋最为典型，大西洋也相似，但印度洋的北赤道流受季风影响较大。

大洋的东、西两侧，分别有向南和向北的流，并且西岸均有强化现象。特别是北大西洋的湾流和北太平洋的黑潮最为显著，其典型特征是流幅窄而流速大，黑潮可达 2 米/秒，湾流可达 2.5 米/秒。它们与盛行风向不对应，尤其是冬季反而逆风北上，其地转流的性质很明显（图 4-4）。

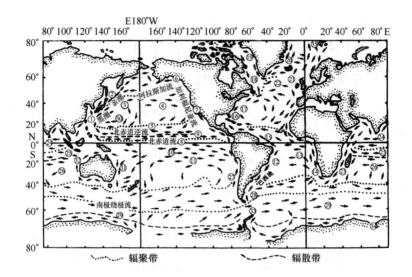

图4-8　世界大洋表层主要海流及辐聚、辐散带

1. 黑潮；2. 亲潮；3. 黑潮续流（黑潮延续体）；4. 北太平洋流5、9、24. 北赤道流；6. 阿拉斯加流；7. 加利福尼亚流；8. 北赤道逆流；10. 南赤道逆流；11、13、26. 南赤道流；12. 巴西（海）流；14. 本格拉流；15. 圭亚那流；16. 佛罗里达流；17 湾流；18. 拉布拉多流；19. 西格陵兰流；20. 东格陵兰流；21. 伊尔明格流；22. 北大西洋流；23. 厄加勒斯（阿古拉斯）流；25. 赤道逆流；27. 秘鲁（洪保德）流；28. 马尔维纳斯（福克兰）流；29. 南极绕极流；30. 亚热带逆流；31. 东澳大利亚流；32. 西澳大利亚流；33. 中国南极长城站；34. 中国南极中山站；35. 中国北极黄河站

大洋东侧的流则较宽较弱，并且多有涡旋、逆流和上升流，秘鲁流、加利福尼亚流、本格拉流和加那利流域的上升流，对相应海域渔场的形成即有很大关系；然而西澳大利亚流则未观测到有上升流。

在太平洋、大西洋和南印度洋，从赤道流分别至南、北半球的西风漂流作为南北两翼，以东、西边界流分别作为两边侧翼，就构成了各半球低中纬度洋域的反气旋式环流。太平洋和大西洋的西北部都有寒流南下，以其为西翼，又可构成亚北极洋域的气旋式环流。南大洋的南极洲近岸海域，有与极地东风相应的比较弱的西向流，它与强盛的南极绕极流可以形成南大洋高纬度洋域的气旋式环流。

北冰洋的环流另有特点，表层环流可以穿越北极点，以其为界可分为亚欧海盆中的气旋式环流和加拿大海盆中的反气旋式环流，详见图4-9及文献 [4]。

各大洋的中、深、底层环流也很复杂。

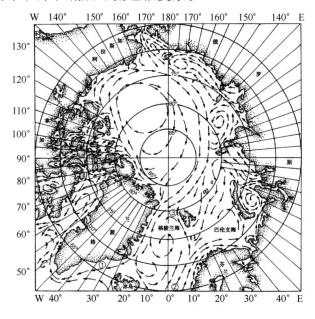

图4-9　北冰洋的表层环流

① 东格陵兰流；② 挪威流；③ 西斯匹次卑尔根流

4.3.6　我国近海环流概况

4.3.6.1　我国近海的上层环流

渤海因海区浅且近于封闭，环流发育不充分，流速小，仅及潮流的10%，很少超过0.2米/秒。冬季在辽东湾东岸南下流较明显，山东半岛北岸也有沿岸流向东，可出渤海而入北黄海；作为补偿，北黄海水从渤海海峡北部进入渤海。夏季的风力较小，风向也不稳定，相应的表层流速率既小方向也不稳定；辽东湾和莱州湾的环流基本都显现顺钟向。

　　黄海属半封闭海域，环流发育虽不充分，但脉络比渤海清晰。冬季鲁北沿岸流更强，向东可绕过成山角南下，大致沿 40～50 米等深浅继续前行。南黄海西岸的苏北沿岸流也较强盛，可直达长江口以北进入东海。朝鲜半岛西岸也有沿岸流南下，黄海暖流则以补偿流的态势北上，直达北黄海，暖水舌甚至可伸入渤海。关于黄海暖流的起源，以往曾认为它是对马暖流的西分支，实不尽然，应是与黄东海混合水通过侧向混合而形成，一并补偿黄海东、西两岸沿岸流南下的水量流失，流速一般不大于 0.2 米/秒。夏季因黄海冷水团盘踞于底层，北流更弱。

　　东海的环流比黄海更强，西有沪浙闽沿岸流，东有九州沿岸流，黑潮、台湾暖流和对马暖流均自南向北，势力也相当强盛，见图 4－10。

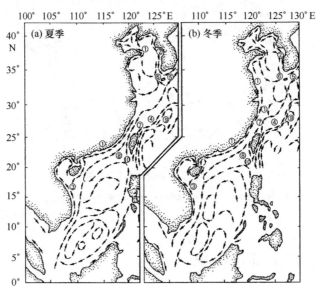

图 4－10　我国近海表层环流概貌

① 我国沿岸流；② 朝鲜西岸沿岸流；③ 越南沿岸流；④ 东海黑潮；⑤ 对马暖流；⑥ 黄海暖流；⑦ 台湾暖流；⑧ 南海暖流；⑨ 东海黑潮逆流；⑩ 黑潮南海分支（南海支梢）

黑潮的源地在菲律宾海，北流至台湾以东经台湾与石垣岛间诸水道注入东海，成为东海黑潮。东海黑潮大致为东北方向，流轴位于陆架边缘，约在29°~30°N海域转而向东，经大隅海峡和吐噶喇海峡出东海，再入菲律宾海北部。强盛的东海黑潮构成了东海环流的主干，其流轴相当稳定，平均流速1米/秒，曾有1.88米/秒的报道，流量可为长江径流量的1 000倍。对东海海洋环境影响之大不言而喻。

台湾暖流也曾被认为是东海黑潮的分支，其实台湾暖流有内、外侧两个分支，内侧分支又称岸侧分支，主要来自台湾海峡，特别是夏季更明显。外侧分支是黑潮在台湾东北方沿100米等深线向北形成的。对马暖流也不能概言为东海黑潮的分支，因为台湾暖流水北上与长江冲淡混合后，也有部分汇入了对马暖流，因而是多源的。

沪浙闽沿岸流的显著特点是冬、夏两季方向不同。冬季沿岸南下可达台湾海峡南部；夏季则转为东北方向，可汇入长江冲淡水。长江冲淡水夏季指向东或偏东北方向，冬季则南下汇入沪浙闽沿岸流，图4-11的盐度分布可为佐证。

南海的环流是比较明显的季风环流。海区的北部和越南近海在西南季风期间盛行东北向海流，在东北季风期间则转为西南向流。在广东沿岸流的外边有"南海暖流"，虽基本为东北向流，但也有相当显著的时空变异。在南沙海域冬季为气旋式环流，夏季为反气旋式，而且表现为多涡结构，即在尺度较大的环流之中嵌套2个以上的小环流。南海东北部至菲律宾近海，基本上是因补偿作用而向北的流，详见图4-10。

4.3.6.2 我国近海的中下层环流、上升流和涡旋

渤海和北黄海水较浅，冬季环流上下层基本相同；夏半年两海区的中部深水洼地保留着冷水，因有跃层屏障，上、下层流况有所不同。南黄海底层冷水团势力更为强大，可有"冷水团环流"，但流速很小。东海西部陆架区与南黄海类似：冬季沿岸上下层一致均为南向；夏季因有跃层上下层有明显不同，例如长江冲淡水在表层向东扩展（图4-11b），而下层为

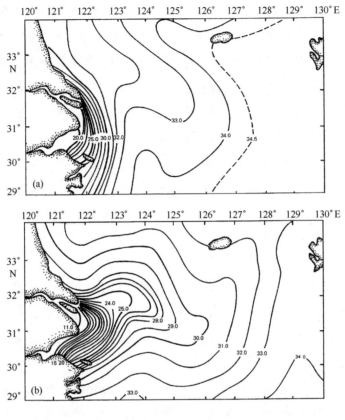

图4-11　长江口附近海域表层盐度分布

(a) 2月；(b) 7月

东海陆架底层冷水向西楔入。东海黑潮表层和次表层水向东北流，但中层和深层并不尽然，底层多处发现有逆流存在。济州岛西南涡旋海域夏季上层为气旋式流场，下层却为反气旋式。菲律宾海西部琉球群岛东侧表层有两南向的黑潮逆流，而中、深层却为西向入侵冲绳海槽；吕宋海峡以东上层为黑潮主流向北，但中、深层却与南海进行水交换。南海中、深层和底层环流，受地形等影响，变化比表层复杂得多，特别是南沙群岛海域下层环流不像上层那样自成体系闭合，而是与南海中部的下层环流共同形成闭合体系，上下层环流的方向也是相反的。

我国近海海区的上升流多出现于东海和南海，如长江口外、舟山群岛、台湾海峡、广东沿岸、海南岛东部海域，吕宋岛西北和越南沿岸海域等，与相应渔场的形成有密切关系。另外，在北方海域如辽东半岛、山东半岛、朝鲜半岛西岸以及江苏北部近海，夏季表层水温分布常常出现"冷水区"，原因多是底层潮混合强烈，与上混合层贯通。有人也将其归入上升流区。

我国近海区的涡旋也引起了人们的注意与研究，然而多数不属于中尺度涡。因为有的是准常年性的，如济州岛西南海域、台湾东北海域、吕宋海峡西北海域、西沙群岛西南海域、越南以东海域等。有些涡旋虽不是准常年性的，但其位置和生消时间颇有规律性，例如台湾东北部、黄海暖流东、西两侧的小尺度涡旋等。南海和菲律宾海是涡旋的多发海域。

4.4 海浪和内波

海洋中此起彼伏的波浪是人们最容易观察到的现象，人们常用"无风三尺浪"形容海浪之大，然而它与谚语"无风不起浪"又相矛盾。本节即简介海浪的有关知识。

4.4.1 波浪要素及海浪

理想化的规则波形可用正（余）弦曲线表征如图 4 - 12。波面的最高点为波峰，最低点为波谷，从波谷到相邻波峰的铅直距离（H）称为波高。相邻两个波峰（或波谷）之间的水平距离（λ）称为波长。相邻两个波峰（或波谷）通过某一固定点所需要的时间（T）称为周期。波形传播的速度 $c = \lambda/T$。波动中水质点相对于平衡位置（平均海面）向上（或向下）的最大位移（a）称为振幅，显然有 $a = 0.5 H$。波形平缓或陡峭的程度可用波陡 δ 来描述，而 $\delta = H/\lambda$，即波高与波长之比。

取直角坐标系，设波沿方向传播，即波向线平行于轴，波峰在方向上的伸展，即与波向线垂直的波脊线称为波峰线。在风力直接作用下的风

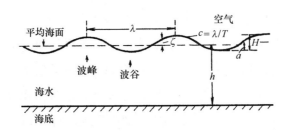

图 4 – 12　波浪要素

浪，其波峰线一般较短而波向线与风向一致；在底坡平缓的海湾中，波峰线往往较长且与海岸线大致平行，其波向线垂直于海岸线而不一定与风向相符。

实际海洋中的波浪不仅波形复杂得多，而且成因也多有不同；波高可以从几毫米到几十米；波长短者只有几毫米，长的可达几千千米；周期长的可达几十小时，短的不足 1 秒。波浪的分类常常因依据不同而有别，例如按水深与波长之比 h/λ——称为相对水深——可分为深水波（或称短波）和浅水波（长波）；依波形是否向前传播可分为前进波（行进波）和驻波（驻立波）；根据波浪在海洋中的位置则可分出表面波、内波、（陆架）边缘波等；若视波浪起因，就有风浪、涌浪、混合浪、潮波、地震波、海啸波等。

4.4.2　小振幅波理论及其应用

上述正弦波给出了规则化简单波动的外形，小振幅重力波理论可解释其内在的某些性质。该理论适用于振幅很小、重力是其唯一恢复力的海面简单波动。下面只简要介绍该理论的主要结论及应用。

4.4.2.1　波形的传播与水质点的运动

对于沿轴方向传播的小振幅波，其波剖面方程为

$$\zeta = a\sin\ (kx - \sigma t) \tag{4-24}$$

式中 ζ 为波面相对于平均水面的铅直位移；a 为波动的振幅；相角体现波

面随地点 x 和时间 t 而变化；$k = 2\pi/\lambda$，称为（圆）波数，$\sigma = 2\pi/T$，称为（圆）频率。σ 和 k 之间有关系

$$\sigma^2 = kg\mathrm{tanh}\ (kh)\ = kg\mathrm{tanh}\ (2\pi h/\lambda) \tag{4-25}$$

称为频散关系；式中 g 为重力加速度，tanh 为双曲线正切函数符号，为水深。相对水深对波的影响很大：当 $h/\lambda \geqslant 0.5$ 时为深水波，$h/\lambda \leqslant 0.05$ 时为浅水波，而 $0.05 < h/\lambda < 0.5$ 为过渡区浅水波（也称为半深水波、有限水深波或深水表面波）。

波形传播的速度——相速 $c = \lambda/T = \sigma/k$。波形向前传播，当然是由水质点运动使然，但是两者的轨迹却大不相同。即使仅就水质点运动的轨迹而言，深水波和浅水波也有差别。

若为深水波，在海面（$z = 0$），水质点运动的轨迹为圆，半径为 a，圆心在其平衡位置；水面不同位置的水质点分别以其平衡位置为圆心，以一定的位相差各自作圆运动，就共同造成了波形向前传播，见图 4 – 13。当深度增加时（$z < 0$），半径 $a\exp\ (kz)$ 则随深度而指数地减少；当深度增至 $z = -\lambda$ 时，半径仅为 $a/535$，即可忽略不计了。

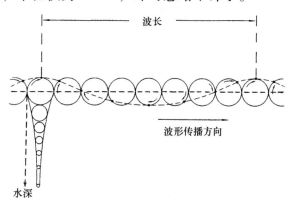

图 4 – 13　水质点的运动和波形的传播

在浅水波中，水质点运动的轨迹为一椭圆，随深度的增加长轴几乎不变，短轴则迅速减小，到近海底之处，短轴接近于 0，水质点几乎只在水

平方向往复运动。过渡区浅水波（半深水波）的长、短轴则都随深度增加而减少，由图4-14还可见，上述3种波的波长都不随深度而变化。

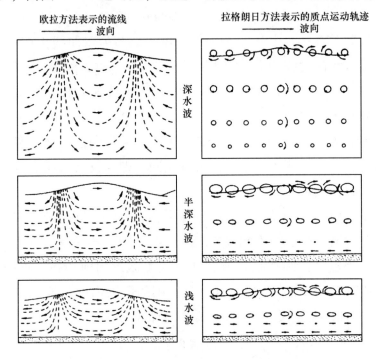

图4-14　深水波、半深水波和浅水波的水质点运动轨迹与流线

4.4.2.2　波动要素间的关系和波动的能量

1. 波长、周期与波速的关系

对深水波有

$$\left.\begin{array}{l} \lambda = \dfrac{gT^2}{2\pi} \\[3mm] c = \dfrac{\lambda}{T} = \dfrac{gT}{2\pi} = \left(\dfrac{g\lambda}{2\pi}\right)^{1/2} \end{array}\right\} \qquad (4-26)$$

可见其波速仅仅与波长有关，而与水深 h 无关。

对浅水波有

$$\left.\begin{aligned} \lambda &= (gh)^{1/2} \cdot T \\ c &= \frac{\lambda}{T} = (gh)^{1/2} \end{aligned}\right\} \qquad (4-27)$$

其波速仅与水深有关。

对于半深水波，则必须考虑浅水订正项 tanh（kh）的影响，即

$$\left.\begin{aligned} \lambda &= \frac{gT^2}{2\pi}\text{tanh}（kh） \\ c &= \frac{gT}{2\pi}\text{tanh}（kh） \end{aligned}\right\} \qquad (4-28)$$

2. 波动的能量

海浪灾害常使巨轮损坏、堤坝垮塌，盖因海浪有巨大的能量：波峰高耸使之有很大的势能；水质点的运动使其有可观的动能。沿波峰线单位宽度一个波长之内的势能 $E_p = \frac{1}{16}\rho gH^2\lambda$，而其由表面至波动消失处的动能 E_k 也是 $\frac{1}{16}\rho gH^2\lambda$，两者合计 $E = \frac{1}{8}\rho gH^2\lambda$，即其总能量与海水密度 ρ、波长 λ 成正比，而与波高（H）的平方成正比，因之在讨论波动能量时往往以 H^2 为相对尺度。当然其总能量的分布主要集中在水面附近，因为波动随深度增加是指数递减的；缘于此，故称其为表面波。

伴随波形向前传播，波浪的能量也不断向前传递，可以证明能量的平均传递速率为

$$\bar{p} = \frac{1}{2}Ec\Big[1 + \frac{2kh}{sh（2kh）}\Big] \qquad (4-29)$$

式中为双曲正弦函数符号；对深水波有 $\bar{p} = \frac{1}{2}Ec$，而浅水波为 $\bar{p} = Ec$。

4.4.2.3　简单波动的应用——驻波和波群的形成

1. 驻波的形成和特征

波浪传到近岸遇岸壁或堤坝反射而回，与后面继续跟进的浪叠加之后，往往会形成驻波。两列反方向前进波 $\zeta_1 = a\sin（kx - \sigma t）$ 和 $\zeta_2 = a\sin$

$(kx + \sigma t)$ 的叠加，合成后的波的波剖面方程为

$$\zeta = \zeta_1 + \zeta_2 = 2a\cos\sigma t \cdot \sin kx \qquad (4-30)$$

作为正弦波 $\sin kx$ 的振幅，$2a\cos\sigma t$ 已不再是常数，而是随时间 t 变化的，例如：

当 $t = \pm\dfrac{n}{2}T\Big|_{n=0,1,2,\cdots}$ 时，$\zeta = \pm 2a\sin kx$，在 $x = \pm\dfrac{2n+1}{4}\lambda\Big|_{n=0,1,2,\cdots}$ 之处有正、负最大位移；

当 $t = \pm\dfrac{2n+1}{4}T\Big|_{n=0,1,2,\cdots}$ 时，$\zeta \equiv 0$，整个水面皆无升降。

对于空间位置来说，则有：

在 $x = \pm\dfrac{2n+1}{4}\lambda\Big|_{n=0,1,2,\cdots}$ 之处，波面具有最大的铅直升降，可达 $2a$，为合成之前振幅的 2 倍，这些点称为波腹。

在 $x = \pm\dfrac{n}{2}\lambda\Big|_{n=0,1,2,\cdots}$ 之处，水面始终保持不升不降，称为波节。

综观其波面变化情况，有时是完全水平，即当 $t = \pm\dfrac{2n+1}{4}T$ 时，$\zeta \equiv 0$；其他时间水面有波形，但在波节处水面仍然始终保持不升不降，只在波腹处可交替为波峰或波谷，而峰谷却不向其他地点传播，故称为驻（立）波；与此相应的是，波腹处水质点只有垂直运动分量 w，与波面升降方向相同，而波节处水质点只有水平运动分量 u，其方向指向波面上升的一侧（图 4-15）。波腹之处垂直位移的加倍，波节处水平流速的加大，都使其能量陡增破坏力更大。

2. 波群的形成和特征

若有两列波传播方向相同，且波长、周期分别相近，则叠加之后出现波群如图 4-16，即波动在传播方向上，振幅由小到大，又由大到小成群分布。它们的外包络线所形成的波形传播的速度就是群速。

$$c_g = \frac{1}{2}c\Big[1 + \frac{2kh}{\text{sh}\,(2kh)}\Big] \qquad (4-31)$$

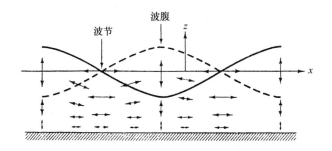

图 4 - 15 驻波的波面与水质点速度分布

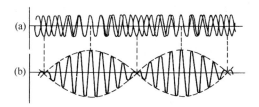

图 4 - 16 波群的形成

对深水波有 $c_g = \dfrac{1}{2}c$，而浅水波为 $c_g = c$。对比式（4 - 29）可见，群速即为波动能量的传递速度。

对海上航船和港工建筑而言，继踵而至的大浪连续地冲击显然危害更大。

4.4.3 有限振幅波理论及其应用

小振幅波理论虽能解释若干现象，但不能解释更为复杂的波形和海浪的破碎现象，为此简介有限振幅波理论及其应用。

4.4.3.1 斯托克斯波

深水三阶斯托克斯波剖面方程为：

$$\zeta = \frac{1}{2}ka^2 + a\cos kx + \frac{1}{2}ka^2\cos kx + \frac{3}{8}k^2a^3\cos^3 kx \qquad (4-32)$$

可见其波剖面不是简谐曲线，因有常数项 $\frac{1}{2}ka^2$，表明它对横坐标是不对称的。

其波速的表达式为：

$$c^2 = \frac{g\lambda}{2\pi}\ (1 + k^2 a^2)\ = \frac{g\lambda}{2\pi}\ (1 + \pi^2\delta^2) \qquad (4-33)$$

式中 δ 为波陡。显见：波陡越大则波形传播越快；当波陡很小时，即变为小振幅波的波速。

水质点运动的轨迹接近于圆，但不封闭，在一个周期内水平方向的净位移为 $\bar{u}' = k^2 a^2 c\exp\ (2kz)$，称为"波流"，可解释海浪传播时有水量向前输运。波流的产生对海流、海浪成长有影响，对近岸环境特别是泥沙和污染物的输运不可忽视。

斯托克斯波的动能大于势能，而且铅直方向上的动能大于水平方向的动能。该理论还可证明，当波陡 $\delta \geqslant \frac{1}{7}$ 时波面将破碎；虽然实际观测到只要 $\delta \geqslant \frac{1}{10}$ 就会破碎，但这比小振幅波要合理得多。

4.4.3.2 椭圆余弦（椭余）波和弧立波

尽量全面考虑影响波动性质的因素而导出的椭圆余弦波，因其波剖面方程有雅可比椭圆余弦函数而得名。它具有较大的适用范围和实用意义，例如小振幅波和弧立波就是其两种极限情况。由于已编好了诺模图和计算程序，实用也较方便。

当椭圆余弦波的波长很大时，即变为弧立波——波长为无限大，只有单个波峰且在传播过程中波形不变的波动。弧立波中水质点的运动有净的向前的位移，如图 4-17。近年来研究得出破碎时 H/h 的范围为 0.82~0.85。

4.4.4 波浪理论在海洋环境工程中的选用

在海洋环境工程中，波浪计算对海岸动力条件分析、岸滩演变预测、

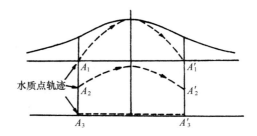

图 4 - 17　弧立波水质点运动轨迹

港航规划设计以及港工建筑物安全性等影响很大，故必须选用适合的理论。

　　小振幅波动理论不仅是基础性理论，而且实用性较强，可用于波陡较小的深水区及过渡区海浪对海洋工程影响的计算；经验证明，即使水深较浅，波高较大时也能得到具有一定精度的结果；但用斯托克斯波，尤其用椭圆余弦波更符合实际。当涌浪传向缓坡海滨，波峰变尖，波谷变平，则更近似于弧立波。关于各种理论的适用和范围的划分，美国《海滨防护手册》有图表和介绍可供参阅。

4.4.5　海洋内波和内潮

　　海洋表面波都随深度的增加而衰减，但不能由此而推论海洋内部就浪消波泯了。事实上海洋内部广泛存在着内波，其波高甚至比表面波还大，而且其性质与表面波多有不同之处。

　　具有潮汐周期的内波称为内潮。

4.4.5.1　界面内波

　　界面内波是指发生在密度不同的两层海水界面处的波动，如图4-18。两层海水的密度分别为 ρ_1 和 ρ_2，$\rho_2 > \rho_1$，厚度分别为 h_1 和 h_2，可以求得界面短波（λ 比 h_1、h_2 小得多时）的波速为：

$$c = \left[\frac{g\lambda}{2\pi} \frac{(\rho_2 - \rho_1)}{(\rho_2 + \rho_1)} \right]^{\frac{1}{2}} \tag{4-34}$$

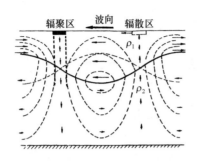

图 4 - 18　界面内波

与表面波波速公式（4 - 3）相比仅多出系数 $\left[\left(\rho_2-\rho_1\right)/\left(\rho_2+\rho_1\right)\right]^{\frac{1}{2}}$。若将换为空气，因 $\rho_2 \gg \rho_1$，上式即变为表面波波速公式。在海洋中两层海水的密度差别远没有海水与空气差别大，即使在温跃层处，也有 $\left(\rho_2-\rho_1\right) \ll \left(\rho_2+\rho_1\right)$，所以界面内波的波速远远小于具有相同波长的表面波的波速，换言之，界面内波的传播比表面波要慢得多，甚至只有其二十分之一的量级。

当 λ 比 h_1、h_2 大得多时则为界面长波。其结论也类似。

表面波的恢复力为重力，海洋中内波水质点还同时承受浮力，故其恢复力为重力与浮力的合力——弱化重力（约化重力）。由于后者比重力小得多，所以由同样能量激发的内波，甚至可为表面波振幅 30 倍之多。正因为如此，海洋内部出现波高几十米乃至上百米的"轩然大波"实不足为奇，如有报道振幅达 180 米，甚至 558 米。

内波峰、谷两处水质点运动方向相反，导致峰前谷后成辐散区而谷前峰后为辐聚区，若上层海水厚度不大，辐聚和辐散将容易在海面上有所反映：海面上的油斑或漂浮物在辐聚区集聚，在辐散区的海面则较光滑明亮（图 4 - 18）；而且随着内波的传播，这些明、暗相间的条带也相应地缓慢移动。

4.4.5.2　密度连续变化的海洋中的内波

只要海水层结稳定就有产生内波的条件，上述界面内波相应于有跃层的情况，而密度随深度递减时也属稳定层结，所以也能产生内波，但它与界面内波性质差异较大。

界面内波的传播是沿界面，且其波动也主要集中在界面附近，即界面处有最大振幅，在海面和海底接近为 0。当然，由于辐散辐聚影响，海面可能有相应的起伏，但其"峰"、"谷"与界面内波的位相正好相反。非界面内波的传播方向与水平方向有夹角 α，而 α 取决于内波的频率；当频率较高时 α 角变小，即接近于水平方向，反之当频率较低时则倾斜角较大。当遇到固体边壁如海底时，内波也会反射，然而不同于光的反射，其入射、反射均保持与铅直方向夹角相等；因此，当海底倾斜角度较大时，反射波与入射波可能重叠而形成驻波。

内波对海洋环境的影响是多方面的。它可将上层海洋的能量和动量垂向传输至下层，在海洋内部混合方面起着重要的作用。内波引起等温面、等密度的起伏，影响渔业捕捞和水中养殖，改变水声信号传播的方向和速度，增加了水中通讯和目标探测的难度。大振幅的内弧立波会导致鱼雷脱靶、潜艇难以控纵，甚至造成灾难性事故。伴随内波的水质点运动的速度在铅直方向上的激烈变化，如界面内波使跃层上下的海水呈反向水平剪切，速度可达 1.5 米/秒，对船舶、海洋工程和水下管、缆等设施也有巨大威胁。

4.4.6 风浪、涌浪和海况、波级与军标海况

4.4.6.1 风浪及涌浪

海浪是指海面由风引起的波动现象，主要包括风浪和涌浪。风浪是海面在风力直接作用下产生的波动现象。其特征是波峰较尖峭，波峰线较短，周期小且分布很不规则；当风大或吹掠时间长后往往出现浪花，即波面破碎。"无风不起浪"就是指这种类型的浪，但对于地震波、海啸和涌浪等此话未免失真。

涌浪是指由其他海区传来的浪，或者是当地风速风向等要素突变后继

续按原风力作用方向传播的周期为数秒的波浪。其特征是波面比较平坦、光滑，波峰线较长，波长和周期也比较大，在海上的传播比风浪规则得多。"无风三尺浪"，其中就有涌浪，但对风浪而言，此话又显得偏颇。

　　虽然海面上风浪和涌浪可以分别单独出现，然而也常见同时并存。有经验的观测者，根据风向很容易区别它们。

4.4.6.2　风区和风时

　　除了"无风不起浪"和"无风三尺浪"不完全准确之外，"风大浪高"也值得商榷，盖因风浪的大小，不仅仅取决于风力的大小，它还与"风时"、"风区"有密切的关系。

　　风区是指受状态相同的风持续作用的海域范围；风时是指状态相同的风持续作用于海面的时间。对应于某一风时，风浪成长至理论上最大尺度所需要的最短距离称为最小风区；对应于某一风区，风浪成长至理论上最大尺度所经历的最短时间称为最小风时。

　　即使风时、风区足够大，风浪尺度也不会无限增长，因为风浪在摄取能量而成长的过程中，也因内摩擦等作用消耗能量。在风浪成长到一定尺度后，消耗的能量逐渐比其摄取的能量增加得更快，当摄取与消耗的能量两者达到平衡时，风浪的尺度便不可能再增大，这就是风浪达到了充分成长状态。

4.4.6.3　涌浪的传播与先行涌

　　作为涌浪，它肯定是失去了原来供其成长的能量来源，但它已有的能量也不会立即耗尽，所以波动仍将延续，波形也会继续传播。涌浪在传播过程中的显著特点是波高逐渐降低而波长和周期相应变大，由式（4-3）知，这可使其波速变快。由于波长大者跑得更快，波长小者愈益落后，就使原来叠加在一起的波逐渐前后散开，这种现象称为弥散。伴随弥散还有角散现象，盖因原来各个波的传播方向并非完全一样，传播越远则越加分散。

　　弥散的结果是波长大的捷足先行，并且传得越远，波长大、周期长的涌越占优势。当然，在传播过程中其能量必然有消耗，因而波高会越来越小；波高越小，波长越大的结果，是在海上难于清楚地分辨出它们。及至传到浅水近岸时，海水变浅使得它的能量得以集中，波高反而增大，波长相应减小，还经常以波群形式"前扑后击"，形成猛烈地拍岸浪，其能量很大，对海岸的冲蚀也很厉害。

拍岸浪的冲蚀对岸滩环境有一定破坏作用，但先行涌的到来也有可取的警示作用。因为涌浪特别是波长变大者传播速度快，常可在风暴系统到来之前先行抵达，称为先行涌；它的出现意味着外边海域有风暴，或者风暴可能正向本地袭来，无异于向人们事先发出了风暴预警。换言之，如果某地先是观测到周期很大而波高很小的涌浪，后来又周期变小，波高增大时，有关部门就应考虑召唤海上作业船只回港，岸边船只暂缓出海而采取避风抗浪措施。

4.4.6.4 海况和波级、军标海况

海况是海面状况的简称，是指"在风力作用下的海面的外貌特征。按有无波浪及波峰形状、峰顶的破碎情况和浪花出现的多少分为10级"，如表4-1所示。

表4-1 海况等级

海况等级	海面征状
0	海面光滑如镜，或仅有涌浪存在
1	波纹或涌浪和小波纹同时存在
2	波浪很小，波峰开始破碎，浪花不显白色而仅呈玻璃色
3	波浪不大，但很触目，波峰破裂；其中，有些地方形成白色浪花——俗称白浪
4	波浪具有明显的形状，到处形成白浪
5	出现高大波峰，浪花占了波峰上很大面积，风开始削去波峰上的浪花
6	波峰上被风削去的浪花，开始沿着波浪斜面伸长成带状，波峰出现风暴波的长波形状
7	风削去的浪花布满了波浪的斜面，有些地方到达波谷，波峰上布满了浪花层
8	稠密的浪花布满了波浪的斜面，海面变成白色，只有波谷某些地方没有浪花
9	整个海面布满了稠密的浪花层，空气中充满了水滴和飞沫，能见度显著降低

根据海浪观测记录统计计算的波高，可以对海浪的级别进行划分，如表 4 −2。

表 4 − 2　波级表

波级	波高范围（米）		名称	
	有效波波高（Hs)[①]	1/10 大波波高（$H_{1/10}^{②}$)	风浪	涌浪
0	0	0	无浪	无涌
1	$Hs < 0.1$	$H_{1/10} < 0.1$	微浪	小涌
2	$0.1 \leqslant Hs < 0.5$	$0.1 \leqslant H_{1/10} < 0.5$	小浪	
3	$0.5 \leqslant Hs < 1.25$	$0.5 \leqslant H_{1/10} < 1.5$	轻浪	中涌
4	$1.25 \leqslant Hs < 2.5$	$1.5 \leqslant H_{1/10} < 3.0$	中浪	
5	$2.5 \leqslant Hs < 4.0$	$3.0 \leqslant H_{1/10} < 5.0$	大浪	大涌
6	$4.0 \leqslant Hs < 6.0$	$5.0 \leqslant H_{1/10} < 7.5$	巨浪	
7	$6.0 \leqslant Hs < 9.0$	$7.5 \leqslant H_{1/10} < 11.5$	狂浪	巨涌
8	$9.0 \leqslant Hs < 14.0$	$11.5 \leqslant H_{1/10} < 18.0$	狂涛	
9	$14.0 \leqslant Hs$	$18.0 \leqslant H_{1/10}$	怒涛	

注：①有效波波高 Hs：即 1/3 大波平均波高——将某一时段连续测得的所有波高按大小排列，取总数中的 1/3 个大波波高的平均值；也记为 $H_{1/3}$ 或 $\overline{H}_{1/3}$。

②1/10 大波波高 $H_{1/10}$：又称 1/10 大波平均波高——将某一时段连续测得的所有波高按大小排列，取总数中的 1/10 个大波波高的平均值。

军标海况又称海情，是指为满足舰艇战术技术性能及航行安全可靠要求，在设计、制造、验收和巡航时应考虑的海面风和浪的状况。其 0 ~ 9 级海情所对应的波高 $H_{1/3}$，与表 4 − 2 中 Hs 的值域相同。

4.4.7　海浪在浅海和近岸的变化

海浪传播到浅水区及近岸时，会发生一系列的变化，对环境和人类活动造成不可忽视的影响。

4.4.7.1　海浪的折射、反射和绕射

实际观测表明，海浪传到浅水后，其周期最为保守，而波速和波长较

易变化，由式（4-4）可知，波速和波长都随水深变浅而减小。波速随水深变浅而递减，就会引起海浪的折射——"波浪传入浅水后，由于波速受地形的影响，导致波向发生转折的现象"。在图 4-19 中 EF 为一条等深线，因 $h_1 > h_2$，所以 $c_1 > c_2$，导致 $\alpha_1 > \alpha_2$，可见波峰线 AB 变成 A'B' 后与等深线 EF 愈趋平行，或者说波向线与等深线逐渐趋向垂直。

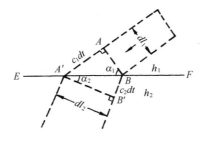

图 4-19　海浪的折射

波峰线逐渐与等深线趋于平行，可以解释海浪传到近岸时波峰线大致平行于海岸的现象。依此推论，若海洋中有暗礁或浅滩，其等深线即应呈闭合的准环形，海浪传至此处后，其波峰线也应逐渐弯而绕之，这可为航船避免触礁或搁浅提供警示。同样可以推论，在海湾湾顶波向线会辐散而海岬之处要辐聚（图 4-20）；辐散之处波能分散而致海浪较小，适于泊船或辟为浴场；辐聚之处波能集聚而使海浪变大，不宜泊船、游泳，但惊涛拍岸别有一种情趣，多年冲蚀往往塑造出奇特景观。

类似于陡峭的海岸，遇到较陡的堤坝等建筑物，海浪会发生反射，反射波的能量及其波高的计算可查阅《海港水文规范》。海浪也会绕至障碍物如岛屿、海岬或防波堤所遮挡的水域中，称为海浪的绕射或衍射；海浪类型和防波堤类型的不同对绕射波的影响很大，我国《海港水文规范》给出了相应的规定和计算方法。

4.4.7.2　海浪的破碎及其对环境的影响

由表 4-1 可知，开阔海域从 2 级海况就开始出现海浪的破碎。波的破碎显著地促进了海洋蒸发，使空气中的水分和盐分急剧增加，容易成雾和降低能见度；同时，浪花和泡沫卷入海水中，又影响了海面的光学和声学性质，制约光辐射、降低海面声道的效能。在近岸海域因风力较小，水域受限，破碎波不如开阔海域那么普遍，但海浪在向浅水传播过程中受水深、底坡及内摩擦等因素的影响，波要素也会发生变化，波陡逐渐变大后也可出现破碎。受海滩坡度等影响，破碎波有不同的类型。坡度较小时出现崩碎波（又称崩顶破波、崩破波，spilling breaker），它是"波浪在向浅水传播过程中，逐渐从峰顶至波峰前侧崩破的一类碎波"。坡度较大时出现卷碎波（又称卷跃破波、卷破波，plunging breaker），是"波浪在向浅水传播中，波形显著不对称，波前侧逐渐变陡，后侧逐渐变缓，直至前侧变为直立并向前卷倒，形成向前方飞溅破碎的一类碎波"。当坡度很陡时则出现激碎波（又称激散破波、坍滚破波，surging breaker），是"波浪在传播过程中，波前侧从下部开始破碎（波峰基本不破碎）的一类碎波"。在暗礁沙洲之上波浪也常常会出现破碎现象，称为溢浪，如悉尼的炸花浪（bombora）。破碎波对建筑物会产生很大的冲击力，对沉积物和底沙也有较大的起动作用。

受底形等因素影响，在近岸海域会出现破碎波带，波浪通过破碎带把相当多的水量输送到岸边，这些海水积聚到一定数量，必然流回海中，于是形成了相应的顺岸流（沿岸流，longshore current）和离岸流（裂流，rip current）。在较平直而且坡度彼此相近的海岸，形成的离岸流可能是大致等距离间隔（图4-21）；弯曲的海岸在其岬角处海浪辐聚水量增多，就大致沿岸向海湾顶部汇集而后形成离岸流（图4-20）。

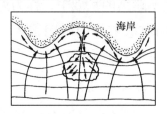

图4-20　海浪的辐聚与辐散及顺岸流与离岸流

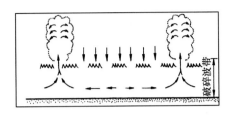

图 4 – 21　破碎波带及离岸流与顺岸流

　　离岸流是间歇性的，维持的时间不会太长，一般只延续几分钟便告停歇，待集聚足够的水量之后才再次泄出；所涉及的距离也不太大，只有破碎带的 2~8 倍；然而起流是突发的，在其较窄的颈部，流速甚至可达 1~2 米/秒，会对游泳者造成麻烦。当然对海滩环境也能产生影响，例如在沙滩上冲出裂流沟，冲断水下沙坝以及影响海水中的悬移质离岸运动等。

4.4.8　海浪谱和海浪预报

　　鉴于海浪的复杂和随机性，仅依简单波动理论解释显得力不从心，从20 世纪 50 年代初即将概率统计与随机过程理论引入海浪研究，取得了一系列的新成果。复杂的海浪可认为是由许多振幅、频率、方向、位相不同的简单波动的叠加，这些简单波动的振幅或位相是随机量，它们叠加之后也是随机的，因此可依随机过程理论来研究。

　　海浪的总能量是 E 显然是由所有各个组成波提供的，其中频率为 σ 的组成波所提供的能量，可以其相当量 $S(\sigma)$ 表示。描述海浪内部能量相对于组成波的频率分布的结构模式，称为海浪频谱或能谱。因为组成波的传播方向可以不同，因此又有方向谱，即以 $S(\sigma, \theta)$ 或 $F(\sigma, \theta)$ 来描述。已经提出的海浪谱的表达形式，早期多为半理论、半经验的结果，即借助于海浪观测资料进行谱分析，得出一些 $S(\sigma)$ 对于 σ 的分布曲线，继而进行曲线拟合给出数学表达式。如 Neumann 谱、P – M 谱、JONSWAP谱等。中国科学院院士文圣常教授于 20 世纪 60 年代提出理论风浪频谱和涌浪谱（被誉为文氏谱），1990 年又提出了改进的理论风浪频谱，不仅形式简化，而且适用于不同水深和海浪的不同成长阶段。

　　在海浪数值预报方面，国外已推出第一、二、三代 WAM 模式。中国工程院院士袁业立提出 LAGFD‒WAM 模式。文圣常又提出新型混合型海浪数值预报模式，是具有自主创新知识产权的模式，优势明显，且已输出到俄罗斯等国，获得广泛好评。

4.4.9　我国近海海浪和内波分布简介

　　世界大洋及其各海区海浪的分布情况引起普遍的关注，盖因海浪常常引发海事灾害，据有关资料统计，海浪导致的沉船远远超过 100 万艘，每年因风浪而滑落入海的集装箱都超过 1 万个。为预报和防范，已制作了大洋和各海区的有关海浪分布的各种图表。

　　我国近海的海浪灾害也不少，仅 1990—2008 年即造成经济损失 42 亿元，死亡 1 750 余人。事故多发海域为渤海海峡、成山头外海、台湾海峡、吕宋海峡及菲律宾海，南海的台风浪也较多。图 4‒22 是 1860—1979 年统计的最大波高（米）分布，表 4‒3 为沿岸海洋站出现的最大波高。

表 4‒3　我国沿岸部分海洋站出现的最大波高

项目 站名	波高（米）	出现时间	发生原因	项目 站名	波高（米）	出现时间	发生原因
大鹿岛	4.0	1968‒08‒19		引水船	6.2	1970‒08‒29	7008 号台风
小长山	5.5	1974‒08‒30	7416 号台风	嵊山	15.2[②]	1997‒08‒17	9711 号台风
老虎滩	8.0	1974‒08‒30	7416 号台风	大陈	14.4	1972‒08‒17	
鲅鱼圈	2.7	1963‒04‒05		南麂	10.0	1960‒08‒01	6007 号台风
葫芦岛	4.6	1969‒08‒21		台山	12.0	1972‒08‒17	
芷锚湾	3.6	1972‒07‒27	台风影响	北礵	15.0	1966‒09‒03 1971‒09‒23	台风
秦皇岛	3.5	1972‒07‒27	台风影响	平潭	16.0	1976‒08‒10	台风
塘沽	4.0	1972‒05‒21 1973‒08‒14		崇武	6.5 (6.9)	1973‒07‒03	

项目　站名	波高（米）	出现时间	发生原因	项目　站名	波高（米）	出现时间	发生原因
龙口	7.2	1979 – 01 – 29		云澳	6.5	1963 – 07 – 01	6304 号台风
北隍城	7.7①	1980 – 10 – 25　1982 – 11 – 10		遮浪	9.5	1979 – 08 – 02	7908 号台风
成山角	8.0	1973 – 05 – 01		硇洲岛	9.8③	1965 – 07 – 15	6508 号台风
石岛	6.3	1960 – 07 – 28		涠洲岛	5.0	1971 – 05 – 30	7106 号台风
千里岩	6.0	1962 – 01 – 02	（共 4 次）	白龙尾	4.1	1977 – 07 – 21	7703 号台风
小麦岛	10.0	1985 – 08 – 19	8509 号台风	东方	6.0	1971 – 10 – 08	台风影响
石臼所	3.5	1976 – 07 – 01	气旋入海	莺歌海	9.0	1979 – 09 – 21	台风影响
连云港	5.0	1971 – 09 – 24		西沙	11.0	1971 – 10 – 08	7126
吕四	3.2	1960 – 08 – 22		洋浦	7.9	2005 – 09 – 27	0518 号台风

注：①另说 6208 号台风浪高 13.6 米。②另说波高 17.0 米。③另说 6508 号台风浪高 8.1 米。

　　依 1990—2008 年历年《中国海洋灾害公报》统计，我国近海海浪灾害如下：渤海平均为 0.9 次/年，以渤海海峡频率高且浪大。黄海年平均 5.9 次，成山角外海海难较多，有"中国好望角"之称。东海年平均 9.8 次，台湾海峡为多。吕宋海峡及台湾以东菲律宾海域年平均 11 次，台风浪居多。南海年平均达 14.1 次，其中台风浪年均 7.6 次。若按月份统计，以 11 月最多而 4—5 月最少，11 月至翌年 2 月主要为寒潮大风浪，台风浪主要发生在 7—10 月，仅 8 月即可占 21%。

　　我国近海内波比较活跃，北黄海的内波振荡，曾多次使水产养殖遭受重大损失，潜艇也因内波活动而出事故。南黄海还出现内孤立波，主要集中在南黄海东南部、青岛外海等。东海陆架区内波主要出现在暖半年，深水区内潮波相当普遍；内潮波向岸传播又可激发内孤立波，多出现在台湾东北部、黑潮流域、舟山群岛附近海域和台湾海峡；长江口外锋面混合亦可激发内孤立波。南海北部陆架区一年四季均发现有内波，吕宋海峡至东沙群岛邻近海域尤为多见，夏季更多，且多为内孤立波，其所致水质点铅

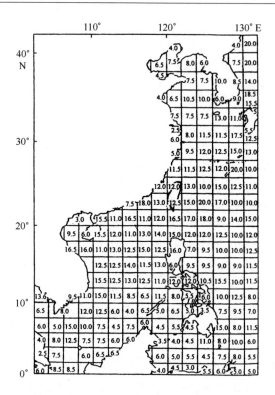

图 4-22　我国近海及邻近海域最大波高分布

直向位移可超过 100 米。海南岛东部和珠江口西南海域，内弧立波一般出现在 200~500 米水层，强度不大。海南岛以南、北部湾口及越南沿岸，内弧立波较多，有时以波群形式出现，波峰线与等深线平行，长度可达 200 千米。南沙群岛及其邻近海域常有多种频率的内波出现。

4.5　潮汐和海平面

　　周而复始的潮位涨落，势不可挡的潮流汹涌，既是熟知的海洋环境现象，又与人们的生活和生产活动密切相关。潮汐是在天体引潮力作用下产生的海面周期性涨落现象，潮流是伴随潮位涨落的海水周期性的水平流动。

4.5.1   潮汐现象

4.5.1.1   潮汐要素

潮位涨落的过程如图 4 - 23 所示，横坐标表示时间，纵坐标表示潮位高度。高潮又称满潮，是在一个潮周期内海面升到最高位置，此时由基准面算起的高度称为高潮高，有时也简称为高潮。低潮又称为"干潮"，是在一个潮周期内海面降到最低；类似地，低潮高也简称为低潮。相邻的高潮与低潮的潮位差称为潮差。从低潮到高潮的上升过程称为涨潮，从高潮到低潮的下降过程称为落潮。潮位降到最低时往往并不立刻回涨，而是短时间内不退也不涨，称为停潮，停潮的中间时刻称为低潮时；类似地，潮位升达最高的短时间内不涨也不落，称为平潮，平潮的中间时刻称为高潮时。从低潮时到高潮时的时间间隔为涨潮时，从高潮时至低潮时为落潮时。

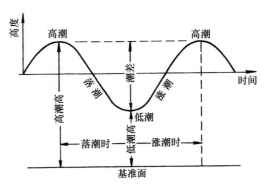

图 4 - 23   潮汐过程和潮汐要素

4.5.1.2   潮汐类型与潮汐不等现象

图 4 - 24 是 4 个典型海区的潮汐月过程曲线，它们的周期性特征是相当明显的；然而仔细对比就发现它们有显著的差异，可以分成 4 种类型。

（1）正规（规则）半日潮

图4－24a是巴拿马的潮汐曲线，在1个太阴日（约24时50分）内有2次高潮和2次低潮，从低潮到高潮的潮差基本上等于从高潮到低潮的潮差，涨潮时和落潮时也几乎相等，称为正规半日潮。浙江省沿岸的洞头、坎门，福建省的三都、三沙、厦门，山东省青岛等也属于正规半日潮。英国的利物浦和伊明翰（Immingham）则甚为典型。

（2）不正规（规则）半日潮

如图4－24b，在一个朔望月（农历1个月）的大多数日子里，每个太阴日内一般有2次高潮和2次低潮，但在月球赤纬较大的少数日子里，第2次高潮的潮差很小，半日潮特征不显著，称为不正规半日潮，如浙江镇海、福建诏安、山东龙口、天津塘沽、美国的旧金山、也门的亚丁等。

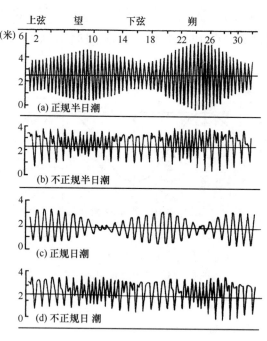

图4－24　四种类型的潮汐月过程曲线

（3）正规（规则）日潮

在1个太阴日内只有1次高潮和1次低潮，也称为正规全日潮。河北省秦皇岛环海寺、广东省的流沙、广西壮族自治区的北海、涠洲，海南省的东方，越南的涂山（Do – Som）等属此类型，如图4 – 24c。

（4）不正规（规则）日潮

如图4 – 24d，在1个朔望月的大多数日子里具有日潮型，但在月球赤纬接近0的少数日子里有半日潮的特征。像海南省的榆林、三亚，广东省的碣石、陵水；菲律宾的马尼拉，泰国的曼谷，马来西亚的纳闽（5°17′N，115°16′E）等均属此类型。

不正规日潮和不正规半日潮也合称为混合潮。

其实就正规半日潮而言，在一天之内其2个潮差不见得都相等，涨潮时和落潮时也不等，这种现象称为潮汐的日不等现象。两个高潮中较高的一个为高高潮，另一个叫低高潮；类似地，两个低潮分别称低低潮和高低潮。由图4 – 24还显见有半月不等，特别是正规半日潮在朔和望之后2 ~ 3天潮差可达最大，称为大潮潮差，而在上、下弦之后潮差可达最小，称为小潮潮差。大潮高潮位的平均高度称为大潮升，小潮高潮位的平均高度称为小潮升。由于月球绕地球公转轨道是椭圆，因距离变化而引起月不等，地球绕太阳公转轨道亦为椭圆，故有年不等。此外还有多年不等，如8.85年不等和18.61年不等则是地 – 月 – 日运动的长周期变化引起的。

4.5.2　与潮汐有关的天体运动知识简介

有关潮汐和天体运动的术语和概念很多，这里只简介最基本的。

4.5.2.1　天球和天体视运动

1. 天球及其有关术语

人们在地球上观察天体时，常以地球为中心，以无限长为半径而得一"天幕"，即一个假想的正球体，称为天球。天体的运动沿视线方向投影于天球的球面，称为视运动。为分辨天体的位置和运动，类似于地球上用经度、纬度，天球则有赤经和赤纬。

　　将地轴无限延伸，即为天轴，与天球的交点称为天极，对应于地球北极的为天北极（北天极），对应于地球南极的是天南极（南天极）。将地球赤道面无限延伸后与天球相交的大圆称为天（球）赤道（图 4 - 25）；天赤道为赤纬的 0°，向南、向北各 90°，以向北为正、向南为负，赤纬一般用 δ 表示。在地球上判别方位是东或西，可以比较其经度，类似地在天球上则可用赤经；不同的是地球经度分东、西各 180°，而天球赤经（一般以 α 表示）是取春分点为基准向东计算，范围是 0° ~ 360°。

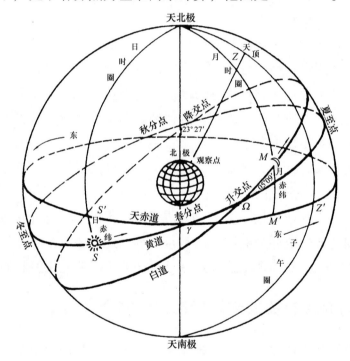

图 4 - 25　天球、黄道和白道

2. 与观测者有关的术语

　　地球上的观测者在其观测点将铅直线无限延伸后，可与天球交于两点；向上的与天球相交的点称为天顶，向下与天球的交点为天底。以地心为圆心，通过天顶和天底在天球上所作的大圆称为天子午圈，又称为测者子午圈。

3. 与天体运动、位置有关的术语

太阳中心周年视运动在天球上的轨道称为黄道；黄道面与天赤道面的夹角为 23°27′。太阳从南向北穿过天赤道的点叫春分点，如图 4-25 中的点；由北向南穿过天赤道的点称为秋分点。

月球中心周年视运动在天球上的轨道叫白道；白道面与黄道面的夹角为 5°09′。月球由南向北和黄道相交的点为升交点，如图 4-25 中的 Ω；自北向南和黄道的交点称为降交点。升交点沿黄道向西移动，平均每年西退 19°21′，约 18.61 年移动一周。缘于升交点西退，使白道面和天赤道面的交角发生变化：当升交点移到春分点时，两者交角达最大（28°36′）；当升交点移至秋分点时交角最小（18°18′）。

天体的时圈是指通过天体和天极所作的大圆。通过天顶、天底和天体所作的大圆称为天体方位圈。当天体通过天子午圈即天体时圈与天子午圈重合之时，称为天体中天；因地球自转，同一天体在一昼夜内便有 2 次中天，天体靠近天顶时称上中天，靠近天底时则叫下中天。非中天之时，天体时圈与天子午圈不重合，两者在天赤道上所张的角度称为时角，从天子午圈量起（0°）沿天赤道向西量至天体时圈（称为西行时角），周日旋转可为 0°~360°；显然，当天体上中天时时角为 0°，而下中天时为 180°。在天体方位圈上，天体与天顶之间所张的角度称为天顶距，由天顶算起，从 0°量到 180°。

4.5.2.2 与时间有关的术语

日常生活中人们习用的日和时，为平太阳日和平太阳时。前者可以理解为太阳连续两次上中天的时间间隔，而后者则为前者的 1/24。类比于月球，连续两次上中天的时间间隔称为平太阴日，而其 1/24 为平太阴时。由于月球绕地球公转，致使一平太阴日大于 1 平太阳日，即 1 平太阳日 = 24.8412 平太阳时，约为 24 小时 50 分 28 秒。

我国农历以月球的圆缺盈亏周期为月，称为朔望月（或盈亏月），长度约29.5306平太阳日。初一之夜通宵不见月亮，称为朔；初二、三傍晚出月牙，初七、八傍晚到半夜可见上弦月，十五、十六日则通宵满月（望），二十二、二十三于后半夜可见下弦月，继之月面愈小、出现时间愈迟、愈短，直至完成一个周期。

4.5.3 引潮力和平衡潮

4.5.3.1 月球和太阳的引潮力

月球的引潮力是两种力的合力，其一为月球的引力，其二是地球绕地—月公共质心运动所产生的离心力，如图4-26所示。类似地也可给出太阳引潮力。需要指出的是，尽管太阳质量为月球的2 717万倍，但日地距离却为月地距离的389倍，因引潮力与距离的3次方成反比，故月球引潮力可为太阳引潮力的2.17倍。显见海洋潮汐现象主要受制于月球，次之为太阳，而其他天体的作用很小，一般可予忽略。

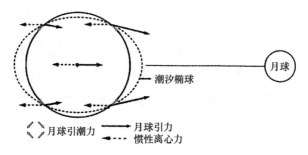

图4-26 月球引潮力和潮汐椭球

4.5.3.2 平衡潮

平衡潮理论又称为潮汐静力理论，其基本思想如下。假定地球表面全被等深海水覆盖；不考虑陆地影响，忽略海水的惯性、黏滞性、摩擦力以及科氏力；海面受到月球引潮力作用而相应地升降，直到重力和引潮力共同作用下达成新的平衡为止；如此形变之后的海面便成了椭球形，称为潮汐椭球，且其长轴指向月球。当然，地球是自转的，即地面相对于椭球形的海面运动，从而导致地球表面的固定地点的海面发生周期性的涨落。

根据上述，可以解释地球上不同的地点会出现不同类型的潮汐；若再考虑到月球赤纬的变化，还可解释日不等现象。如果同时考虑月球和太阳的作用，很容易理解朔望大潮和方照小潮：前者因月球和太阳各自引起的潮汐椭球长轴几近重合，两潮相加而形成朔望大潮；后者为月相上、下弦之时，日、月所致潮汐椭球的长轴几近正交，两潮互有一定抵消，即形成方照小潮。

利用平衡潮潮高公式，可以估算出海洋最大潮差约为 0.78 米，与实际大洋岛屿的潮差值相近。利用潮高公式的展开，还能进一步解释潮汐的日不等、半月不等、月不等、年不等和多年不等现象。

4.5.3.3 基于平衡潮的潮时简易推算方法——八分算潮法

我国沿海渔民总结经验，对正规半日潮海域或港湾的潮时推算，提出了八分算潮法。基于平衡潮观点，当月球中天时（上中天或下中天），潮位应达最高，即月中天时等于高潮时；农历每月的初一和十六日的 0 时，月正中天，而月中天出现的时间每天推迟约 50 分，即约为 0.8 时，故按农历日期离初一或十六的天数乘以 0.8 时，便得知当天的月中天时刻。当然，缘于不同地点位置、地形等影响，高潮真正出现的时间会比月中天时有滞后，这一滞后时段称为高潮间隙。所以当天的月中天时刻加上高潮间隙就是当天的一个高潮时。于是就有

$$高潮时 = 月中天时 + 高潮间隙 = 0.8 时 \times$$
$$[农历日期 - 1（下半月为 16）] + 高潮间隙 \qquad (4-35)$$

推算中用到 0.8，故称为八分算潮法。

因为针对的是正规半日潮，故其相邻的两个高潮时相隔约 12 时 24 分，而高、低潮时相差约 6 时 12 分，所以很容易推算出其 4 个潮时。

我国几个半日潮港的平均高潮间隙如下：大连 10 时 55 分，塘沽 2 时

55 分至 3 时 8 分,烟台 10 时 25 分,威海 10 时 50 分,青岛 4 时 48 分至 5 时,连云港 6 时 10 分,定海 9 时 50 分,香港 9 时 12 分,汕头 1 时 50 分。

4.5.4　分潮及潮型系数

实际的地、月、日相对位置在不断变化,运动也极其复杂,具有诸多各不相同的周期。为了计算月球、太阳的引潮力所形成的海洋潮汐,可以把具有复杂周期的潮汐看作是由许多长短不同周期的潮波叠加而成的,其中每一个周期的潮波即为"分潮";而且假设每一个这样周期的分潮都各自对应有一个"假想天体"使然。这样一来,就可以把真实天体对潮汐的影响,分解为多个假想天体共同作用的叠加。

理论上可以展成很多分潮,1991 年郁钦文已展得 3 070 个分潮,但大部分影响不大。众多观测和计算表明,在一般情况下只需几百个分潮就可以相当准确地推算实际潮汐;若就实用而言,通常只要选用其中的 8 ~ 11 个振幅较大的分潮,便可以算出与实际潮汐很接近的结果。然而在浅水海域,因潮波变形、干涉等引起"浅水分潮",故除几个假想天体的分潮外,还要补充几个浅水分潮。常用的 8 个分潮和 3 个主要的浅水分潮见表 4 - 4。长周期族中太阴半月分潮(M_f,周期 327.9 平太阳时)和太阴月分潮(M_m,周期 661.3 平太阳时)相对振幅也较大,分别可达 17 或 9 上下,有时也需考虑。

表 4 - 4　常用分潮的周期和相对振幅

类别	分潮符号 (即假想天体符号)	分潮名称	周期 (平太阳时)	相对振幅 (取 M_2 为100)
半 日 分 潮	M_2	太阴主要半日分潮	12.421	100.0
	S_2	太阳主要半日分潮	12.000	46.5
	N_2	太阴椭率主要半日分潮	12.658	19.1
	K_2	太阴—太阳赤纬半日分潮	11.967	12.7

类别	分潮符号 （即假想天体符号）	分潮名称	周期 （平太阳时）	相对振幅 （取 M_2 为100）
全日分潮	K_1	太阴—太阳赤纬全日分潮	23.934	58.4
	O_1	太阴主要全日分潮	25.819	41.5
	P_1	太阳主要全日分潮	24.066	19.3
	Q_1	太阴椭率主要全日分潮	26.868	7.9
浅水分潮	M_4	太阴浅水 1/4 日分潮	6.210	
	M_6	太阴浅水 1/6 日分潮	4.140	
	MS_4	太阴、太阳浅水 1/4 日分潮	6.103	

对于具体海区和港口而言，依其主要分潮的平均振幅之比，便可判别其潮汐类型，在海洋环境评价和海洋工程中这是很重要的参数之一，称为潮型系数或型态比。我国多用全日分潮 K_1、O_1 和半日分潮 M_2 的平均振幅之比

$$A = \frac{H_{K_1} + H_{O_1}}{H_{M_2}} \qquad (4-36)$$

来划分，即

$$
\left.
\begin{array}{ll}
0 < A \leqslant 0.5 & \text{正规半日潮} \\
0.5 < A \leqslant 2.0 & \text{不正规半日潮} \\
2.0 < A \leqslant 4.0 & \text{不正规全日潮} \\
4.0 < A & \text{正规全日潮}
\end{array}
\right\} \qquad (4-37)
$$

国外一般用

$$B = \frac{H_{K_1} + H_{O_1}}{H_{M_2} + H_{S_2}} \qquad (4-38)$$

作潮型系数，其分界点值为 0.25，1.5 和 3.0。

依上述标准，正规半日潮港有我国的厦门（0.23 ~ 0.33），青岛（0.38），大沽（0.45），坎门（0.28），洞头（0.27）；朝鲜有南浦

（0.34）；韩国有仁川（0.23），群山（0.28）；英国有利物浦（0.06），伊明哈姆（0.11）。不正规半日潮我国有马公岛（0.52），塘沽（0.56），镇海（0.66），诏安（0.84），龙口（0.92）和香港（1.4）；美国有旧金山（0.90），加拿大有温哥华（1.14）。不正规日潮我国有榆林（2.7~2.8），陵水湾（2.36），碣石湾（2.82）；菲律宾有马尼拉（2.15），马来西亚的纳闽（5°17′N，115°16′E）也可达1.90。正规全日潮我国有秦皇岛（9.8），东方（6.48）；越南的涂山系数高达18.9，翁达乌（20°46′N，106°49′E）也可达16.3。

　　我国多采用系数 A，但是对于 H_{M_2} 和 H_{S_2} 相近的海域、港口，用系数 B 应更合理一些。

4.5.5　潮汐动力理论及其应用

　　潮汐静力理论仅仅能定性解释一些简单的潮汐现象，且某些结论与实际相去甚远，问题出在以静力平衡对待海水的周期运动的动力学机理。潮汐动力理论是抓住了问题的实质——海洋潮汐是在月球和太阳水平引潮力作用下海水的潮波运动。潮波的恢复力也是重力，但是其周期和波长都很大，由表4-4可知全日分潮波的周期在一昼夜左右，而大洋潮波的波长可达数千千米，甚至近万千米，即使在近岸浅海中也可有数百千米。其波长远远大于水深，所以是一种重力长波。可以用上一节的波动理论来研究它。例如建立潮波方程进行求解或数值计算。下面仅用以定性地解释浅水效应和地转效应。

4.5.5.1　浅水效应

　　分潮波属于长波，其波形传播速度只与水深有关，可依式（4-27）计算。分潮波的水质点运动与潮位变化相伴生，在高潮时具有与传播方向相同的最大流速，而在低潮时与传播方向相反。潮波在传播过程中必然受海陆分布、海底地形、摩擦力等影响；传至浅海近岸后必然有相应的变化，例如因水深变小而致波速减小、波长变短、能量集中、振幅变大，所以浅海沿岸潮差比大洋深海显著增大，特别是水深和宽度都变小的海湾顶部更大，例如杭州湾（图4－27）就出现举世闻名的"涌潮"。不同的分潮波在传播过程中也可能产生干涉、叠加，入射潮波与反射波叠加则可能形成驻波潮。当某一分潮波的周期（或圆频率）与某一海湾（甚至一个海区）的固有周期（或频率）相当接近时，还会产生"共振"现象，其潮差则异常之大，如北美芬迪湾最大潮差达21米。

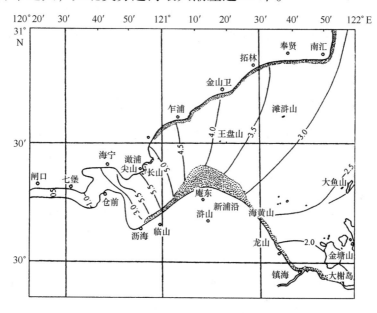

图4－27　杭州湾沿程平均潮差（米）分布

在表4－4中最后三个分潮直接命名为浅水分潮，足见浅水影响之大。它们在深海大洋中分析不出来，也没有相应的"假想天体"，因此它们不是从大洋传来的分潮，而是在浅海中由于非线性相互作用而产生的浅海潮波。例如：M_4 就是由分潮自身非线性作用而产生的"倍潮波"，MS_4 分潮则是由 M_2 和 S_2 两个半日分潮在浅海海域相互耦合而成的浅海"复合（高频）潮"。有的分潮周期虽然也出现在"假想天体"中，但其平均系数（表示分潮大小的一个因子）却很小，而经浅海耦合后可使其振幅有较大地提高，如长周期分潮 MS_f，即缘于两个主要的源潮波 M_2 和 S_2 可以在浅海耦合出 MS_f 的周期波动；类似地，由 M_2、K_1 和 O_1 三大源潮波进入浅海后两两耦合，也会产生浅水分量，尽管比源潮波小，但随水深的变浅，将愈显重要。

4.5.5.2　地转效应

潮波的时空尺度例如周期、波长、水质点运动的距离等都很大，科氏力不能再忽略，即必须考虑地转效应，于是开尔文波和旋转潮波的产生便得到了合理的解释。

当潮波传入一个较长的海峡时，作为前进波，其波峰处水质点的运动方向与潮波前进方向相同，于北半球在科氏力的作用下，必然使其右岸水位高于左岸，波谷处则反之，即水位左高右低，此即开尔文波。对于右岸某一固定地点而言，波峰到达时为高潮，潮位因科氏力作用而增高，当波谷来临时又因科氏力作用而潮位更低，综合结果是潮差变大；与该固定点相对的左岸之处，则高潮潮位变低，低潮潮位变高，综合结果是潮差变小。芬迪湾的最大潮差（21 米）就出现在湾顶右侧的米纳斯湾，而左侧的奇尼克托湾仅达 14.0 米；杭州湾也有此现象（图 4 - 27）。

其实，即使在比较开阔的海域，只要潮波前进方向之右（在北半球）有海岸，岸边界的约束和科氏力的联合作用也会产生右边界开尔文波，导致岸边无论涨潮还是落潮都比离岸远处为甚，故潮差也比远岸处大得多。

分潮波在开阔海洋中传播时，科氏力的持续作用就使潮波传播方向递次发生变化，结果形成一个旋转传播潮波系统。计算一个分潮波在某个海区旋转传播时，依其同位相绘出的线又称为同潮时线，一般是把同时达到高潮的点连成一条线（分潮波的波峰线）并注明其达到高潮的时刻或位相。当然 在这同一条同潮时线上各地点的潮差并不相等，将潮差（或振幅）相等的点连起来，即得等潮差（振幅）线。等潮差线族往往是封闭的同心曲线族，它们所"同"之"心"正是同潮时线族各曲线的会聚点，说明潮波是绕该点旋转传播的。由于该点任何时刻都保持"高潮"，不存在潮差，故称为"无潮点"（amphidromic point）。当然，该无潮点是仅仅对某一特定分潮波而言的，其他分潮波，即使是同族（如同为半日潮）分潮波，它们的无潮点也不一定能重合（如图 4 - 29a，b），因此一个海区的无潮点并非绝对"无潮"（差）。

在旋转潮波系统中，潮流也不再沿固定方向进行。在较为开阔的海域中，任一分潮的潮流矢量在一个潮周期内也是随时间而变的，其流矢的端点在一个潮周期内往往描绘成一个椭圆——潮流椭圆。椭圆的长轴对应于分潮流在该地点的最大流速，短轴则对应于一个潮周期中的最小流速。类似于分潮的上述同潮时线，也可以计算并绘出具体海区某个分潮的最大潮流同潮时分布图。这类曲线族亦可会聚于一点，该点也是任何时刻都保持着最大流速，其矢端是一个圆，故称为圆流点，却不能叫无流点。当然也不能误解为水质点绕该地点旋转一周，而是该地点的潮流方向在一个潮周期内旋转了 360°。分潮波的波峰线在北半球一般是呈逆时针方向旋转的，潮流流向的变化则不一定，有的为顺钟向，也有为逆钟向者，而且潮流椭圆的两个长半轴不一定相等，两个短半轴既不一定相等，方向也不一定正好相反。特别是在海峡、水道或较窄的海湾内，地形限制了潮流，椭圆变得扁长，几乎成了往复式（来往式）潮流。

4.5.6 潮汐及潮流的分析和预报

类似于潮汐类型的划分，潮流类型系数为

$$C = \frac{\overline{W}_{K_1} + \overline{W}_{O_1}}{\overline{W}_{M_2}} \tag{4-39}$$

式中 $\overline{W}_{K_1}$、$\overline{W}_{O_1}$、$\overline{W}_{M_2}$ 分别为分潮 K_1、O_1 和 M_2 的最大流速，分界点的数值同式（4 - 37）。

潮汐和潮流资料的分析是预报的基础。把实际观测到的潮汐视为许多分潮叠加的结果，通过调和分析、潮高线性组合滤波或最小二乘法等，求出各个分潮的"调和常数"，就可以用于预报。响应分析法脱离了分潮的概念，把海洋看成是物理系统，以月球、太阳引潮势，太阳辐射潮能流和引力潮的非线性效应作为输入函数对实测潮汐资料进行响应分析，把引力潮、太阳辐射和非线性潮分离出来，求得各部分的响应权函数并用以预报。潮流的调和分析类似于潮汐的分析，但是因为测流资料中既有潮流也有非周期性的常流，所以需要先将潮流和常流分离开来，鉴于潮流有周期性，且主要为半日和全日周期，是较容易分离的，分离出来的潮流再分解为东分量和北分量，分别对它们进行调和分析，求得各自的分潮流调和常数，即可进行预报。

　　基于动力学理论建立潮波运动方程形成方程组，利用数值方法求解，属于流体动力学数值预报方法。这种方法计算复杂，工作量较大，但理论依据可靠，能对整个海域的潮汐和潮流同时进行模拟和预报，更重要的是通过数值实验可用以评估沿海地形、岸线等改变后的影响，故在沿岸和近海工程设计与论证过程中得到广泛应用。

4.5.7　潮汐和潮流分布简介

4.5.7.1　世界大洋的潮汐

　　在引潮力作用下各大洋形成了潮波系统，并分别向邻近海域传播，受制于地转效应和大陆作用，多数是旋转潮波系统，少数为前进潮波类型。不同作者计算结果格局大体相似，图4－28即为其一例。

　　各大洋的潮汐类型以半日潮为主，少数海区为混合潮或全日潮。各大洋之间差别较大，即使一个大洋沿岸各处潮汐类型分布也变化多样。如北太平洋东岸和北岸多为不正规半日潮，而西岸和西北则杂有各种类型；南太平洋基本为半日潮但多处为不正规半日潮。印度洋北岸及西岸为正规和不正规半日潮，但在澳大利亚西南沿岸为全日潮。大西洋东岸为正规半日潮，而西岸则有多处为混合潮，加勒比海还有全日潮。只有北冰洋沿岸基本上都是正规半日潮。

　　潮差的分布有明显的特点。大洋岛屿为 1 米左右，大陆浅海潮差变

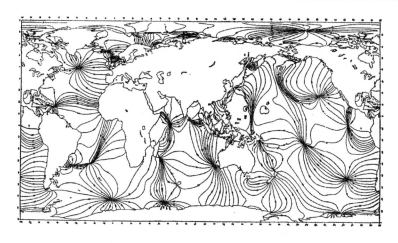

图 4 - 28　全球 M_2 分潮的同潮时线分布

大，一般为 2～4 米。在入射潮波的右岸（对北半球而言）潮差大于左岸。
更大的潮差出现在海湾，已知全球最大潮差在芬迪湾的米纳斯湾，一般为
15～16 米，最大为 21 米（落潮流速可达 5.6 米/秒）；鄂霍次克海东北部
的品仁纳湾为 13 米。在南美洲的亚马孙河口，有与杭州湾齐名的涌潮。

4.5.7.2　我国近海的潮汐和潮流

1. 我国近海的潮汐

我国近海的潮汐主要是由西北太平洋传入的胁振潮波，许多专家进行
了潮波系统的计算，基本轮廓和特征相似，图 4 - 29 即为一例。由图 4 -
29a 可见 M_2 分潮波由太平洋经菲律宾海进入东海后，仍保持着前进波的
特点向西北传播，即在东海大部分海域同潮时线呈东北—西南向排列；进
入黄海后则在南黄海西部和北黄海形成了反时针方向的旋转潮波，无潮点
分别位于苏北外海和成山头东北方；渤海也有两个旋转潮波系统，皆为反
时针方向，无潮点分别在秦皇岛外和黄河原入海河道神仙沟口门之外；向
浙闽沿岸传播的潮波因海岸反射波叠加，使相应海域出现驻波性质。S_2 分
潮波（图 4 - 29b）也有类似特征。全日分潮波（图 4 - 29c，图 4 - 29d）
与上述差别较大，无潮点减少了，位置也变化了；尤其在台湾海峡等潮差

线走向差别更大。

南海的潮波主要是经吕宋海峡传入的且其主要部分向西南，在南海中部再分别传向西北和西南。由于陆地和岛屿包围，大部海域潮汐呈现出驻

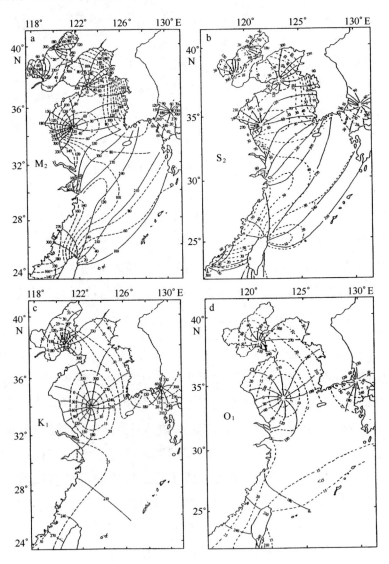

图 4-29　我国近海主要半日、全日分潮波系统

(实线为同潮时线；虚线为等振幅线)

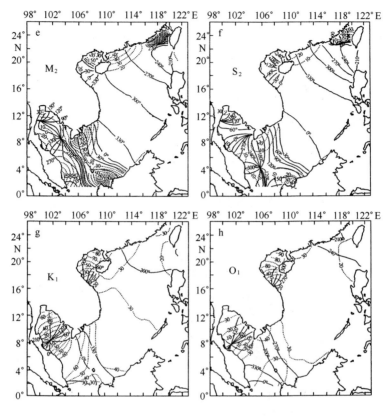

图4-29 我国近海主要半日、全日分潮波系统

（实线为同潮时线；虚线为等振幅线）

波特征。半日分潮无潮点的数目多于全日分潮，但振幅普遍低于后者（图4-29e~图4-29h），从而使南海的全日分潮类型特征更明显。

我国近海区潮汐类型划分的结果如图4-30a，显见南海以日潮为主而渤海、黄海、东海和菲律宾海以半日潮占优势。渤海大部分海域为不正规半日潮类型，渤海海峡附近为正规半日潮区，但在秦皇岛附近为正规全日潮和不正规全日潮，神仙沟入海口外也有不正规全日潮区。黄海和东海以正规半日潮类型占优势，在成山头至长山串、海州湾外、济州岛附近、琉球群岛至台湾一带有不正规半日潮；仅在成山头外很小区域内有不正规全日潮类型。菲律宾海西部主要是不正规半日潮。南海则以不正规全日潮类型占绝对优势，几乎没有正规半日潮，不正规半日潮海区零散分布于粤东沿岸、吕宋海峡附近、海南岛东北、越南沿岸个别地段以及卡里马塔、卡斯帕海峡等；北部湾均属全日潮类型，尤其18°55′N以北是比较典型的正规全日潮。琼州海峡的潮汐类型较复杂，西部为正规全日潮，中部为不正规全日潮而东部为不正规半日潮。

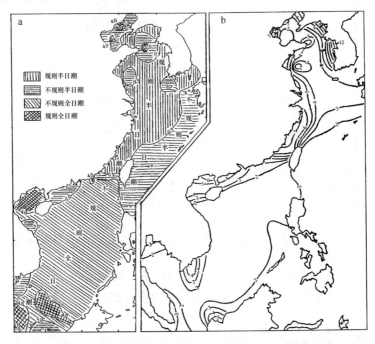

图4-30　中国近海潮汐类型（a）及潮差（b）分布

　　莱州湾及其北邻海域的潮差均小于2米，渤海中部可增大至2~3米；渤海湾和辽东湾的潮差可达5米左右。平均潮差以黄海最大，尤其朝鲜半岛西岸是大潮差区，西朝鲜湾和江华湾湾顶最大潮差可达8米以上，仁川港达11米之多（图4-30b）；西岸江苏弶港至小洋口一带也是大潮差区，小洋口外可达9.28米；理论最大可能潮差仁川可达12米，海州湾也可达5~6米。东海的潮差次于黄海，但东部小而西岸大，浙闽沿岸一般为4~

7 米，杭州湾是大潮差区（澉浦达 8.93 米，海宁可达 9 米），乐清湾江厦达 8.53 米，三都澳 8.54 米，杭州湾和闽江口的最大可能潮差分别为 9 米和 8 米。南海潮差较小，中部和东部更小，仅 1～2 米，最大在北部湾顶，可达 6 米，湄公河口、泰国湾顶也可达 4～5 米。菲律宾海西界的琉球群岛潮差仅 1.5 米左右，台湾东岸也仅 2 米左右，属大洋性质。

我国沿岸部分测站的平均潮差和最大可能潮差见表 4 - 5。

表 4 - 5　我国沿岸部分测站的平均潮差和最大可能潮差

站名	平均潮差（米）	最大可能潮差（米）	站名	平均潮差（米）	最大可能潮差（米）	站名	平均潮差（米）	最大可能潮差（米）	站名	平均潮差（米）	最大可能潮差（米）
丹东	2.41	4.46	连云港	3.85	6.48*	旋门港	5.15	8.92	香港	1.80	3.19
大鹿岛	4.80	7.37	燕尾港	3.07	5.19	坎门	4.05	7.02	黄埔	1.64	3.78
小长山	2.80	4.60	射阳河口	2.59		江厦	5.17	8.53	三灶	1.10	3.37
大连	2.60	4.42	吕四	3.68	6.78*	温州	4.50	6.06	北津港	1.39	3.86
鲅鱼圈	2.56	4.93*	启东嘴	3.00		龙湾	4.52	7.21	闸坡	2.60	4.22
营口	3.10	5.41	绿华山	3.50	4.89*	沙埕	4.17	6.90*	湛江港	3.10	5.22
葫芦岛	2.06	4.06	高桥	2.39	4.66*	三都	5.35	8.54*	海安	0.82	3.49
秦皇岛	0.95	2.45	吴淞	2.27		三沙	4.32	7.60	海口	2.00	3.38
塘沽	3.00	5.02	芦潮港	3.21	5.06*	琯头	4.10	6.46	清澜	0.75	2.06*
羊角沟	1.08		金山嘴	4.01	6.24*	梅花	4.46	7.04*	榆林	0.85	2.14
龙口	0.92	2.87	乍浦	4.56	7.57*	平潭	4.25	6.70*	莺歌海	0.69	2.60
蓬莱	1.06	1.69	澉浦	5.54	8.93*	秀屿	5.12	7.59	东方	1.49	4.09
烟台	1.66	2.93	镇海	2.30	3.30*	白岩潭	3.78	5.35*	石头埠	2.45	7.38
威海	1.35	2.57	定海	2.10	3.80*	崇武	4.27	6.68*	北海	4.00	7.83
成山角	1.50	2.08	象山港	3.16	5.65	厦门	4.80	7.20	钦州	0.98	2.63*
乳山口	2.44	4.77	海门	4.02	6.30	东山	2.80	4.25	龙门港	2.48	6.39
青岛	2.80	6.21*	胡头湾	3.33	5.56*	妈屿	1.02		防城港	2.25	6.48
日照	3.70	5.74	健跳	4.20	7.03*	汕尾	1.60	2.78	白龙尾	2.22	6.15

注：*为实测最大潮差。

2. 我国近海的潮流

关于我国近海潮流的研究，远不如潮汐成熟，不同专家的结果颇有出入。现以图 4-31 为例作一粗略介绍。

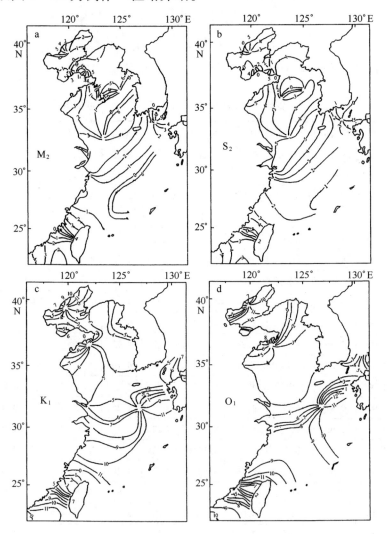

图 4-31 中国近海主要半日、全日分潮最大潮流同潮时分布

半日分潮 M_2 和 S_2 的潮流同潮时线格局在渤海、黄海、东海大体相

似，圆流点的地理位置也相近。东海广阔的海域以前进波占优势，圆流点
数量少（图4−31a、b）。南海中部海域圆流点很少，而边缘海域出现多个
圆流点（图4−31e、f）。全日分潮 K_1 和 O_1 在渤海、黄海区内大体相似，但
在其他海区则差别较大（图4−31c、图4−31d、图4−31g、图4−31h）。

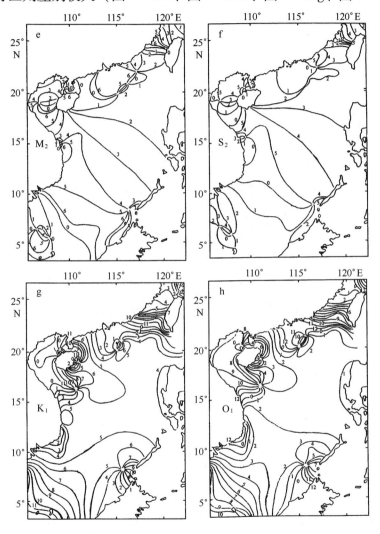

图4−31　中国近海主要半日、全日分潮最大潮流同潮时分布

潮流类型的分布如图4-32所示。渤海、黄海、东海的潮流均以半日潮占绝对优势，但与潮汐类分布（图4-30a）比较，不同之处较多，例如不规则半日潮流在东海和南黄海的范围比不规则半日潮汐大得多。其实还不只是在半日类型之内的变化，跨半日与全日类型的大变也不罕见，比如：秦皇岛的潮汐为全日周期而潮流成了半日周期并且是正规半日潮流，旧黄河入海口外以及山东半岛成山头外也有类似情况；烟台近海则相反，潮汐是正规半日类型而潮流为正规和不正规全日类型。

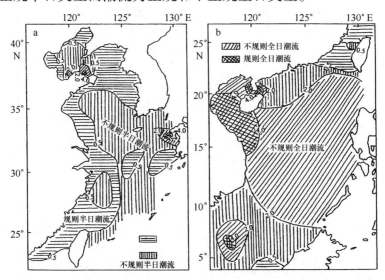

图4-32 我国近海潮流类型分布

潮流速度的分布有区域性差异，尤其在海峡、岛间水道和海底地形变化剧烈之处，流速显著增大。据计算，我国沿岸最大可能潮流流速在1米/秒以上的海域有：渤海锦州湾1.5米/秒，曹妃甸一带1.6米/秒，渤海湾与莱州湾交界处1.8米/秒；老铁山水道和成山头外强流区1.5~3.0米/秒，胶州湾最大涨潮流2.74米/秒，苏北辐射状沙洲海域1.5~2.0米/秒；杭州湾3.0~3.5米/秒，钱塘江口最大涨潮流4米/秒，舟山深水港最大落潮流2.61米/秒，龟山水道可达4米/秒，乐清湾最大落潮

流 1. 27 米/秒, 瓯江口最大涨、落潮流分别为 1. 44 米/秒、2. 07 米/秒,
闽江口分别为 1. 65 米/秒和 1. 13 米/秒, 兴化湾分别为 1. 05 米/秒和 1. 03
米/秒; 粤东至雷州半岛东岸 2. 5 ~ 3. 0 米/秒, 琼州海峡 3 米/秒以上, 雷
州半岛西岸 1. 5 ~ 2. 0 米/秒, 钦州湾 1. 0 ~ 1. 5 米/秒, 莺歌海海域 2. 5 ~
3. 0 米/秒。

4. 5. 8　风暴潮

由热带气旋、温带气旋、海上飑线等风暴过境所伴随的强风和气压骤
变而引起叠加在天文潮位上的海面振荡或非周期性异常升高称为风暴潮
(storm surge)。强烈的大气扰动有时也会引起某些海域海面异常下降, 则
称为负风暴潮或风暴减水, 相应地前者也可称为风暴增水。当风暴潮恰遇
天文大潮时则极易酿成巨大灾害: 水位暴涨淹没近岸地区; 风暴减水致港
航受灾。国际自然灾害防御和减灾协会主席 El - Sabh M. H. 曾说, 风暴潮
在世界自然灾害中居于首位, 在人员伤亡和破坏方面甚至超过地震; 从
1875 年以来至少有 150 万人丧生, 而且造成了海岸、土地浸蚀等长期
影响。

按诱发风暴潮的天气系统特征, 风暴潮可分为热带气旋 (如台风、飓
风等)、温带气旋两大类; 在我国渤海和黄海还可因冷空气或寒潮引发风
暴潮, 一般称为风潮。关于热带气旋、温带气旋、寒潮等天气系统将在下
章介绍。

热带气旋引发的风暴潮以夏、秋季居多, 分布地区最为广泛, 破坏性
也最大。其发展过程可分为先兆波、主振、余振三个阶段。当热带气旋尚
在大洋或外海时, 沿海的验潮站的水位变化常现先兆, 水位异常波动可达
20 ~ 30 厘米, 这是远处风暴所致长波先于风暴到达使然, 盖因风暴移行
速度一般低于长波波速; 当然也有的风暴来得很急。在其逼近或过境时,
水位急剧上升, 风暴所致增水可至几米, 称为主振阶段, 发展迅速, 维持
时间一般不长 (大多为数小时至一天); 因强度大来势凶猛, 是致灾的主

要时段。风暴过境之后，水位仍有小幅振动，即余振；若其周期与当地海湾自然振动周期一致，还会出现假潮而使增减水更为显著。余振有时可长达 2 ~ 3 天，由于热带风暴已过境，人们往往松懈，但若其高峰恰遇天文高潮也可能超越当地"警戒水位"而再次泛滥成灾。

温带气旋是形成、活动于中高纬度地域的低压系统，主要发生在冬、春季节，多发区域为北海、波罗的海、美国东海岸，我国北黄海沿岸也有发生。其特点是维持时间长、水位变化不像热带气旋风暴潮那么急剧。

我国渤海和黄海的风潮是由冷空气或寒潮引起的。在春季和秋季冷暖气团角逐于此，冷高压系统伴随冷锋而有强风也可激发风暴潮。这类风暴潮虽然也在温带，但它不是低压中心所致，水位变化持续而不急剧，故特称为风潮（wind surge）。当然若遇有温带气旋出海，也会使其加强。

热带气旋风暴潮广泛发生于太平洋、大西洋和印度洋的西部，我国东南沿海的台风、大西洋的飓风、印度洋的旋风都常诱发风暴潮并酿成巨大灾害。1934 年 9 月日本大阪湾风暴潮死亡 1 888 人，1959 年 9 月名古屋死亡 4 700 人。我国汕头 1922 年 8 月死亡 7 万人，1969 年 7 月汕头死亡 1 554 人，9 月闽江口死亡 7 000 人；1980 年 7 月南渡站水位 5.94 米，创我国增水高记录，2002 年 9 月温州市苍南潮位达 6.90 米，又创新高；2005 年和 2006 年各有 9 次，2007 年有 13 次，2008 年 9 月强台风"黑格比"风暴潮致多站水位达百年一遇，黄埔站超历史最高水位 44 厘米，北津站超 36 厘米，由于预报及防灾得力，死亡人数均大为减少。1990 年 9 月美国墨西哥湾死亡 8 000 多人，2004 年海地死亡 3 000 人，2005 年美国新奥尔良死亡 1 332 人。孟加拉国 1970 年 11 月死亡 27.5 万人（一说 30 万人），1991 年 4 月死亡 14.3 万人，2007 年死亡 1 万人，2008 年又重创缅甸。

温带气旋风暴潮如 1902 年 3 月美国东海岸死亡 33 人、伤 1 252 人，1953 年使荷兰死亡 2 000 人，英国死亡 300 人。渤海的风潮增水以莱州湾最大，如羊角沟 1964 年 4 月增水 3.38 米，海水淹陆 22 ~ 27 千米，1969 年 4 月增水 3.55 米，淹陆 27 千米，1992 年 9 月增水 3.59 米，淹陆 25 千米；风潮减水则以渤海湾最大，塘沽曾达 2.83 米，辽东湾次之，葫芦岛曾达 2.32 米，都造成重大损失。北黄海烟台 1965 年 1 月增水 1.36 米，1970 年 12 月减水 1.53 米，蓬莱 2007 年 3 月增水 1.41 米，减水 1.78 米，大连减水 1.6 米；南黄海 1956 年 2 月青岛减水 1.43 米，1981 年 10 月日照减水 1.15 米，2001 年 1 月青岛和日照分别增水 1.05 米和 1.24 米等。

4.5.9　海平面和基准面

在第 2 章已介绍过理想静止海面和大地水准面，本章中则用到与海面有关的更多的概念和术语：讨论海流时关注的是等压面、等势面与海面的关系，介绍波动时着眼于波形相对于海面的起伏，论及潮汐则用到潮位、基准面、海平面等更多的术语。下面介绍它们的关系。

4.5.9.1　理想静止海面和大地水准面

理想静止海面是指静止大气覆盖下静止的海面，通常用理想的双轴旋转椭球面作为它的参考椭球面，可以看作是实际海平面的 0 级近似。由于地球内部结构不均匀和外部形状的复杂，显然上述参考椭球面过于理想化，在实际测量中是把地球上重力位势相等的各点构成的等势面中与"海平面"最为接近的等势面作为大地水准面。它是一个假想的曲面，其形状取决于地球内部结构和外部形状，是实际海平面的 1 级近似。

4.5.9.2　平均海平面和半潮面

平均海平面泛指观测时段内潮位的平均值，分为日平均、月平均、年平均和多年平均海平面等。日平均海面是一天之中 24 小时潮高值的平均；一个月之中所有日平均海面的平均值作为月平均海面；月平均海面的全年平均值为年平均海面；年平均海面的多年的平均值为多年平均海面；其中 19 年的平均海面称为海平面，可以认为是消除了各种随机振动和短周期、长周期振动之后的理想"平面"。全球海平面检测系统（GLOSS）约定的"常年平均海平面"（简称常年海平面）是指 1975—1993 年的平均海面，通常用以比较"海平面变化"——由于气候变化和地壳的构造运动等原因引起的海面高度变化。

海平面变化已引起广泛关注和研究。1994年联合国环境规则署发表的环境数据报告称,统计过去60年的验潮资料表明,全球平均海面每年上升0.17厘米;据《2010年中国海平面公报》,我国沿海海平面近30年平均升速0.26厘米/年,高于全球平均值;2010年比常年海平面高6.7厘米,海南最高达8.4厘米,山东、江苏也达8.2厘米,天津为7.1厘米。

在潮汐分析中还有"半潮面"一词,它是指位于高潮面与低潮面中间的水平面,平均半潮面是指平均高、低潮位的算术平均值。应注意它与平均海平面概念不同。

4.5.9.3 高程基准面和海图基准面

基准面是观测和推算水位变化的起算面。对固定地点而言,"海平面"在相当长的时间内是相对稳定的,可取为高程测量系统的基准面的基准点。许多国家就是选定其沿岸某个验潮站的平均海平面作为全国的平均海平面基准;当然严格说来,实际上这仅仅是定义了平均海面的一个参考点,未能反映平均海平面的空间起伏和时间变化,而这两种变化也是应该考虑的。例如美国佛罗里达州基韦斯特海平面比缅因州的波特兰低58厘米,西岸旧金山比东岸诺福克高62厘米,巴拿马运河南端比北端高22厘米,红海北端比南端低30厘米等。现实情况是全球高程基准面并未统一:欧洲地区用的是荷兰阿姆斯特丹验潮站;英国是用纽林验潮站;美国用的是波特兰验潮站;日本是用东京灵岸岛验潮站,称为东京湾平均海平面。

海图(水深)基准面是编制海图时确定的深度基准面,不能用平均海平面,因为实际的海面大约有一半时间是低于平均海平面的。为了保证航海安全,海图的深度基准面需要确定在大多数的低潮位之下,海图上所标的深度则从"海图水深基准面"——简称为海图基准面向下计算。世界上不同国家和地区,甚至因不同用途而采用了不同的深度基准面。例如:日本、印度采用略最低低潮面(又称印度大潮低潮面);我国在1956

年之前也用之；美国大西洋沿岸和荷兰、瑞典的北海区采用平均低潮面；美国太平洋沿岸、夏威夷和菲律宾采用平均低低潮面；法国、西班牙、葡萄牙和巴西等国采用最低潮面；欧洲若干国家采用平均大潮低潮面；原苏联以及我国在 1956 年之后将理论深度基准面作为法定的深度基准面。

4.5.9.4 我国国家高程基准

我国在 1949 年以前所用高程基准很不统一，直到 1957 年还有 10 多个（图 4 – 33）。1957 年起采用"黄海平均海水面"，又称黄海基准面或青岛平均海平面，是青岛大港验潮站 1950—1956 年的平均海平面。从 1987 年启用"1985 国家高程基准"。是用 1952—1979 年每 10 组 18.61 年和每 10 组 19 年每小时潮位观测资料计算出来的。"1985 国家高程基准"为青岛大港验潮站水尺 0 点之上 2.428 9 米（比 1956 年黄海平均海水面高 0.038 9 米，见图 4 – 33）。

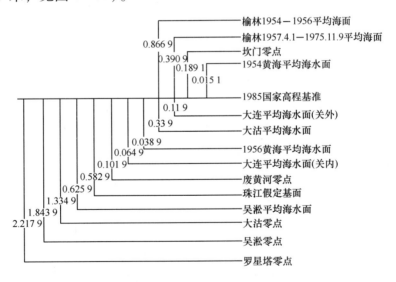

图 4 – 33 我国曾使用的高程基准与"1985 国家高程
基准"的关系（图中数值单位为米）

重新精确测量珠穆朗玛峰高度为 8 844.43 米，就是以此为准的。"中华人民共和国水准点"建于青岛市观象山上,其高程为72.260米,为区别于由此引测而得的其他水准点,又特称此为"中华人民共和国水准原点"。图4-34给出了国家高程基准、水准原点及青岛各种潮位的关系。

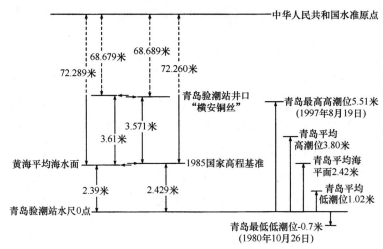

图4-34　国家高程基准、水准原点和青岛各种潮位的关系

　　通过计算多年平均海平面,可知我国沿海海平面南高而北低,最大高差为70±10厘米。就各海区平均值比较,南海北部比东海高24厘米,比黄海南部高50厘米,比北黄海和渤海高60厘米。与"1985国家高程基准"相比,渤海和北黄海几乎低9厘米,南黄海低不到1厘米,东海则高25厘米以上,南海北部高50厘米左右;整个沿海平均海面约高20厘米。除空间变化之外,海面季节变化也很明显:整个沿海以12月至翌年2月最低,与最高的差值可达35厘米;分海区而言,南海北部在9—11月最高,比最低值高40厘米,东海在8—10月最高,可高出35厘米,南黄海7—9月达最高,差值达45厘米,渤海和北黄海6—8月最高,可高出50厘米。

思考题

　　1. 海水运动的主要形式是什么? 各有何特点?

2. 海水混合有哪几种类型？各有何特点？

3. 何谓上混合层、底混合层、混合区、混合带？

4. 海流有哪几种类型，其形成原因和特点如何？

5. 何谓海洋环流？有什么特点？环流与海流有何异同？

6. 何谓地转偏向力？有什么特点？与地转流有什么关系？

7. 何谓风海流？在深海和浅海有什么不同？对环境影响如何？

8. 简述世界大洋环流概貌。

9. 简述我国近海环流特征。

10. 何谓深水波和浅水波？各有何特点？

11. 何谓内波？对海洋环境影响如何？

12. 风浪、涌浪各有何特征？先行涌有何兆示意义？

13. 简述海浪在近岸的变化及其对环境的影响。

14. 我国近海海浪分布有何特征？

15. 潮汐和潮流有何区别与联系？类型如何划分？

16. 何谓潮汐不等，试析其原因。

17. 何谓潮汐椭球？何谓潮流椭圆？何谓无潮点？何谓圆流点？

18. 何谓分潮？列举 11 个主要的分潮并简述其类型特征。

19. 我国近海潮汐类型和潮流类型如何？大潮差区和大潮流区分布
如何？

20. 何谓风暴潮？有哪些类型？区域分布特征如何？

21. 何谓海平面？何谓基准面？何谓海图基准面？

22. 试述"1985 国家高程基准"与我国近海海平面的特征。

23. 海平面会上升吗？简述其影响。

参考文献

1. 叶安乐，李凤岐 . 1992. 物理海洋学［M］. 青岛：中国海洋大学出版社 .

2. 冯士筰，李凤岐，李少菁 . 2006. 海洋科学导论［M］. 北京：高等教育出版社 .

3. 中国大百科全书 . 1987. 大气科学·海洋科学·水文科学［M］. 北京：中国大百科全书出版社.

4. 李凤岐，苏育嵩 . 2000. 海洋水团分析［M］. 青岛：中国海洋大学出版社.

5. 侍茂崇，高郭平，鲍献文 . 2008. 海洋调查方法导论［M］. 青岛：中国海洋大学出版社.

6. 彼得罗斯卡·J 著，吴德星，陈学恩译 . 2002. 大洋环流理论［M］. 北京：海洋出版社.

7. 孙文心，江文胜，李磊 . 2004. 近海环境流体动力学数值模型［M］. 北京：科学出版社.

8. PICKARD G L and W EMERY. 2000. Descriptive Physical Oceanography：An introduction［M］. New York：Pergaman Press.

9. 王东晓，杜岩，施平 . 2007. 南海上层物理海洋学气候图集［M］. 北京：中国气象出版社.

10. 全国科学技术名词审定委员会 . 2007. 海洋科技名词（第二版）［M］. 北京：科学出版社.

11. 方欣华，杜涛 . 2005. 海洋内波基础和中国海内波［M］. 青岛：中国海洋大学出版社.

12. 文圣常，张大错，郭佩芳，等 . 1990. 改进的理论风浪频谱［J］. 海洋学报. 12（3）：271～283.

13. 孙湘平 . 2006. 中国近海区域海洋［M］. 北京：海洋出版社.

14. 冯士筰 . 1982. 风暴潮导论［M］. 北京：科学出版社.

15. 陈宗镛 . 2007. 潮汐与海平面变化研究·陈宗镛研究文选［M］. 青岛：中国海洋大学出版社.

5　海洋环境气象

地球外围笼罩着大气，大气在一定区域和一定时间内发生的各种气象变化称为天气。某地或某地区的多年平均天气状况、特征及其变化规律称为气候。

5.1　地球大气环境的特点

5.1.1　主要成分的稳定性与人类干扰的致变性

在 85 千米以下的大气中，其主要成分有两类：一是定常成分，主要有氮、氧、氩及一些微量的惰性气体，各成分间保持大致固定的比例。二是可变成分，它们的比例可因地而变；其中尤以水汽变化的幅度最大，升聚成云雾、凝降变雨雪；水汽和二氧化碳的"温室效应"非常显著；臭氧以及碳、硫、氮的化合物所占比例不大，但对气候变化和人类生活影响很大，《京都议定书》中限控的其他温室气体还有甲烷（CH_4）、氧化亚氮（N_2O）、氢氟碳化物（HFCS）、全氟化碳（PFCS）、六氟化硫（SF_6）。

由于人类活动的干扰，大气微量组分一些气体的浓度已经发生了实质性的变化，其中尤以 CO_2 和 O_3 等气体浓度的变化后果更为严重，气候变暖和臭氧层破坏就是例证。

5.1.2　铅直分层性与水平分带性

大气在地球表面上所形成的带状分布非常明显，热带、亚热带、温带、寒带、极地大气状况及环境参数存在显著差异。然而，地球大气在铅直方向的分层更为明显，仅仅在最下面的对流层内有区域性差异，而越往上各层之间的差异比同一层内水平方向的区域差异则更显著。

在铅直方向上依大气的温度等物理性质，可以分为5层：对流层、平流层、中间层（中层）、热成层（暖层）和逸散层。

对流层是紧贴地面和海面的一层，受海陆的影响最为显著。当被地面或海面加热后，暖空气上升，导致上下对流。以对流层命名，即反映了这一典型特征。该层的另一特征是气温随高度而降低。其他的显著特征是：它集中了整个大气质量的3/4和几乎全部的水汽，气象要素的水平分布不均匀，主要天气现象和过程都发生在该层。对流层顶的高度随季节有变化，且随纬度的变化更明显：在赤道附近为15～20千米，经温带至极地从12千米降至8千米左右，中纬度地区坡度较大，且常出现不连续，即没有明显的对流顶，而常有复层对流顶。

从对流层顶再向上，直至50～55千米这一层称为平流层，该层内气流运动以水平方向为主。层内气温随高度的变化不大，故又名同温层，特别是其下部几乎为等温状态。由于臭氧吸收太阳辐射，稳定层以上的气温又随高度的增加而上升。该层大气透明度很大，水汽和尘埃含量极少，几乎没有云雨等天气现象。现代飞机、气象探空气球等可升达该层。

平流层顶之上为中间层，气温随高度增加很快下降，至中间层顶部大约80～85千米处可降达-83℃以下，是大气层中最冷的一层。因该层气温下高上低铅直对流亦很强烈，故又称为上对流层和高空对流层。在高纬地区的黄昏前后，于该层中偶尔会看到夜光云（图5-1）。

热成层位于中间层顶之上，随高度增加温度急剧上升，故又名增温层，在300千米以上温度可达1 000℃或更高，是大气中温度最高的一层。但其昼夜温差可达几百摄氏度，季节变化也很显著，甚至太阳活动高峰期和宁静期也可相差几百摄氏度。该层中的空气分子受各种射线作用大都电离，故又称为电离层。高纬地区在该层内会有"极光"现象。由于空气稀薄，在120千米高空，声波已难传播。

　　热成层顶之上进入逸散层，也称外大气层，是大气圈的最外层。地球引力在此已很微弱，有些运动速度较快的气体原子可逸入宇宙空间。人造地球卫星可在该层安全绕地球运行。

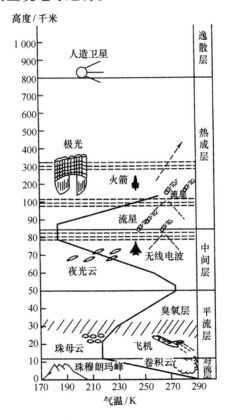

图5-1　地球大气的热分层和各层的主要特征

　　回顾第2章讲过的"地厚"，现在也可以讨论"天高"。从天气变化的范围看，"天高"不过20千米。从"气象"的视角看，"天高"可达逸散层，但仍远远比不上"地厚"。只有从天文的视野看，"天高"的尺度才能比"地厚"更大。

5.1.3 天气的快变性与气候的缓变性

大气的密度和比热容远远小于海水，导致大气运动的速度比海水快得多，对流层中的天气变化一般是相当快的，特别是夏季，局部区域的晴、阴、雨、雾，可以来去匆匆一日数变。气候变化——长时期内气候状态的改变则缓慢得多：大冰（河）期和间冰期的冷暖变换时间尺度大约为百万至上亿年；冰后期距今一万多年，全球气温逐渐上升，即全球气候又进入了较温暖的时期；即使近5000年来有多次冷暖波动，但气候变化的速度——由自然原因所导致的"气候变率"仍然较小，且温度的变化幅度也不大。

当然，气候变化慢并不等于不变，全球气候变暖的迹象，还是屡见不鲜的。美国国家气候数据中心2011年1月称，自1880年以来最热的15个年份中，2000—2010年这11年均在其列，而2010年和2005年并列最热第一名。这显然符合《联合国气候变化框架公约》（UNFCCC）定义的"气候变化"——"经过相当一段时间的观察，在自然气候变化之外由人类活动直接或间接地改变全球大气组成所导致的气候改变"，而非"气候变率"所致。

由于海洋对大气变化响应较慢，气候变化的许多信息，便可以被海洋"记忆"下来。

5.1.4 海气相互作用形式与尺度的多样性

海洋系统和大气系统，各自都是开放的，然而，两者却又耦合在一起，无时无刻不在相互作用和彼此响应。海气之间相互作用的形式非常多，第3章讨论热量和水分的交换，第4章海水运动如风浪和风海流则关注海气之间能量、动量的交换和力的作用与效应，第6章还要介绍化学要素的相互影响，例如氧和二氧化碳等气体溶入海水或者逸出。海气之间的互相作用的尺度也体现出多样性，小到分子甚至离子形式的溶解或者逸出，大至行星尺度的大气环流与大洋环流的相互作用，还有天气系统发展过程中的海气相互作用以及大气海洋遥相关等。

5.2 大气环境特性的表征

5.2.1 表征大气环境参数的物理量——气象要素

下面仅介绍最重要的几种。

（1）气温

气温表观上是表征空气的冷暖程度，实质上体现的是大气分子运动的平均动能。依国际标准单位制（SI）规定，温度可以用摄氏温标（℃）或绝对温标（K），西方国家也习用华氏温标（℉）。它们之间关系为

$$0℃ = 273.15K, \quad 0℃ = 32℉ \qquad (5-1)$$

$$100℃ = 373.15 \ K, \qquad 100℃ = 212℉ \qquad (5-2)$$

$$t_1℃ = t_2K - 273.15, \qquad t_1℃ = 5 × (t_3℉ - 32)/9 \qquad (5-3)$$

通常所说的"地面气温"，是指气象观测场内离地面 1.5 米高的百叶箱或防辐射罩内的温度表的示数。

（2）气压

气压是大气压强的简称。定义为单位面积承受的大气柱的压力，单位为帕［斯卡］，记为 Pa。气象部门过去用"毫巴"（mb），现在习用百帕（hPa）。通常习称的"一个大气压"，相当于 1 013.25 百帕。

气象站所测气压称为"本站气压"，显然，它与该气象站的海拔高度有关。为便于比较分析，绘制天气图时需要将各站气压值订正到统一的高度，如海平面气压。在这样的图上划出等压线，就可方便地分析出高压（中心）、高压脊、低压（中心）和低压槽等形势。

（3）湿度

湿度是描述大气干湿程度（水汽含量）的参数，常用的是水汽压、

相对湿度和露点等类的湿度参量。

①水汽压和饱和水汽压：在湿空气中由水汽所衍生的分压强称为水汽压，记为 e，单位是百帕。水汽达到饱和时，称为饱和水汽压，记作 E，它随温度升高而增大。

②相对湿度：空气中实际水汽压与同温度下的饱和水汽压之比，常用百分数表示。

③露点：湿空气等压降温达到达饱和时的温度 t_d。

（4）风

空气相对于地面的水平运动称为风。风向指风吹来的方向，气象观测用 16 个方位（图 5 - 2）。风速的单位是米/秒（m/s）或千米/小时（km/h），航海常用节（kn，海里/小时）。

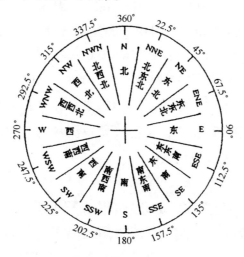

图 5 - 2　风向的 16 个方位

日常用的多是风力等级，蒲福氏风力等级为 0 ~ 12 级，扩充的蒲氏风力等级到 17 级，见表 5 - 1。表中的"相当风速"是指相当于平地 10 米高处的风速。

表 5 - 1　风力等级标准

风力等级	海浪状况		海面征象	陆地地物征象	相当风速		
	浪高（米）				米/秒	千米/小时	海里/小时
	一般	最高					
0			海面平静无浪	静，烟直上	0.0 ~ 0.2	< 1	< 1
1	0.1	0.1	鱼鳞状涟漪	烟可示风向	0.3 ~ 1.5	1 ~ 5	1 ~ 3
2	0.2	0.3	小波波顶未破碎	人面感觉有风，树叶有微响	1.6 ~ 3.3	6 ~ 11	4 ~ 6
3	0.6	1.0	小波峰顶破碎	树叶及树枝摇动不息，旌旗展开	3.4 ~ 5.4	12 ~ 19	7 ~ 10
4	1.0	1.5	频繁出现白浪	地面灰尘、纸张被吹起，树的小枝摇动	5.5 ~ 7.9	20 ~ 28	11 ~ 16
5	2.0	2.5	出现长峰中浪，间有浪花溅起	小树摇摆，水面有小波	8.0 ~ 10.7	29 ~ 38	17 ~ 21
6	3.0	4.0	开始形成大浪，白沫飞布海面	大树枝摇动，张伞困难	10.8 ~ 13.8	39 ~ 49	22 ~ 27
7	4.0	5.5	风将白色飞沫吹成长条纹	树摇动，迎风步行感觉不便	13.9 ~ 17.1	50 ~ 61	28 ~ 33
8	5.5	7.5	中高浪波长更大，风吹白沫条纹更明显，呼啸声更大	可折坏树枝，迎风步行困难	17.2 ~ 20.7	62 ~ 74	34 ~ 40
9	7.0	10.0	风浪倒卷，泡沫影响能见度	烟囱及小屋遭受破坏	20.8 ~ 24.4	75 ~ 88	41 ~ 47
10	9.0	12.5	波涛汹涌，纤维泡沫更为浓厚并成片状	陆上少见，见时可使树木拔起，或建筑物吹坏	24.5 ~ 28.4	89 ~ 102	48 ~ 55
11	11.5	16.0	能见度大减，中小型船在海上有时可被海浪遮蔽	陆上很少，有则必有重大损毁	28.5 ~ 32.6	103 ~ 117	56 ~ 63
12	14.0		海浪滔天，空气中充满飞沫和浪花，能见度剧烈降低	陆上绝少，其摧毁力极大	32.7 ~ 36.9	118 ~ 133	64 ~ 71
13					37.0 ~ 41.4	134 ~ 149	72 ~ 80
14					41.5 ~ 46.1	150 ~ 166	81 ~ 89
15					46.2 ~ 50.9	167 ~ 183	90 ~ 99
16					51.0 ~ 56.0	184 ~ 201	100 ~ 108
17					56.1 ~ 61.2	202 ~ 220	109 ~ 119

5.2.2　表征大气环境特征的常用图件——天气图

天气图是填有各地同时间观测的气象要素等资料的特制地图。地面天气图常简称为地面图，图中每个气象站的观测记录都按图 5-3a，5-3b 规定填写。依各站的气压值绘出等压线，可以分析出高、低压系统的分布；据气温、露点和天气分布，可以分析并确定锋面、气旋、反气旋等天气系统及其影响范围等。地面天气图是了解各种天气系统、天气现象的分布及其相互关系的基本工具图之一。

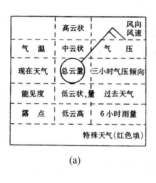

名　称	印刷符号（单色）	分析符号
冷　锋	▼▼▼	蓝色实线
暖　锋	●●●	红色实线
静止锋	▼●▼●	蓝、红色实线
锢囚锋	▲●▲●	紫色实线
热带辐合带	═══	棕色实线
低压中心	D（汉）　L（英）	红色 D（汉）L（英）
高压中心	G（汉）　H（英）	蓝色 G（汉）H（英）
台风中心	⊘	红色 ⊘

(b)

名　称	印刷符号（单色）	分析符号
槽线和切变线	──	棕色粗实线
脊　线	┅┅	棕色粗虚线
低压中心	D（汉）　L（英）	红色 D（汉）L（英）
高压中心	G（汉）　H（英）	蓝色 G（汉）H（英）
冷中心	L（汉）　C（英）	蓝色 L（汉）C（英）
暖中心	N（汉）　W（英）	红色 N（汉）W（英）

(d)

图 5-3　天气图填图的格式和符号

（a）地面图填图格式；（b）地面图常用符号；（c）高空图填图格式；（d）高空图常用符号

高空天气图是用各探空站等资料填绘的（图 5-3c，5-3d），也称高空等压面图或高空图。依其可分析某一等压面上的等温线以及位势高度等高线等，对高空低压槽、高压脊等天气系统的位置和影响的分析是得力的工具图。常用的等压面图有 850 百帕、700 百帕和 500 百帕等，它们的平

均海拔高度分别为 1 500 米、3 000 米和 5 500 米。根据这些图，再加各种
辅助图表，就可了解大气环境的空间分布特征。

类似于第 4 章介绍的地转流，自由大气的运动也可用地转风较好地近
似：地转风沿水平面上的等压线吹，在北半球面向风吹去的方向而立时，
高压在右而低压在左；在南半球则左高而右低；等压线（或等位势高度
线）近似为地转风对应的流线。

5.2.3 表征大气环境质量的指标——环境空气质量指数（AQI）

大气中的主要污染物是硫氧化物、一氧化碳、氮氧化物、碳氢化合
物、臭氧等氧化剂以及颗粒物（如气溶胶、烟、尘、雾等），与大气正常
成分相混合在一定条件下会发生各种理化作用，且能生成一些新的污染
物，称为二次污染（如硫酸烟雾）。根据污染物对人体的影响，制定了各
种污染物对应的容许标准，如我国环境空气质量标准（GB3095 – 1996）
规定了 10 种污染物在不同质量级别的浓度限值。评价大气环境质量一般
用（环境）"空气质量指数"（air quality index，AQI），通常是将常规监测
的各种污染物浓度简化成为单一的概念性指数值形式，其中的最大值即为
当时的空气质量状况，依表 5 – 2 便可以划分空气质量级别。

表 5 – 2 空气污染指数及其相应的空气质量级别

空气污染指数（API）	空气质量级别	空气质量状况	对人体健康的影响	建议措施
≤50	I	优	正常	可正常活动
51 ~ 100	II	良	正常	可正常活动
101 ~ 150	III	轻微污染	易感人群症状有轻度加剧，健康人群出现刺激症状	心脏病和呼吸系统疾病患者应减少体力消耗和户外活动
151 ~ 200		轻度污染		
201 ~ 250	IV	中度污染	心脏病和肺病患者症状显著加剧，运动耐受力降低，健康人群中普遍出现症状	老年人和心脏病、肺病患者应停留在室内，并减少体力活动
251 ~ 300		中度重污染		

空气污染指数（API）	空气质量级别	空气质量状况	对人体健康的影响	建议措施
≤50	I	优	正常	可正常活动
51～100	II	良	正常	可正常活动
>300	V	重污染	健康人运动耐受力降低，有明显强烈症状，提前出现某些疾病	老年人和病人应停留在室内，避免体力消耗，一般人群应避免户外活动

5.2.4　表征大气污染程度的指标——空气污染指数（API）

因自然灾害（如火山爆发、森林火灾、沙尘暴和海雾等），特别是人类活动（如工厂烟气、机动车尾气、化工企业事故、输运泄漏等）造成大气局部区域空气质量下降，甚至污染成灾，对人类健康等可产生明显影响或危害。我国根据环境状况特点和污染防治的重点，对主要污染物二氧化硫（SO_2）、二氧化氮（NO_2）、可吸入颗粒物（PM_{10}）、一氧化碳（CO）、臭氧（O_3）、总悬浮颗粒物（TSP）和氮氧化物（NOx），分别给出不同级别的浓度限值；由实测的污染物浓度（平均）值可得其分指数，各污染物分指数的最大者即为该城市（区域）的"空气污染指数"（air pollution index，API），依表5－2划定污染级别。

灰霾是人类活动导致的城市区域近地层大气的气溶胶污染现象，缘于众多机动车尾气排放、大量煤和石油等燃烧，再加商住混合源、加工业的排放，形成大量含有毒有害水溶性物质的气溶胶。其中$PM_{2.5}$——大气中直径小于或等于2.5微米的细颗粒物，又称为可入肺颗粒物，对人体健康危害更大。鉴于它对空气质量和能见度有重要影响，世界卫生组织（WHO）于2005年制定了$PM_{2.5}$的准则值，国家环境保护部已修订《环境空气质量标准》，将其纳入监测。

5.3 大气环流特征

5.3.1 环流特征的平均态势——平均大气环流

大气环流是指大范围的大气运动状态。平均而言,大气环流最基本的形状在南、北半球有相似性,表现为大气大体上沿纬圈方向的绕地球的运动。在对流层,纬向环流为显著的三个带:低纬度为东风带,又称信风带,北半球海面上为东北信风,南半球为东南信风;中纬度为西风带;极地附近为较弱的极地东风带(图 5-4)。气压分布的特点是南、北半球甚为相似:副热带(30°N 或者 30°S 附近)为半永久性的高压,即通常所称的副热带高压(习惯简称为"副高");赤道海域是低压带,称为热带辐合带(记为 ITCZ);副极地为低压;极地则主要是高压。在 4 个高、低压带相间配置之下形成了相应的 3 个风带,可称为"四压三风带"。3 个风带与世界大洋表层环流是密切关联的。

与水平方向大气环流相应的是,在铅直方向则有沿经圈方向的三圈环流,如图 5-4 的右上部所示,它们分别是低纬的哈德莱环流、中纬的费雷尔环流以及高纬的极地环流圈。

当然,南、北半球的大气环流也存在着差异。北半球的副极地有冰岛低压和阿留申低压,南半球无此对应的低压。北半球的副热带高压被大陆分隔开来,南半球则相连成带。在对流层中、上层,西风急流非常明显,这表明纬向运动在南、北方向上是有显明差异的。

在印度洋、东亚和西非三大季风区,其平均大气环流与其他大洋广阔的洋域相比,也存在着显著的差异。

5.3.2 季节转换的典型——季风

所谓季风是指"大范围区域冬季、夏季盛行风向相反或接近相反的现

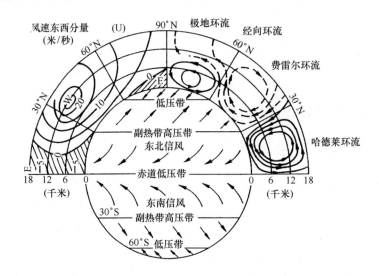

图 5-4　地球大气环流综合图示

（中心大圆圈内表示地面气压带和风系；大圆圈外左上部表示平均

纬向风系；大圆圈外右上部表示平均经向环流）

象"。我国东部即位于东亚季风区，夏季盛行东南风，冬季盛行西北风。风向的季节性转换现象，实质是两种不同性质气流的交替，探讨季风形成的原因，会对此有进一步的认识。东亚季风形成的主要原因如下。

（1）海陆分布的影响：冬季亚洲大陆为冷高压，东南临近洋区为暖低压，地面盛行风即从大陆吹向海洋。夏季大陆为热低压，海洋为高压，风从海洋吹向陆地。

（2）大尺度行星环流的影响：低纬热带的东风带和中纬度的西风带，在冬、夏季转换时也有明显的南北位移。在这两大风带交替的区域便相应地出现风向的转换，即有人所称之"行星季风"现象。这一现象在低纬地区最为显著，恰好为东非经南亚到东亚这一带。

（3）青藏高原大地形的影响：高耸的青藏高原冬季是冷高压，盛行反气旋式环流，在其东南侧为北风和东北风，增强了冬季季风环流。夏季青藏高原成了热源，低层形成强大的热低压，其气旋式环流则加强了夏季的西南向的季风，可以使其深入到华北甚至东北地区。

季风对我国临近海域环境的影响是巨大的，冬季干冷的北向风导致大范围大幅度地降温，我国称之为"寒潮"，常造成低温、冰冻和风灾。夏季湿润的南向风带来降水，但也常有海雾和雨涝灾害。

5.3.3 局地特征的显现——地方性风

所谓地方性风是指缘于地方性特殊环境，如地理位置、海陆分布、地形和下垫面特殊等而产生的在局部地区范围内出现且又明显带有地方性特征的风，如海陆风、山谷风、峡谷风、焚风等。在海洋和近海也常出现地方性风，例如：阿拉伯南岸 12 月至翌年 3 月的贝拉风（Belat），是寒冷干燥的强北、西北风；波斯湾和阿曼湾 5—11 月的夏马风（Shamal），西北风有时达 8 级，伴有飑、闪电、雨等，但来前无预兆，12 月至翌年 4 月则变东南风考斯风（Kaus）；亚丁湾 7—9 月的喀新风（Khamsin），是挟带黄沙暴的北风；亚得里亚海的布拉风（Bora），是冬季突发性狂暴山风；非洲佛得角与几内亚湾间的哈麦丹风（Harmattan），东风挟带红沙，离岸数百里能见度降低；南美东岸拉普拉塔河口外海域 7—10 月的潘派洛风（Pampero），随飑线而来北风微弱，转西南风时风力突然增至飓风级以上；麦哲伦海峡的威利瓦风（Williways），无预兆狂风可持续 1~2 小时等。

我国近海也有许多地方性风。渤海海峡的"恶风"是冬季阵发性偏东北风，阵风可达 30 米/秒。北黄海山东半岛北部的"春老虎"，是 4—5 月的偏南风，阵风达 9 级以上。南黄海青岛崂山外海，有阵发性的"西北风"。连云港外海春季有"鬼风"，多发生于傍晚至夜间，4 月明显，阵风达 8 级。东海有"舟山风暴"，3 月在舟山群岛海域平均出现 6~7 次西北偏北大风。东海东部及朝鲜海峡一带有"突风"，是一种骤起而速停的大风，风向多为南、西南和西，突发时增至 30~40 米/秒，或一小时停息，或一昼夜内时起时停。台湾海峡及闽南沿海 2—3 月有"禁港风"，近海风在 5 级以下，但一出东碇岛就达 6~7 级，有时可连续 3 天。南海珠江口至越南北部一带，冬季常出现地方性"蒙雨"天气，低云有雾和毛毛雨，一般可持续 2~3 天（越南北部沿岸曾长达 22 天）；蒙雨天气过程中吹东北风，称为"蒙雨风"，风速可达 10~15 米/秒。

5.4　海洋上的重要天气系统

5.4.1　锋面与温带气旋

5.4.1.1　气团与锋

　　地球大气的低层，"在水平方向上温度、湿度等物理属性的分布大致均匀的大范围的空气"称为气团。由于气团内部空气物理属性相近，故其内部天气现象也大体一致。气团的范围水平可达数千千米，铅直高度有的也可达对流层顶。冷气团和暖气团之间的过渡区较狭窄时称为锋区，在地面图上即为锋（线）。冷气团推动移向暖气团的锋面为冷锋，反之则为暖锋（图 5-5）。冷、暖气团势均力敌的锋移动慢或静止，称为静止锋。当冷锋推进追上暖锋时形成锢囚锋。

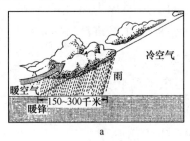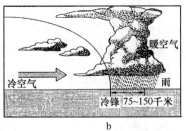

图 5-5　暖锋（a）、冷锋（b）及其天气现象

　　锋区气象要素有突变的特征，如气温变化可为气团内部温差的 5~10 倍，气压的变化和风向的改变也很显著。在铅直方向上，锋面是倾斜的，坡度约 1/50~1/100，往往是下冷上暖的逆温分布。暖空气沿暖锋面爬升

较慢，降水出现在暖锋前的冷区里（图 5 - 5a），锋面过后天气转好。冷锋天气主要体现在冷锋之后，有大风；夏季在冷锋地面锋线附近有积雨云和雷雨天气（图 5 - 5b）；冬季因暖空气较干燥，冷锋前只出现层状云，锋面过后天气很快转晴。

5.4.1.2　温带气旋

低压系统形成的流场为气旋型，称为气旋，带有锋面的气旋称为锋面气旋。锋面气旋多产生于温带，又称为温带气旋，是中纬度区域的主要天气系统。其水平范围为数百至数千千米，中心气压低，一般为 1 000 百帕左右，强度大的气旋，其中心甚至低达 960 百帕，就成了一种剧烈的天气系统。

影响我国的气旋有南方气旋（在青藏高原东边，出现于 25°N 附近，主要有江淮气旋、东海气旋）和北方气旋（在蒙古高原以东，出现于 45°~60°N 附近，主要有蒙古气旋、东北低压等）。

5.4.1.3　爆发性气旋

特点是发展急速，中心气压在 24 小时内可下降 24 百帕以上，因而导致海面风力迅速增大，可达 20~30 米/秒，故对海上航行威胁很大，被称为"气象炸弹"。其多发海域是黑潮和湾流流域，以冬季居多，特别 1 月最频繁；东北太平洋也是多发区之一。

爆发性发展的气旋可以趋近台风强度，存在类似的"台风眼"和螺旋形云带结构，因而有人将这类"气象炸弹"称为"温带台风"或"高纬度台风"。

5.4.2　副热带高压

在南、北半球的副热带区域，是沿纬圈分布、经常维持的副热带高压带。在北半球由于海陆分布的影响，经常断裂成若干个单体，其中影响我国的副热带高压，首推西太平洋副热带高压，其西伸的高压脊夏季可进入我国大陆；其次是南亚高压。

西北太平洋上的副热带高压（习称西太副高或简称"副高"），5—8月北进西伸的情况见图5 –6。盛夏之时副高西伸脊控制华东等地区，烈日当空、闷热难耐，长江流域还可能出现伏旱。若副高南部有台风活动，则可被西伸脊引导而登陆形成风暴潮；台风登陆之后有时还可深入内地出现狂风暴雨。

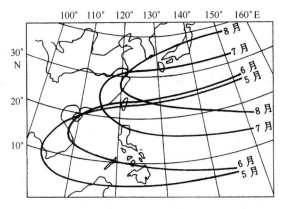

图5 – 6　500百帕西太平洋副高脊的月平均位置

副高强度和位置的异常，都会直接影响我国的天气，导致较长时间天气异常。

5.4.3　热带气旋与台风

热带气旋是发生在热带海洋上的气旋性环流，为热带低压、热带风暴、台风或飓风的统称。我国和日本对西北太平洋（含南海）的热带气旋依其中心最大风力分为4级：小于8级者为热带低压（记为TD）；8~9级者为热带风暴（记为TS）；10~11级为强热带风暴（记为STS）；12~13级为台风（TY）。2006年中国气象局增加了强台风（STY，14~15级）和超强台风（SUPERTY，≥16级）两个等级。

在东北太平洋和大西洋的热带气旋分为3级：热带低压（TD），小于8级；热带风暴（TS），8~11级；飓风（H），大于等于12级。印度洋阿拉伯海和孟加拉湾的热带气旋分为 2 级：低气压（D），小于 8 级；气旋性风暴（CS），大于等于 8 级。在南半球洋面的热带气旋分 2 级：热带扰动（TD），小于 8 级；热带气旋（TC），大于等于 8 级。

我国对 180°E 以西、赤道以北发生的风力大于等于 8 级的热带气旋，每年从 1 月 1 日起按其出现顺序编号。2000 年以后采用台风委员会命名表，且保留原有的热带气旋编号。日常习惯是对入编的热带气旋不论其已否增强至台风，往往统称为台风。

台风具有暖心结构，伴有狂风暴雨，是一种灾害性天气。每年 5—11 月台风可能影响或登陆我国大陆，临近海岸、特别是登陆时往往引发风暴潮，灾害更重。台风的生命周期一般为 3~8 天。发展成熟的台风，各要素水平分布呈圆形或椭圆形，直径多为 600~1 000 千米，最大可达 2 000 千米，而小的只有 100 千米。在北半球呈顺时针方向旋转，铅直高度可达对流层顶，地面中心气压值（即风暴强度）一般在 960 百帕以下。成熟的台风有台风眼（又称内圈），直径平均为 30~40 千米，晴空少云，微风甚至近乎静风，但海况十分恶劣，常有巨大的三角浪。眼区外围水平呈环状、铅直方向高耸的云区称为台风云墙或眼壁（又称中圈、中区），对流上升很强烈，可达 15 千米以上；这里常狂风大作、暴雨如注（2006 年台风"桑美"在浙江苍南 8 月 10 日 18—20 时降雨达 246.9 毫米，2009 年 8 月 7 日"莫拉克"台风登陆台湾降水超过 1 600 毫米），破坏摧毁作用最强。云墙再往外是外圈，又称外围区，有台风的螺旋云雨带，风力呈阵性，一般小于 8 级。

热带气旋在海上不断前行，若叠加上前移速度，在北半球热带气旋前行方向的右半圆合成风力最大，航海上将其称为危险半圆；尤其是右前象限，称为危险象限。相比之下左半圆风力最弱，称为可航半圆。南半球则反之。海上巡航若遇台风，需相机应对避离。

西北太平洋热带气旋移动的路径千差万别，但可以归为 3 种基本类型：西行、西北行和转向型（图 5-7）。11—12 月多为西行进入南海，西北行则会在我国东南沿海登陆；转向型大多在海上转东北而去，也有的是登陆后再入海转东北行，主要影响东海、黄海和日本海。南海热带气旋比西太平洋热带气旋的强度小，平均每年在南海生成热带低压 7 个左右，其中 4 个左右可发展至热带风暴强度以上，半径平均 300 ~ 500 千米，铅直伸展也较低；有时会出现"豆台风"（Midget Typhoon），其范围小、移动快、发展迅速、破坏力强。南海热带气旋移动路径如图 5 - 8，在 5—6 月多呈正抛物线型转向东北，7—8 月呈倒抛物线型转向西北或西，下半年多为西移型；另外还有打转后再向北移型。

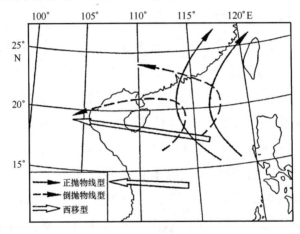

图 5 - 7　西北太平洋热带气旋移动主要路径

　　据百年来台风历史资料分析，几乎每个台风的路径各不相同，还有的是打转、突然转向、蛇行、双台风互旋等。生成以及登陆我国的数目也相差很大，如 1974 年、1994 年生成多达 37 个，而 1998 年只有 14 个；登陆多的如 1952 年和 1961 年达 15 个，1970 年达 12 个，而 1982 年、1997 年和 1998 年都只有 4 个。

　　统计热带气旋中心最大风速，渤海为 25 ~ 30 米/秒，黄海 25 ~ 40 米/秒，东海 40 ~ 85 米/秒，北部湾 35 ~ 40 米/秒，南海北部及中部 50 ~ 70 米/秒，南海南部 40 ~ 65 米/秒，菲律宾海 80 ~ 100 米/秒。

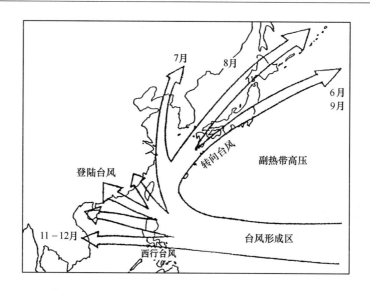

图 5 - 8　南海热带气旋移动路径

5.4.4　热带辐合带

热带辐合带（ITCZ）又称赤道辐合带，是南北半球副热带高压之间的信风汇合带，或北（南）半球的信风与南（北）半球过赤道气流形成的西南（北）风的汇合带。因辐合而上升的气流，构成了哈德莱环流的上升支，在水平方向上可存在于全球热带地区，是东西方向具有行星尺度特征的天气系统。

热带辐合带的突出特征，一是热带地区热量和水量集中最多之处，二是热带扰动发生的主要源地，太平洋上超过80%的热带风暴产生于此。由于对流上升强烈，形成积雨云，又可能组成对流云团，常致雷暴阵雨和8~9级大风。

在北半球东太平洋至大西洋，由东北信风和东南信风汇合构成的辐合带，又称为信风槽，全年位置少变，基本位于 $5° ~ 10°N$；在大西洋8月可移到 $10° ~ 15°N$。由西太平洋至南亚延续到北非的辐合带位置变化则较大，因其为季风槽型，北侧为偏东风或东北风，南侧是偏西风或西南风，亦即与季风的进退有密切关系。

5.4.5　寒潮

寒潮是冬半年引起大范围强烈降温、大风天气，常伴有雨雪的大规模冷空气活动。我国习称寒潮（cold wave），国际上多称冷涌（cold surge）。强冷空气活动在海上的影响是多方面的：海水降温、对流混合层加深，渤海、北黄海部分海面结冰，渔业、交通、巡航受阻甚至受损。

我国规定发布寒潮警报的标准是：冷空气侵入使气温在 24 小时内下降 10℃以上，且最低气温降至 5℃以下。针对南方地区后来又补充规定：长江中下游及其以北地区 48 小时内降温 10℃以上，长江中下游最低气温达 4℃或以下，陆上西北、华北、东北有 5 级以上大风，渤海、黄海、东海先后有 7 级以上大风。强寒潮的标准是：上述区域 48 小时内降温达 14℃，其他条件同上。

全国性寒潮一般在 9 月至翌年 5 月期间发生。一次寒潮爆发约需 3～4 天可移出陆域；但有时冷空气过后北方又有更冷的补充南下，致使气温连续下降，则历时可达 7～10 天。

冬季寒潮天气的主要特征是大风和降温。冷锋之后的大风陆上达 4～7 级，海上达 6～8 级，短时甚至达 12 级，大风持续时间为 1～2 天。冷锋后的降温可持续 1 天到数日，西北、华北地区降温多，南方降温较少；降温常导致霜冻甚至结冰，渤海和北黄海部分海域可结冰。春、秋季的寒潮天气，除大风降温之外，还常引起北方的扬沙甚至沙尘暴。

冷空气开始形成和聚集的地区称为冷空气源地。影响我国大范围强冷空气的源地主要是：新地岛以西的北方寒冷洋面，源于此地冷空气达到寒潮强度的次数最多；新地岛以东的北方寒冷洋面，能达到寒潮强度的次数也较多；冰岛以南洋面形成的冷空气次数较多，但强度较弱，能达寒潮者较少；另外，西伯利亚和蒙古也能形成冷空气。

入侵我国的冷空气，95%都要在西伯利亚的关键区（70°～90°E，43°～65°N）里积累和加强。由关键区入侵我国的主要路径有 3 条：西北路（有的称中路）从关键区经蒙古、河套，直下长江中下游及江南；西路从关键区经新疆、青海，由西藏高原东侧南下；东路从关键区经蒙古至内蒙和东北，主力继续向东但低层冷空气折向西南，经渤海入侵华北向南直达两湖盆地，寒潮不很强，多在晚冬和早春出现。图 5 - 9 中的实线箭矢为主要路径，虚线箭矢为次要路径。

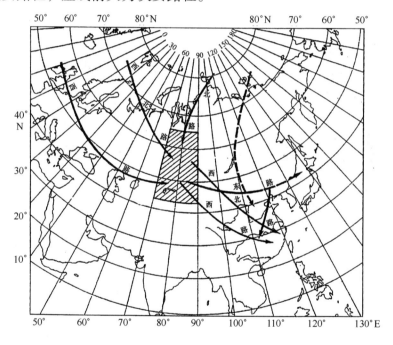

图 5 - 9 影响我国的寒潮源地和路径

5.4.6 海雾

雾是由大量的小水滴、小冰晶或两者的混合物悬浮在贴近地面或海面的大气中，使水平能见度减小的现象。当地面或海上水平能见度小于 1 千米（或 0.5 海里）时称为雾，若能见度在 1～10 千米则称为轻雾。海雾是指在海洋影响下生成的、在海洋上散布的雾，当其被输送到邻近陆地上时仍称为海雾，而生成于陆地上再扩散到"海上的雾"一般不算是海雾。海雾是海上灾害性天气之一，因使能见度减小（见表5–3），对海上航行、作业危害极大；由于海雾增大了空气的湿度且又有盐分，对机械设施仪器装备也有不利影响。

表 5 – 3 海面能见度等级

等级	能见距离		能见度状况	海上可能出现的天气现象
	（海里）	（千米）		
0	<0.03	<0.05	能见度低劣	浓雾
1	0.03～0.10	0.05～0.20		浓雾或雪暴
2	0.10～0.25	0.20～0.50		大雾或大雪
3	0.25～0.50	0.50～1.00	能见度不良	雾或中雪
4	0.50～1.00	1.00～2.00		轻雾或暴雨
5	1.00～2.00	2.00～4.00	能见度中等	小雪、大雨、轻雾
6	2.00～5.00	4.00～10.00		中雨、小雪、轻雾
7	5.00～11.00	10.00～20.00	能见度良好	小雨、毛毛雨
8	11.00～27.00	20.00～50.00	能见度很好	无降水
9	≥27.00	≥50.00	能见度极好	空气澄明

海雾一般可分为4类：平流雾、混合雾、辐射雾和地形雾。

5.4.6.1 平流雾

平流雾又有2种形式：平流冷却雾和平流蒸发雾。

平流冷却雾又称为暖平流雾或简称平流雾，是暖湿空气平流到较冷的海面上水汽凝结而成雾。特点是：范围广、厚度大，水平可达数百海里，高可至数百米，大有"铺天盖地"之势；浓度大，常能"遮天蔽日"，水平视程甚至可小于50米；持续时间长，可达数日至1周以上；日变化不明显。这是海雾中出现最多的一种，且影响又最大，故一般即通称为海雾（sea fog）。多见于西北太平洋的千岛群岛和西北大西洋的纽芬兰附近海域，我国在春、夏季于黄海和东海常有此类海雾。

平流蒸发雾又称为冷平流雾或冰洋烟雾，是冷空气流到暖海面上，海面蒸发向空气输送水汽而成雾。由于空气上冷下暖，层结不稳定，故雾区即使较大但不会太厚太浓。极地冷空气运动到附近相对暖的海面上，即易形成此类平流蒸发雾。我国近海冬季也有该类雾形成。

5.4.6.2　混合雾

混合雾是先有海上风暴产生的空中降水的水滴蒸发，再与流来的属性不同的空气在海洋上混合发生凝结作用而生成的雾。也可以再分为冷季混合雾和暖季混合雾。前者是高纬来的冷空气使之冷却而生成的雾；如北太平洋的副极地海域，冬季风暴降水较多，冷空气流来之后混合即成雾。后者是低纬来的暖空气被冷却也成雾。

5.4.6.3　辐射雾

辐射雾类似于陆地辐射雾的形成机理。然而海面通常不可能直接因辐射而冷却成雾，一般是当海面覆盖冰层时，因辐射夜间冷却，可在贴冰面层形成"冰面辐射雾"。阿拉斯加易形成冰晶雾，在巨大冰山上也易形成辐射雾。因海水蒸发以及浪花飞溅，在海面上空构成盐层时，盐层辐射冷却也可形成盐层辐散雾。这类海雾夜间近海面，日间则可升高成为低云。

还有一种浮膜辐射雾，是因港湾岸滨海面漂浮油膜或悬浮物等，当海面平静时浮膜类似于"固体"表面层，夜间辐射冷却，黎明前后可在浮膜上成雾，但其范围小，雾亦淡，日出后即消散。

5.4.6.4　地形雾

地形雾分为岛屿雾和岸滨雾，都是因地形动力、热力作用而形成的雾。前者是因空气爬越岛屿过程中冷却而成雾，后者则因为在海岸附近，夜间随陆风移至海上，白天又随海风吹向陆地。

5.4.6.5　我国近海海雾

我国近海海雾主要出现于1—7月，8月尚存于成山角附近海域，9—

12月即较少见海雾。南海中、南部全年很少有雾;南海北部1月开始雾季,主要出现于近岸100~200千米,3月最多,4月即消。台湾海峡为2—6月,以5月最多,主要在西岸附近600~700千米海域。东海为3—7月,主要在西岸海域和济州岛,以6月最多;舟山群岛至浙闽沿岸海雾较多,年平均雾日为50~80天,大陈岛多达105.6天,最多的一年达183天。黄海全域3—8月都有海雾,以7月最多,多雾中心在山东半岛沿岸和朝鲜半岛西岸,年雾日可达50天以上,成山角可达83天,最多的一年达119天,连续雾日曾长达29天(1973年7月1—29日)。青岛年均雾日数为51.5天,而1951年雾日长达94天,2006年为89天;连续雾日曾达37天(1942年6月29日至8月4日)。渤海年平均雾日只有20~24天,渤海海峡可达28天;长岛可达35天,最少年仅9天。

5.5 海洋—大气相互作用

海洋在气候系统(图5-10)中的作用越来越为人们所关注。海洋—大气相互作用研究的是海洋与大气之间交互影响、互相制约、彼此适应的物理过程。

5.5.1 海洋对大气子系统的供给与调节功能

气候是指某地或某地区多年平均的天气状况、特征及其变化规律。气候系统是决定气候形成、分布、特征和变化的物理子系统。包括大气圈、水圈(海洋、湖泊等)、岩石圈(平原、高山、高原和盆地等地形)、冰雪圈(极地冰雪覆盖和冰川等)和生物圈(动、植物群落和人类)。

人们之所以越来越重视海洋在气候系统中的重要地位,首先缘于海洋对大气系统的巨大供给能力,特别是能量和水汽的提供。海洋覆盖了地球表面近71%,它所吸收的太阳辐射量也占了射达地球表面辐射能的大部分,这是海水运动的主要能源。热带海洋吸收的巨额热量,既通过西边界

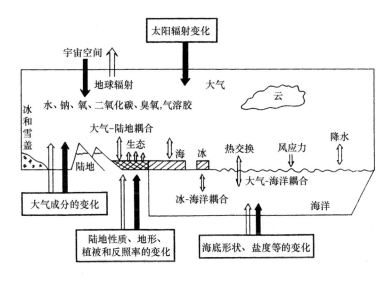

图 5 – 10　气候系统

流向高纬海域输送，同时也借助海气间的活跃的热交换而输送给大气，又成了大气运动的重要能源。大气中的水汽 86% 是由海洋输入的，主要是中、低纬度海域的蒸发所提供；伴随蒸发过程也有巨额的热量输送给了大气。

海洋对大气的调节功能也很重要。由于海水运动比大气缓慢得多，导致其变化有滞后效应，能把大气环流变化的信息"记忆"于海洋之中；同时还通过海气耦合和反馈，使较高频率的大气变化转化为较低频率的变化。广阔的海洋对大气中二氧化碳等也有调节作用。

5.5.2　大气对海洋子系统的供给与调节功能

海面风应力是最为广泛而持续的供给，大气环流的信风带、西风带、东风带分别与世界大洋环流中的赤道流系、西风流系、东风流系相互对应，风对海流的驱动是公认的事实；北印度洋和南海的季风转换与季风海流的对应，也是大气对海洋提供驱动力的明显例证。

海洋上混合层的形成与风能量的供给息息相关。暖半年借助风力搅拌使热量从海洋表面得以向下传递，形成了海洋上均匀层及其下界的季节性温跃层；冬季风力远远大于夏季，加剧了海水的显热和潜热损失，降温增密再加强风搅拌，则使暖季形成的季节性跃层逐渐变薄、下沉、减弱直至消亡；在浅海冬季大风加对流混合甚至可直达海底。与低纬海域热量及水汽的供应方向相反，在极地则是大气向冰原供给热量和水分，促使北冰洋和冰岛附近洋面上形成冷高压，这些冷高压又是冬季入侵我国的寒潮冷空气的源地。

大气之中的氧是海水中溶解氧的主要供应者，为海洋生态系统提供了支撑。海洋植物的光合作用也能生产部分氧，但却需要二氧化碳供应，而海水中的二氧化碳相当部分也是由大气溶入的。氧和二氧化碳对海水的溶入或逸出，分别受制于海水上空大气氧分压和二氧化碳分压的变化。

大气降水是海洋水分供应的重要来源，连同降于陆地通过径流入海的水量，折算成水位每年可达 126 厘米之多。大气的干、湿沉降同时还把多种物质带入海洋，从而影响着海洋环境。

5.5.3　厄尔尼诺、拉尼娜和南方涛动——恩索（ENSO）

厄尔尼诺（El Niño）是指赤道中、东太平洋海面温度异常升高的现象。拉尼娜（La Niño）又称"反厄尔尼诺（anti El Niño）"，是指赤道中、东太平洋海面温度异常降低的现象。一般正常年份，在东南信风驱动下赤道东太平洋的秘鲁、厄瓜多尔附近海水离岸向西输送，衍生的上升流把下层冷水输向表层，带来了丰富的营养盐，饵料丰富，渔获颇丰。当信风减弱时赤道表层暖水由西向东移动，于圣诞节前后暖水沿厄瓜多尔和秘鲁近岸南下，致使这里海面温度异常升高，海洋生物大量死亡或逃遁，渔业遭受重创，且气候异常、洪水泛滥，称为厄尔尼诺。反之，信风异常偏强时赤道东太平洋水温比常年偏低，称为反厄尔尼诺或拉尼娜。近年来，术语厄尔尼诺和拉尼娜，已倾向于泛指更大尺度的海洋异常现象，盖因它们与全球性的气候异常相关联。例如厄尔尼诺年赤道暖水东移，使印尼附近的强对流上升运动区域东移到中太平洋，改变了东西方向的沃克环流，印度尼西亚到澳大利亚出现严重干旱而秘鲁、厄瓜多尔暴雨成灾；并且继而对全球气候的变化产生影响，如非洲、南亚干旱，中纬度地区气候异常——冬季低温、暴雨（雪）、冰冻，夏季豪雨、洪涝。

南方涛动（southern oscillation, SO）是指热带太平洋气压与热带印度洋气压的升降呈反向相关联系的振荡现象。亦即南太平洋副热带高压比常年增高时，印度洋赤道低压比常年偏低，两者气压的变化有"跷跷板"现象，故称为涛动。

研究发现，南方涛动与厄尔尼诺及拉尼娜之间有非常好的相关关系，表现出内在成因上的联系，亦即可视为海洋—大气耦合系统的两方面表现，故从 20 世纪 80 年代初开始，人们又将三者合称为 ENSO——恩索。恩索的的主要特征是：当赤道东太平洋水温异常升高（或降低）出现正（或负）距平时，南方涛动指数 SOI（一般指塔希提岛减达尔文的气压差）出现异常低（高）相位，近年来还发现，北太平洋也有类似的振荡。

恩索大约有 3~7 年的准周期，故有人称为 ENSO 循环，而且其影响并不限于赤道附近区域。20 世纪后半期已发生过 17 次，其中 1982—1983 年的强厄尔尼诺造成了非洲干旱、澳洲大火、中美洲豪雨，秘鲁北部 6 个月降雨 2 540 毫米，为多年平均量的 340 倍，河水流量超常 1 000 倍。1997—1998 年的厄尔尼诺爆发和迅猛发展，导致美国暴风雨成灾，巴拿马干旱，巴拿马运河禁航，秘鲁渔获骤跌，印度尼西亚大火肆虐，我国水灾空前。

厄尔尼诺对中国的影响是多方面的，仅就气候而言其影响也很显著：厄尔尼诺爆发年，登陆的台风和热带风暴减少，如 1982 年、1997 年和 1998 年就只有 4 个；渤海和黄海气旋明显减少，而东海气旋活动明显增加；北方夏季易出现干旱、高温，如 2009 年；南方易发生低温、洪涝，且在厄尔尼诺年后的次年仍发生洪涝，如 1931 年、1954 年、1998 年和 2010 年，都发生了全国性的严重洪涝灾害；厄尔尼诺年后的冬季，北方出现暖冬，如 2007 年。相比之下，拉尼娜的影响和破坏力没有厄尔尼诺那么严重。

5.5.4　海上天气系统发展中的海—气相互作用

海洋除了和大气环流、长期天气过程及气候变化有强烈作用外，还与海洋上发生的天气系统，例如热带辐合带、副热带高压及热带气旋等存在着明显的相互作用。

热带辐合带在全球并未发展成一条完整的带，显然，这与海洋有关：在热带洋面上，辐合带导致相当暖湿的气流辐合上升，释放大量的潜热能量，对流得以强烈发展，可以形成积雨云、雷暴和阵雨；反过来，这又削弱了当地的太阳辐射，导致原有的辐合减弱甚至消失；然而在云区边缘仍有较强的太阳辐射，于是可以形成新的辐合区。由卫星云图分析可证实，热带辐合带并不是定常的连续云线，而是由一些自东向西移动着的云团组成的。

热带辐合带在西太平洋和东印度洋的位置随季节变化有显明地移动，冬季可在 5°S，夏季可达 15°N 附近，这与"暖池（warm pool）"及其轴线的季节变化密切相关。所谓暖池是指在热带西太平洋和东印度洋长年存在的上层海水温度超过 28℃ 的宽广的水域，占全球热带海洋面积的 35% ~ 45%。暖池的东西向轴线与热带辐合带的位置基本上是一致的。正是暖池供给大气充分的热量和水汽，有利于驱动大气产生对流。暖池及其轴线的季节变化，与热带辐合带的位置南移北推是互为相应的。

即使在暖池之外，如东太平洋和大西洋，热带辐合带与热带大洋表层水温暖水轴线也有很好的对应，以大西洋吻合最好，东太平洋次之。就全球而论，两半球的热带辐合带都是夏季与表层海温暖水轴的关系更好。

副热带高压是反气旋式环流，高压区内下沉气流强，云量少，太阳辐射强烈，致使海水蒸发旺盛而盐度增大，在北太平洋可达 35.0 以上，南太平洋和印度洋在 36.0 以上，大西洋可达 37.0 以上。反气旋式大气环流驱动海水运动的效应是使海水辐聚下沉，从而促进了大洋次表层高盐水团的形成。

热带气旋之所以能发展为台风，其能量有赖于空气对流上升水汽凝结释放出大量的潜热，而高温高湿空气的供给，唯有在暖季高温的洋面上才可以充分保证。研究指出，表层海水温度在27℃以上才能形成台风，故而东南太平洋和南大西洋没有台风生成。统计表明，暖池内发生的台风占45%以上；由太平洋暖水轴线向东延伸至中美洲西岸，洋面水温27℃以上者，可以生成16%；北大西洋相应海域能生成11%。

台风形成需要大气低层有辐合流场，辐合上升能使之凝结释放潜热、加热大气而持续上升，继之海面气压再降，辐合气流进一步加强，才有利于台风形成。热带洋面上的辐合流场就有热带辐合带和东风波等，故80% ~85%的热带气旋生成于热带辐合带，而全球每年发生的热带气旋中约有一半至三分之二可以达到台风或飓风的强度。

在台风掠过的洋面，风驱动使表层海水有从中心向外流动的分量，即导致海水辐散，辐散将衍生下层海水向上涌升，致使海面水温降低。台风过后引起大范围海面水温下降而出现冷水区，称为"冷尾迹"或"冷尾流"。降温即降低了洋面的热量和水汽供应，故不利于后续台风的形成和发展，反倒可使其减弱或改变路径。海面温度下降到最低值的时间，大约在台风过后3天，海面温度恢复到正常，平均需10天左右。

复习思考题

1. 大气组成成分有什么特点？与人类活动的关系如何？
2. 大气的铅直向分布和水平分布各有何特点？
3. 表征大气环境特征的主要物理量是什么？
4. 平均大气环流有哪些主要特征？
5. 何谓季风？试论季风对我国近海环境的影响。
6. 何谓气团与锋面？锋面的天气特征如何？

7. 何谓温带气旋与爆发性气旋？有何影响？

8. 副热带高压有何特征？对我国气候有何影响？

9. 何谓热带气旋？试论台风的特征。

10. 试述台风的源地、移动路径以及对我国的影响。

11. 何谓寒潮？入侵我国的主要路径如何？

12. 试论海雾的种类及危害。

13. 何谓地方性风？试述你了解的地方性风。

14. 试论海洋—大气相互作用的方式与意义。

15. 何谓恩索？对气候的影响如何？

16. 试论海上天气系统发展过程中的海—气相互作用。

参考文献

1. 冯士筰，李凤岐，李少菁 . 2006. 海洋科学导论［M］. 北京：高等教育出版社.

2. 钱易，唐孝炎 . 2001. 环境保护与可持续发展［M］. 北京：高等教育出版社.

3. 中国大百科全书 . 1987. 大气科学·海洋科学·水文科学［M］. 北京：中国大百科全书出版社.

4. 全国科学技术名词审定委员会 . 2007. 海洋科技名词［M］.（第二版）. 北京：科学出版社.

5. 阎俊岳，陈乾金，张秀芝，等 . 1998. 中国近海气候［M］. 北京：科学出版社.

6. 孙湘平 . 2006. 中国近海区域海洋［M］. 北京：海洋出版社.

7. 周静亚，杨大升 . 1994. 海洋气象学［M］. 北京：气象出版社.

8. 李崇银 . 1995. 气候动力学引论［M］. 北京：气象出版社.

9. 曾呈奎，徐鸿儒，王春林 . 2003. 中国海洋志［M］. 郑州：大象出版社.

6 海洋环境化学

6.1 海水的化学组成与环境特征

6.1.1 海水的化学组成

海水最主要的成分是水（H_2O），但海水又是一种多组分的混合液体，既有溶解的无机盐类、有机化合物和气体，也有不溶于液相的物质。已测出海水中的元素达 80 多种，依其含量及受生物影响的大小，一般分为 5 类：主要成分、营养元素、微量元素、溶解气体和有机物。

6.1.1.1 主要成分

计 11 种，又称为大量元素，因除组成水的 H^+ 和 O^{2-} 之外，5 种阳离子 Na^+、Mg^{2+}、Ca^{2+}、K^+、Sr^{2+}，5 种阴离子 Cl^-、SO_4^{2-}、CO_3^{2-}（HCO_3^-）、Br^-、F^- 以及分子形式的 H_3BO_3，它们的浓度均大于 1 毫克/千克。况且它们的总量可占海水总盐度的 99.9%（图 6-1），故称为主要成分。

海水主要成分不仅含量大，而且各成分之间的浓度比值近似恒定，基本上不随海洋生物活动和海水总盐度的变化而改变，所以又称为保守元素或常量元素。需要指出的是：CO_3^{2-} 和 HCO_3^- 的保守性稍差一些，因为与 Ca^{2+} 易生成 $CaCO_3$ 沉淀，海洋生物的光合作用和呼吸作用也对总 CO_2 浓度有影响；在大陆径流影响显著的海域，SO_4^{2-} 与 Cl^- 之比会偏高，而在某些缺氧海域因硫酸盐还原细菌作用则比值偏低。

S_i 在海水中的含量有时也大于 1 毫克/千克，但是其浓度受海洋生物

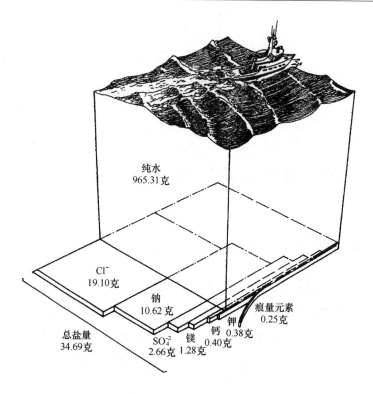

图 6 - 1　海水的化学组成

活动影响大而不稳定，所以不列入主要成分之中。

6.1.1.2　营养元素

营养元素又称为生源要素或营养盐。若仅就"营养"而言，海水中许多主要成分和微量金属也是海洋生物的营养成分，然而在海洋环境化学中一般只把氮、磷和硅元素的盐类称为海水营养盐。《海洋科技名词》定义海水中溶解营养盐为："海洋生物赖以生存的溶解于海水中的磷酸盐、硝酸盐、亚硝酸盐、铵盐和硅酸盐。"它们在海水中的含量受海洋生物的影响很显著。反过来，它们在海水中含量的高低又会对海洋生物的繁育有相应的制约：含量相对低或营养盐比例失衡，浮游植物生长会受限制，如氮限制或磷限制，故它们又被称为"生物制约元素"；而含量过高又会导致"富营养化"。

海水中还有含量更少的痕量元素，如 Fe、Mn、Cu、Zn、Mo、Co 等，也与海洋生物的生命过程有密切关系，称为"痕量营养元素"，但通常将它们归入"微量元素"讨论。

6.1.1.3 微量元素

在海水中含量低（低于 1 毫克/升）而又不属于营养元素者称为微量元素。它们广泛地参加海洋的生物化学循环和地球化学循环，并且参与海洋环境各相界面的交换过程，例如海水－河水、海水－大气、海水－海底沉积物、海水－悬浮颗粒物、海水－生物体等界面的交换。

微量元素的种类多、来源不一，在海水中的存在形态有溶解态、悬浮态，也有胶态。溶解态中以自由金属离子以及无机离子和无机络合物形式居多；在近岸河口海域有机物含量高于正常值时，则以有机络合物、螯合物或结合在高分子有机物上居多。成胶态和悬浮态的微量金属元素也主要存在于近岸及河口海域。由于它们在海洋沉积物、水中悬浮物以及海洋生物体中较易富集，所以 Hg、Cd、Pb、Cr、Zn、Cu 等可作为海洋环境重金属污染的重要指标元素。

6.1.1.4 溶解气体

广袤的海面作为无际的大气的下垫面，两者时时刻刻都在相互作用，大气中所有的成分如氧、氮、二氧化碳和惰性气体等都可溶入海水中，通常情况下，进入与逸出海面达成平衡。

溶解氧与海洋生物活动有密切关系，呼吸作用消耗氧，而光合作用释放氧；二氧化碳也参与海洋生物过程，它们被称为活性气体或非保守气体。作为重要的温室效应气体，二氧化碳能被海洋吸收，可降低温室效应。氮气和惰性气体则不参与海洋生物和海洋化学过程，称之为保守气体或非活性气体，它们在海洋中的分布仅受制于海水物理环境和过程的影响。

当海水中缺乏氧时，往往会出现 H_2S 和 CH_4 等。CH_4 和 CO_2 等属于"温室效应"气体，而二甲基硫（DMS）属于"负温室效应"气体。它们对地球环境的影响倍受人们关注。

6.1.1.5　有机物

海水中的有机物非常复杂，既有溶解有机物，也有大至鲸类而小至悬浮颗粒类型的有机物。溶解有机物主要有氨基酸类、糖类、脂肪类、尿素、维生素等，也有能抵制氧化和细菌分解的腐殖质化合物。后者如海水腐殖质和黄色物质，它们类似于土壤中植被分解生成的腐殖酸和富里酸等，而其与金属离子的相互作用对海水中金属元素的化学形态、毒性、迁移等影响很大。悬浮颗粒有机物包括活的或死的生物体以及悬浮的生物粪便、碎屑或有机高分子物等。

依化学分类，海水中有机物可分为碳水化合物、脂肪、蛋白质和元素有机化合物等。海水中有机物对海洋水质的影响也相当显著。

6.1.1.6　海水中的放射性同位素

海水中已发现有多种放射性核素，既有天然来源的，也有人类活动造成的。

天然放射性核素可以分三类。其一是铀系（U）、锕系（Ac）和钍系（Th）三大天然放射系元素产生的放射性核素，仅钍就有 ^{227}Th 至 ^{234}Th 8 种。其二是宇宙射线与空间物质作用的产物，如 ^3H、^{14}C、^{32}Si 等。其三是不成系的长寿命放射核素，如 ^{176}Lu、^{40}K、^{87}Rb 等，它们的半衰期可长达 $10^9 \sim 10^{16}$ 年。它们的含量大都处于稳定状态，构成了海洋放射性本底。

人工放射性核素在早期以核武器爆炸的裂变物、活化产物和残余物为主，禁止在大气层核试验后有所减少。然而核电站、军用核工厂和核动力舰艇等排入海洋的放射性废物却有增无减，特别是它们的事故性泄漏时有发生；2011 年 3 月日本福岛核电站的泄漏即造成严重污染。20 世纪美、英、日及西欧一些国家先后向太平洋、大西洋底投放各类容器包装的放射性废物，也是潜在的放射性污染源。

6.1.2　海洋化学环境的特点

6.1.2.1　组成要素绝对含量的巨大差异性

在每千克海水中，平均有纯水 965.31 克，占了绝对的优势，其他成分仅有 34.69 克（图 6-1）。况且，后者的组成比例同样差异悬殊——11 种"主要成分"占了 99.9%，其余只及 0.1%，多数为微量元素甚至为痕量元素，它们在海水中的浓度很低，量级为 10^{-6} 甚至 10^{-12}。主要成分中仅 Cl^-、Na^+、SO 和 Mg^{2+} 即占总量的近 98%，故最简单的人工海水可用 $NaCl + MgSO_4$ 配制而成。

6.1.2.2　大洋海水常量元素浓度比值的近似恒定性

这是海水盐度早期定义和测定方法的主要依据。世界大洋水域的连通性和海水混合的普遍性，是导致常量元素浓度比值近似恒定的外部原因，而内在条件却是组成要素比例的巨大差异性——盖因"主要成分"占了绝对优势，而微量元素特别是痕量元素对常量元素的浓度比影响甚微。

当然也有局部海域，其比例与开阔大洋水域是会偏离的，特别是人类活动频繁、干扰强烈的局部海域，其组成比例的偏离更会增大。

6.1.2.3　海水的电中性

在海水中，因其正、负离子的当量浓度基本上是相等的，故海水是电中性的。

6.1.2.4　海水的弱碱性

纯水的酸碱性适中，是中性的，其 pH = 7。海水因溶有盐类而 pH 稍高于 7，即呈现为弱碱性。全球表层海水的 pH 平均值约为 8.2，变动范围一般为 7.3 ~ 8.5，当海水被污染或受到其他冲击时，pH 会超出正常变动范围。

海水的弱碱性，有利于海洋生物利用碳酸钙生成介壳。海水 pH 的变幅较小，也有利于海洋生物生存繁衍。

6.1.2.5 海水具有缓冲能力

海水具有一定的缓冲能力，主要是受海水二氧化碳系统控制使然。海水二氧化碳系统是包括溶解在海水中的二氧化碳、碳酸、碳酸氢根离子和碳酸根离子的平衡物系。海洋与大气之间的二氧化碳交换，海洋中生物的光合作用及呼吸作用，海水中无机物的氧化－还原作用，难溶碳酸盐的沉淀溶解过程等，这一系统控制着海水的 pH 不发生明显的变化，使海水维持着相对稳定的酸碱度，从而具有一定的缓冲能力，而且也对大气中的二氧化碳起着重要的调节作用。

6.1.2.6 环境系统边界的开放性

海洋环境系统的开放性对海洋化学子系统的影响是非常显著的。上边界的开放使太阳辐射得以直接制约或间接影响着诸多的海洋化学过程；也导致海水与大气有着广泛而多样的交换，例如气体的溶入与逸出以及大气干、湿沉降物进入海洋，致使溶解氧、温室气体与负温室气体等成了海洋环境研究的热点。侧边界的开放，有利陆源物质大量进入海洋，陆地径流、废污水排海、农药化肥面源污染成了海洋环境污染研究和治理的重点。底边界有沉积和再悬浮，即海水中悬浮物与溶解物质进行吸附、解吸、富集重金属和有机物而最后沉积；反之，再悬浮又可导致沉积物重新进入海水中。近年来，关于海底热泉和冷渗口对局部海域环境化学的影响也倍受关注。

6.1.2.7 海洋环境化学资源的低浓度、高储量

通观海水化学资源，对大多数元素而言，它们在海水中的浓度是相当低的。然而，由于海洋水体浩瀚，其储藏量却是相当高的。

6.1.3 海水化学资源

海滨砂矿资源、海底油气资源、洋底多金属结核以及热液硫化物等，一般都归入海洋矿物资源，下面介绍海水的化学资源。

6.1.3.1 淡水和重水资源

海水的 96.5% 是纯水，即淡水，其总资源量可达 13.4×10^{17} 吨，约为陆地上河流、湖泊及地下水总量的 21 倍。随着陆地上淡水资源的日趋紧缺，人们对储存于海洋中的巨量淡水资源更为关注，海水淡化业成了前景诱人的新资源产业。我国人均淡水量不到全球平均水平的 1/4，更需要大力发展海水淡化业。

在海洋中还蕴藏着由氢的同位素氘（^2H 或 D）、氚（^3H 或 T），与氧化合的重水。海洋中重水的总储量可达 2.5×10^{15} 吨。重水广泛用于热核反应，若能实现核聚变，更是潜在的巨大能源。

6.1.3.2 金属元素资源

据计算，作为航空业重要原料的镁，在海水中的总量达 $1\,800 \times 10^{12}$ 吨，目前在全球生产的镁中，有 60% 是从海水中提取的。钾是化肥和重要制造业的原料，在海水中的储量达 547×10^{12} 吨，我国目前主要从盐田卤水中提取钾。锂被称为"能源金属"，在海水中的储量达 $2\,500 \times 10^8$ 吨。核能原料铀在陆地上稀缺，而在海水中的储量可达 50×10^8 吨，为陆上储量的 4\,500 倍，潜在应用前景广阔。

6.1.3.3 卤族元素资源

溴是重要的医药、化工、农业、军事工业原料，但它属于典型的海洋元素。在海水中储量约 92×10^{12} 吨，为陆上资源的 99 倍。目前世界年产溴约 40 万吨，其中有 80% 是由海水中提取的。

碘是人体必需的微量元素，也是重要的工、农、医药工业原料。在卤族元素中其储量最低，但在海水中却有 822×10^8 吨。

氯在海水中含量很高，浓度可达 19.35 克/千克，主要存在形态为 NaCl，即食盐。海水中食盐的总储量达 3.4×10^{16} 吨，全球人均可达 5.15×10^{6} 吨。我国海盐产业历史悠久，粗盐年产量多年来稳居世界第一位。食盐既是人们的生活必需品，也是重要的化工原料。

6.2　海洋环境化学主要参数

描述海洋环境化学状况的参数较多。我国颁行的《海水水质标准》（GB3097 - 1997）计有 35 项，其中，除水温、大肠菌群、粪大肠菌群、病原体明显不属于化学外，其余均与化学有关，特别是第 8 ~ 35 项全为化学参数。即 pH、溶解氧、化学需氧量、生化需氧量、无机氮、非离子氨、活性磷酸盐、汞、镉、铅、六价铬、总铬、砷、铜、锌、硒、镍、氰化物、硫化物、挥发性酚、石油类、六六六、滴滴涕、马拉硫磷、甲基对硫磷、苯并（a）芘、阴离子表面活性剂、放射性核素。海洋沉积物质量标准项目中，也包括汞、镉、铅、锌、铜、铬、砷、有机碳、硫化物、石油类、六六六、滴滴涕以及多氯联苯等化学类参数。

本节仅简要介绍几项。

6.2.1　海水 pH

表征物质的酸度或碱度可用 pH，海水 pH 定义为"海水氢离子活度 α_{H^+} 的负对数"。即

$$\text{pH} = -\lg\alpha_{\text{H}^+} \qquad\qquad (6-1)$$

式中 α_{H^+} 为氢离子活度（有效浓度）。纯水 pH = 7 为中性；越小于 7 表明溶液的酸度越高，即含有更多的酸；大于 7 越多表明溶液的碱性越高，即含有更多的碱。海水 pH 的变动范围大致在 7.3 ~ 8.5，大洋表层一般为 8.2 左右，可见海水通常呈弱碱性。我国海水水质标准规定，一、二类水质的 pH 为 7.8 ~ 8.5，同时不超出该海域正常变动范围的 0.2pH 单

位；若 pH 为 6.8~8.8 且超出其海域正常变动范围的 0.5pH 单位，则为三、四类水质。①

海水是一个庞大的碳酸盐缓冲体系，海水 pH 被视为二氧化碳系统的一部分，其量值的分布和变化规律与碳酸盐缓冲体系的变化有非常密切的关系。制约大洋海水空间分布的三大因素如下。

（1）温度的影响——表层水温降低时，有利于大气中二氧化碳的溶解，可使表层海水降低；反之，可促进表层海水向大气释放二氧化碳而致升高。渤海冬季水温较低，pH 为 8.1~8.2，东海黑潮区水温高，其 pH 全年高达 8.24~8.34。

（2）生物的作用——浮游植物光合作用旺盛之时吸收大量二氧化碳，导致海水上层 pH 升高。下层海水则因沉降的生物有机物分解，增加了二氧化碳而致 pH 下降。东海黑潮区底层即为 pH 的低值区。

（3）环流的效应——水平环流可以影响海水 pH 的区域性变化，铅直向的环流则对于海水的铅直向分布变化施加作用。通常下层海水的 pH 较低，若下层海水借助环流上升而达表层时，则会使相应海域表层 pH 降低；赤道太平洋上升流海域以及东海浙江外海海域上升流区即如此。近岸环流，特别是江河冲淡水的大量注入，将导致相应海域 pH 有显著变化，如黄海东侧汉江口、东海西侧长江口和钱塘江口附近海域。

6.2.2　溶解氧

单位体积海水中溶解的氧气的量称为氧气的溶解度，简称为溶解氧，记为 DO，常用单位是毫克/升（mg/L）或毫升/升（ml/L）。海水中的溶

---

① 按照海域的不同使用功能和保护目标，海水水质分为四类：

第一类：适用于海洋渔业水域，海上自然保护区和珍稀濒危海洋生物保护区。

第二类：适用于水产养殖区，海水浴场，人体直接接触海水的海上运动或娱乐区，以及与人类食用直接有关的工业用水区。

第三类：适用于一般工业用水区，滨海风景旅游区。

第四类：适用于海洋港口水域，海洋开发作业区。

解氧来源主要有 2 个，即大气中氧气通过海面的溶入以及海洋植物的光合作用产生。虽然大气中的氧气仅有 1% 溶入海水，但溶解氧却占海水中总溶解气体的 36% 左右。海水中溶解氧的平均浓度约 6 毫克/升。

海水中氧的溶解度随海水温度、盐度的升高而降低，反之则升高。海洋生物的光合作用使溶解氧增多，而海洋生物的呼吸作用则消耗氧，因此溶解氧成了海洋水质质量的重要指标参数。我国海水水质标准规定：一、二、三、四类水质的溶解氧含量，应分别大于 6 毫克/升、5 毫克/升、4 毫克/升、3 毫克/升。当水体缺氧时，硫酸盐还原菌能将硫酸盐和含硫化合物还原为硫化氢，硫化氢气味恶臭且对大多数生物有毒害作用。硫化氢的存在是环境贫氧或完全缺氧的表现，除了厌氧性细菌，无其他生物生存。黑海的深水层、亚速尔海、波罗的海都有硫化氢聚集现象。

由于海洋植物的光合作用在上层最活跃，故海洋表层溶解氧含量最丰富；当然，因受日照昼夜变化的影响，表层氧含量最高值出现于午后 2～3 时而最低值在夜间 3 时前后。随水深的增加，光合作用减弱而呼吸作用耗氧增多；当氧的生产量与消耗量恰好相等时，该深度即为溶解氧的补偿深度。水质清澈的马尾藻海补偿深度可达 100 米，一般海区多为 20 米上下，浅海近岸甚至只有 1～2 米。大西洋深层水团因源于西北大西洋上层水的下沉，故溶解氧含量较高，其高氧水舌的向南伸展可视为大洋深层水团扩展的迹象。

6.2.3　化学需氧量和生化需氧量

在浅海近岸海洋环境中，除海洋生物消耗氧气之外，陆源废污水有机物的分解也消耗氧，这类需氧有机物（称为需氧污染物）越多消耗的氧也越多，则可使水质恶化。换言之，一定海域中需氧有机物含量的多寡在某种程度上可以体现其水质的劣优。因此，海域的水质状况也可用该海域中需氧有机物可能消耗氧的量来表征，这就是生物耗氧量（biologycal oxygen demand）或称生化需氧量（biochemical oxygen demand），记为 BOD。

定义为："水中有机污染物在好氧微生物作用下，进行好氧分解过程中所消耗水中的溶解氧的量。"其测定方法是在 20℃ 下培养 5 天所消耗的氧量，记为 BOD_5，即 5 日生化需氧量。《海水水质标准》规定，一、二、三、四类水质的 BOD_5，分别为不大于 1 毫克/升、3 毫克/升、4 毫克/升、5 毫克/升。

化学需氧量（chemical oxygen demand，COD）定义为："水体中易被强氧化剂氧化的还原性物质所消耗氧化剂折算成氧的量。"不用放置 5 天即可快速测定，而且与 BOD 有一定的关系，因此也可用以表征海水水质，依《海水水质标准》规定，一、二、三、四类水质的 COD 应分别为不大于 2 毫克/升、3 毫克/升、4 毫克/升、5 毫克/升。

在某些海域，当水体 COD 值异常偏高时，往往也测得叶绿素 a 浓度高，这表明在该海域中浮游植物繁衍，容易发生水华甚而赤潮。

6.2.4 漂浮物质和悬浮物质

《海水水质标准》中还列有对漂浮物质和悬浮物质的规定。前者指海面上的油膜、浮沫和其他漂浮物，若出现此类漂浮物则水质劣于四类。后者指能在海水中悬浮相当长时间的固体颗粒物，是不可溶于海水的物质，简称为悬浮物或悬浮体，又称为悬浮固体或悬浮胶体。当然，这些悬浮颗粒物最终大都沉降于海底，至于沉降的速度则和其粒径的大小以及几何形状密切相关。悬浮颗粒物由于其表面积较大，又常选择吸附有机负离子而成为带电体，故能吸附和解吸海水中的溶解物质，从而富集重金属和有机物，所以常常成为微生物的载体，为它们的繁殖提供有利条件。

一般是用平均孔径为 0.45 微米的滤膜过滤海水样品，所能阻留的固体物为悬浮颗粒物。其组分为两大类：有机组分和无机组分。前者主要是生物残骸、排泄物和分解物，由碳水化合物、蛋白质、类脂物质和壳质等组成。后者包括石英、长石、碳酸盐和黏土等来自大陆的矿物碎屑，也有在海水化学过程中的次生矿物如硅酸盐类、碳酸盐类与水合氧化物等。

大洋和外海悬浮物数量少、粒度小，故水质清澈、透明度大、水色高。浅海近岸特别在河口区往往悬浮物多、粒径较大，常有"最大浑浊带"，对海水声学和光学性质影响明显，水色低、透明度小、水质下降，限制了浮游植物的光合作用，使海域初级生产力降低。

6.2.5　海水中总氮

海水中总氮定义为："海水中的溶解无机氮、溶解有机氮、颗粒氮和胶体氮的总和。"

海水中的溶解无机氮（DIN）有 N_2、N_2O、NO、NO_3^-、NO_2^-、NH_4^+。其中 N_2 几乎为饱和状态，浓度最高，但绝大多数植物不能直接利用（除非转化为化合态的氮）。海洋植物能直接利用的是 NO_3^-、NO_2^- 和 NH_4^+，这 3 种离子常被称为氮营养盐。"主要无机离子中的最高氧化态 NO_3^- 的化合物"称为"海水中硝酸盐"，以 $NO_3^- - N$ 表示；"主要无机离子的氮化合物中的还原态 NH_4^+ 的化合物"，称为"海水中氨氮"，记为 $NH_4^+ - N$；而"海水中一氧化氮"是"海水中无机离子氮化合物中最不稳定的氮氧化物，以 $NO - N$ 表示"。

海水中溶解有机氮（DON）是指"存在于海水中含有一个或多个氮原子的有机化合物"，主要为蛋白质、氨基酸等含氮有机化合物。海水中颗粒有机氮（PON）是指"海水中以颗粒态存在的有机氮"，包括活的微生物的机体组织、生物碎屑和含氮排泄物等。海水中的胶体氮则是指"海水中以胶体粒子形态存在的氮化合物"。

近海环境中，NO_2^- 和 NH_4^+ 一般含量很低，甚至难以检出，但若缺氧时有机氮不能完全氧化，再加还原性微生物活动旺盛，可使水体中 NO_2^- 和 NH_4^+ 含量升高，与之密切相关的非离子氨对生物有一定的毒害作用，海水水质标准中即对非离子氨有相应规定。

6.2.6　海水中总磷

海水中总磷定义为：存在于海水中的溶解无机磷（DIP）、溶解有机磷（DOP）、颗粒有机磷（POP）、颗粒无机磷（PIP）和胶体有机磷（COP）以及活性有机磷（LOP）的总和。

通常所说的"海水中磷酸盐"，有狭义也有广义的理解。狭义是指"海水中存在的营养磷酸化合物和溶解态的无机磷，主要以 HPO_4^{2-} 和 PO_4^{3-} 以及 $H_2PO_4^-$ 和 H_3PO_4 形式存在"。广义则是把颗粒态（包括胶态）磷酸盐也计入其中。

"海水中有机磷"是指"存在于海水中的溶解有机磷（DOP）、颗粒有机磷（POP）和胶态有机磷（COP）等有机磷化合物"。所谓"海水中胶体磷"是指"海水中以胶体粒子形态存在的无机磷和有机磷"。颗粒无机磷（PIP）主要以磷酸盐矿物形式存在于悬浮颗粒中，以河口区含量高，而颗粒有机磷（POP）包括生物有机体和有机磷碎屑中所含的磷。

依现行海洋调查监测规范，测定海水中磷酸盐的分析是采用磷钼蓝分光光度法，测出的是 HPO_4^{2-}、PO_4^{3-} 和 $H_2PO_4^-$ 的总和，即海水中溶解无机磷（DIP）的量，而通常即记为 PO_4^{3-}，也称为磷营养盐或活性磷酸盐。

6.3　海洋环境污染及海洋化学污染物

6.3.1　海洋污染、海洋环境污染及海洋污染物

联合国海洋污染科学问题专家联合组（GESAMP）于 1970 年定义"海洋污染（marine pollution）"为："人类直接或间接把物质或能量引入海洋环境，其中包括河口湾，以致造成损害生物资源，危害人类健康，妨碍包括捕鱼在内的各种海洋活动，损坏海水使用质量及减损环境优美等有害影响。"1982 年《联合国海洋法公约》进一步明确"'海洋环境污染

（pollution of marine environment）'是指：人类直接或间接把物质或能量引入海洋环境，其中包括河口湾，以致造成或可能造成损害生物资源和海洋生物，危害人类健康，妨碍包括捕鱼和海洋其他正当用途在内的各种海洋活动，损害海水使用质量和减损环境优美等有害影响。"其定义指出"人类"对"海洋环境"的污染，是"造成或可能造成"下述"有害影响：①损害生物资源和海洋生物；②危害人类健康；③妨碍包括捕鱼和海洋其他正当用途在内的各种海洋活动；④损害海水使用质量；⑤减损海洋环境优美。

在《海洋科技名词》中，明确了"海洋污染"和"海洋环境沾污（marine environmental contamination）"在程度上的差别。指出"海洋环境沾污"为："人类直接或间接地把物质或能量引入海洋环境，以致发生减损海洋环境质量，但尚未达到所定义的污染的程度。"

在《海洋科学导论》中，曾把"海洋环境损害"与"海洋污染"加以区分。1999年底修订的《中华人民共和国海洋环境保护法》，在第十章附则中对若干用语的含义进行了确认，其第1款就是"海洋环境污染损害"。《海洋科学导论》列出的"海洋环境损害"有拦海围垦、滥采砂石、过度捕捞、砍伐红树林、毁坏珊瑚礁以及不合理的近岸设施和海洋工程等，它们对海洋环境的损害是显而易见的，但不一定构成"海洋环境污染"。真正造成或可能造成海洋环境污染的是：陆源性污染，如废污水排海、温排水、农药化肥等面源污染；气源性污染，如废污气体的干、湿沉降等；海源性污染，如海洋石油天然气污染、海水养殖污染、海洋倾倒污染等。

对上述海洋污染物，可按不同的标准或条件进行分类。若依海洋污染物的性质可分为：碳氢化合物类（主要是石油类等）；重金属类（主要是汞、铅、镉、铬、铜等）；合成有机物类（主要是多氯联苯、滴滴涕、有机氯杀虫剂等）；营养盐类（主要是硝酸盐、磷酸盐等）；放射性核素（天然放射性核素和人工放射性核素等）；塑料垃圾类（主要是废弃的塑

料容器、包装材料、渔具、渔网等）。从海洋化学的观点看，它们应属于
海洋化学污染物。

6.3.2　海洋化学污染物及其污染致害作用

依《海洋科技名词》定义，海洋化学污染物是"引起海洋环境污染
的各类化学物质"。海洋化学污染物的种类很多，污染致害作用和程度不
尽相同。以下仅介绍最重要、最常见的几种。

6.3.2.1　碳氢化合物污染

碳氢化合物主要指石油类，这是一种复杂的混合物，有不同的分子量
和分子结构，主要成分有碳和氢，但还含有很多成分，如氮和金属元素
等。石油和天然气对海洋的污染，始自勘探、中间经过开采直至运输和消
费的各个环节，特别是海底油气开采的事故性泄漏和海上油轮的失事溢
油，对海洋环境造成的污染及其危害更令人震惊。试举较典型的几起事故
如下：1967 年 3 月"托雷峡谷"号在英吉利海峡触礁溢油 11.7 万吨；
1976 年 3 月"奥林匹克勇敢"号在法国近海溢油 25 万吨；1978 年 3 月
"阿莫克·卡迪兹"号油轮在法国近海溢油 22 万吨；1979—1980 年墨西
哥湾油井溢油 44 万吨；1989 年 11 月美国油轮"瓦尔德兹"号在阿拉斯
加的威廉王子湾触礁，泄出原油 4～5 万吨；海湾战争 1990—1991 年期间
溢油高达 100 万吨；2002 年 11 月巴哈马油轮"威望"号在西班牙西北海
域断裂溢油 7.7 万吨；2010 年 4 月墨西哥湾"深水地平线"号钻井平台事
故漏油 490 万桶。在我国海域 1973—2008 年发生船舶溢油事故 3 000 多
起，溢油量 37 077 吨；其中，"东方大使"号 1983 年在胶州湾溢油 3 343
吨，2004 年两艘外轮在珠江口相撞溢油 1 200 吨；2010 年 7 月 16 日大连
输油管爆炸，2011 年 6—9 月渤海蓬莱"19 - 3"油田溢油，也造成了
污染。

有研究报道，每年约有 $5 \times 10^6 \sim 10 \times 10^6$ 吨石油流入海洋，尽管海难
事故溢油引人注目，其实相当多的海上石油污染却源于船用内燃机燃料的

不完全燃烧和油轮压舱水及洗舱水的排放。

石油对海洋污染的危害是多方面的（图6-2）。在海面因为油膜阻碍海水与大气之间的气体交换以及阳光透射，致使光合作用受限，故溶解氧含量显著降低，从而抑制了藻类生长，继而影响海洋食物链和海洋生态系统。溢油较轻的部分可以挥发，不能挥发的部分则溶解和乳化，最后被海洋微生物降解为二氧化碳等。海上溢油降解的速度和程度取决于原油的组成，如柴油可以在海上很快散布，而6号原油黏性大，可在海上悬浮少动，当然天气状况和海流对其影响也较大。大多数不溶性残渣乳化为小球，或沉入海底或冲向海岸，继续为害。低等海洋动物可因轻质油而致毒，且幼虫受害更大；高等海洋动物也难幸免，鱼类及其卵、仔因油污黏附而致畸致死，海兽及海鸟油污黏身也难于行动和觅食，误食油污亦可致死。波罗的海1952—1962年每年平均有1～4万只鸟死于油污染，1970年英国东海岸一次油污染死亡海鸟5万只，1978年"阿莫克·卡迪兹"号溢油，使沿岸30%的底栖生物窒息而死，200多万只海鸟因原油黏翅不能飞翔觅食而饿死。1989年威廉王子湾溢油也使40多万只本地鸟及100多万只候鸟几遭灭顶之灾。

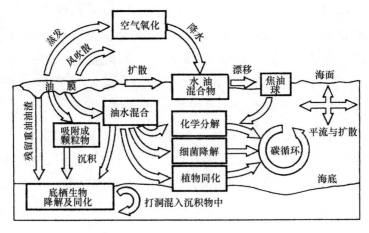

图6-2　海上溢油的污染流程图

石油中的多环芳族烃是致癌物质，低沸点的芳族烃如苯、甲苯和二甲苯毒性很大，高沸点者降解速率很慢，半衰期有的达30年，是长效毒物。

处置海上石油污染的方法和技术发展较快。溢油发生之初首先是用围油栏尽快把溢油围住防止其大范围扩散，其次是采用收油船、收油机将溢油捕集储存起来或者用吸油材料（如天然植物产品、有机合成吸油剂、无机合成吸油剂）将油污吸附起来以减轻污染，但吸油后吸油剂如何回收处理仍需研究解决。近年来，也开发了分散剂和凝固剂。前者是打碎油膜使其变成微粒分散到海水中，有的还把溢油向下扩散，以免海面油膜粘附船舶、礁石、海岸，但因分散剂多含一定毒性，故应慎用；后者是采用凝油剂迅速提高油的黏度，使之结成块状以便于回收，但凝油剂工艺复杂成本高且凝油效果受海浪等制约。石油污染的生物修复技术是利用特定生物如植物、动物或微生物对环境的高度适应性，通过其新陈代谢作用，吸收、转化、吸附或富集以清除或降低环境中污染物的浓度，减少现场污染危害或使其完全无害化。与传统或现代物理、化学修复方法相比，不仅费用低而且无二次污染，在威廉王子湾污染治理中收到一定成效。

6.3.2.2　重金属污染

海水中原本含有一定量的重金属，但本底值很低，不会造成海洋环境污染，况且有的微量金属元素还是生物繁育必需的。但是工业革命以来，人类通过生产、运输、生活等废污水排放，向海洋排入了大量的重金属，在局部海域造成了污染甚至酿成公害事件，如日本的水俣病和痛痛病，就是由汞和镉的污染造成的。目前污染海洋的重金属主要有 Hg、Cd、Cr、Pb、Zn、Cu 等，其相对毒性以汞最大。

海洋生物的种苗和幼体比其成体对重金属污染更为敏感。通过食物链的放大作用，对食用海产品的人，则在其身体某些器官中积累造成慢性中毒。镉积累引起胃、肾脏失调，贫血，骨中钙被镉取代而软化且疼痛难忍。铅的浓度在 0.1~10 毫克/升即可致死鱼类，对人体则是损害神经、造血系统或致癌。铜污染使人贫血、骨骼畸形，致牡蛎变绿；锌可影响人的生育能力，铜、锌协同作用对海洋生物毒性更大。

重金属对生物体的危害程度还与金属的性质、浓度和存在形式有关。例如汞，人若吸入其蒸气会急性中毒，而有机汞毒性比无机汞更高。日本水俣市工厂废水中含有大量汞，排入海湾后无机汞在水环境或鱼体内由微生物作用转化为甲基汞，其毒性更大，通过食物链而使人群和家畜中毒甚至死亡。铬污染可致死水生生物，对人类有致畸、致癌作用，且六价铬（Cr^{6+}）毒性高于 3 价铬（Cr^{3+}），损害肾肝胃肠甚至死亡。Cu^{2+}、$Cu(OH)^+$的毒性大于有机络合的铜。砷的结晶块有类金属光泽，其氧化物称为砒霜，急性中毒可使人数天甚至几小时内死亡，慢性中毒则易诱发肿瘤、皮肤癌、膀胱癌等；然而，美国太空总署（NASA）2010 年 12 月 2 日宣布在加州莫诺湖泥中发现一种细菌能借助砷替换磷繁殖、合成 DNA 和细胞膜。

6.3.2.3　合成有机化合物及农药污染

有机农药的合成及大量使用，导致随河流、地表水和地下水进入海洋的残留农药种类和数量剧增。有机氯农药以苯为原料的品种很多，如滴滴涕、六六六，以及从它们的结构衍生而来的许多杀虫剂、杀菌剂；以环戊二烯为原料的有机氯农药又有氯丹、七氯、艾氏剂、狄氏剂、异狄氏剂、硫丹、碳氯特灵等；以松节油为原料的毒杀芬等也属有机氯农药。有机氯农药结构稳定、不易分解，进入海洋后易吸附在颗粒物上；可随其一起沉降到海底沉积物中而长期存留蓄积，或者随海流而扩散传送；又因为它们有脂溶性，很难从生物体中排除，故能通过生物富集和食物链传递，对海洋生物和人类造成危害。有机磷农药有三大类：硫代磷酸酯类（对硫磷、内吸磷、甲拌磷、马拉硫磷等），焦磷酸酯类（八甲磷、特普、乙硫磷等）和磷酸酯类及其衍生物（敌百虫、敌敌畏和乐果等）。其中甲拌磷、内吸磷、对硫磷等属于剧毒类，甲基对硫磷、二甲硫吸磷、敌敌畏、亚胺磷属高毒类。有机磷农药也造成海洋环境污染，威胁海洋生物正常生长和近海养殖业，甚至酿成人类食用鱼、虾、贝类中毒、死亡事件。

　　在环境中降解缓慢、残留期长、具有生物积累性、毒性强的有机污染物，被列为持久性有机污染物（POPs）。2004 年生效的《关于持久性有机污染物的斯德哥尔摩公约》首批列入的 POPs 为：艾氏剂、狄氏剂、异狄氏剂、氯丹、七氯、滴滴涕、灭蚁灵、毒杀芬、六氯苯、多氯联苯（PCBs）、多氯二苯并对二恶英（PCDD）和多氯二苯并对呋喃（PCDF）。

　　农药的有效成分三环己基锡、苯基锡、三丁基锡，随河流和排污也进入了海洋。海上船舶和建筑工程在防污处理中，使用三丁基锡和三苯基锡可以杀死污着生物（真菌、藻类和软体动物），但也是有机锡污染的重要来源。海洋中悬浮颗粒物和浮游生物对海水中的锡有很强的富集作用，而有机锡对海洋生态系统的损害既是多方面的，也常常是不可逆转的。有机锡可在海洋环境中长期残留，不仅影响藻类光合作用、扰乱动物细胞内线粒体，而且对人类也有影响，如强烈刺激皮肤、黏膜和消化道，还可以引起腹泻等。

　　有机锡（TBT）、二恶英（dioxin）和部分多环芳烃（PAH）等还被列入"环境激素名录"。所谓环境激素是指人类生产和生活过程中释放到环境中的某些化学物质进入生物体后，起到类似于生物内分泌激素的作用，改变生物体内激素的分泌或影响生物的生理机能。其危害是导致海洋生物繁殖异常，降低海洋生物免疫抗病能力，损害海洋动物神经系统，引起行为异常，通过食物链传递和富集，损害人体内分泌功能，甚至增加致癌风险。

6.3.2.4　营养盐污染

　　海水中的硝酸盐、磷酸盐等营养盐类，是海洋生物生长繁衍所必需的，如果含量不足，会成为海洋藻类生长的"限制因子"。由于人类大量使用农药、化肥和合成洗涤剂等，导致临近海域的氮、磷含量过高，出现"富营养化"——"水体中氮、磷等营养物质含量过高的现象"。"过量的氮和磷等植物营养物质对海水环境造成的危害"称为"营养盐污染"。富营养化的后果，往往导致一些藻类迅速生长，形成"有害藻华"。高密度的藻类阻碍了海水透光而限制了光合作用，同时高密度的藻类的呼吸作用也需要大量的溶解氧，两者共同作用则使海水中溶解氧含量显著减少。水体缺氧导致浮游生物和鱼类死亡，死亡生物腐烂又进一步造成水质污染，甚至爆发"赤潮"。

6.3.2.5 放射性废物及放射性污染

放射性废物是"放射性核素活性超过国家规定限值的固体、液体和气体废弃物的统称"。由放射性物质造成的海洋环境破坏称为"海洋放射性污染"。造成放射性污染的各种放射性核素称为"放射性污染物"。

人类对天然放射性已较适应，故主要致害是来自人工放射性核素。核爆炸的裂变和诱生（中子活化）核素可达200多种，不断增建的核工厂向海洋排放低水平放射性废物逐年增加，20世纪投放海底的放射性废物包装器泄露，以及核工厂、核动力舰艇的事故等，都是海洋放射性污染源。2011年3月日本福岛核电污染，至7月仍测得西太平洋海域^{137}Cs和^{90}Sr比我国海域本底分别高300倍和10倍。长寿命的放射性核素如^{90}Sr和^{137}Cs等通过海洋食物链会逐级富集；由于其化学性能与组成人体的主要元素钙、钾相似，故经食物链进入人体后可在一定部位积累，增加了对人体的放射性辐照。其剂量较大的近期效应是神经系统和消化系统症状，继而出现白细胞和血小板减少；超剂量长期作用则可致肿瘤、白血病和遗传障碍。

6.3.2.6 塑料垃圾污染

塑料垃圾丢弃入海之后，因水温低而降解很慢，长期存留危害更大。在太平洋中环流和风力较弱的海域，漂浮垃圾汇集已蔓延达140万平方千米的面积，而且还在增大，俨然有跻身世界"第八（漂浮）大陆"之势，岂不令人担忧！

即使零散的塑料垃圾隐患也不小：海洋动物误当饵料吞食可以致死；随冷却水吸入机舱可损坏机件；渔网、绳索缠绕螺旋桨会酿成事故，海洋鱼类或动物遭到缠绕则难逃致残、致死厄运。至于碎化的塑料也不能很快降解，倒很可能成为悬浮颗粒物而不断吸附重金属或有毒物质，甚至进入海洋食物链，经生物积累、富集、放大，直到端上人们的餐桌。

　　海洋环境污染不可掉以轻心。保护海洋环境是每个人的义务与责任。

复习思考题

1. 简述海水的化学组成。
2. 试论海洋化学环境的特点。
3. 简述海水化学资源及其应用前景。
4. 简述海洋环境化学的主要参数。
5. 简述海水 pH 与其制约因素。
6. 何谓 COD、BOD 和 BOD_5？
7. 试述漂浮物质、悬浮物质及其对海洋环境的影响。
8. 试析"海洋环境沾污"、"海洋环境污染"及其有害影响。
9. 试论海水营养盐和营养盐污染。
10. 简论海洋化学污染物及其危害。

参考文献

1. 冯士筰，李凤岐，李少菁 . 1999. 海洋科学导论［M］. 北京：高等教育出版社 .

2. 全国科学技术名词审定委员会 . 2007. 海洋科技名词［M］.（第二版）. 北京：科学出版社 .

3. 李冠国，范振刚 . 2004. 海洋生态学［M］. 北京：高等教育出版社 .

4. 中国大百科全书 . 1987. 大气科学·海洋科学·水文科学［M］. 北京：中国大百科全书出版社 .

5. 中华人民共和国国家标准 . 海水水质标准（GB3097 – 1997）.

6. 海洋图集编委会 . 1991. 渤海、黄海、东海海洋图集 . 化学［M］. 北京：海洋出版社.

7. 1983. 联合国第三次海洋法会议［M］. 北京：海洋出版社 .

7 海洋生态与资源

海洋生态学（marine ecology）是研究海洋生物的生存、发展、消亡规律及其与理化、生物环境间相互关系的学科。本章简要介绍海洋环境与生物的相互影响、海洋生物多样性、海洋生态系统及资源等有关知识。

7.1 海洋环境与海洋生物的互相作用

海洋和陆地都为生命提供了生存空间，然而两者的环境条件差异甚大。海水的密度比空气大、从而浮力比空气大得多，所以绝大多数海洋生物不必像陆地生物那样生长坚实的维管束或骨骼系统以支撑自身的重量，换言之，用于克服重力的能量可以更多地转换用来生长和繁殖。陆地生物常因缺水而无法生存繁衍，海洋生物却无此之虞。陆地气温的区域差异极大，且随时间的变化比较强烈，而海温的时、空变化都小得多。诸如此类的环境要素，都对生物非常有利。

当然，海洋也有一些不利于生物的因素。海水透光率远小于大气，导致了海洋深层的光限制，而海水中营养成分特别是生源要素和微量元素，含量远低于陆地土壤，也成了海洋生物的限制因子。即使海水密度大列为有利因素，在深海却因压力巨大而成了限制因子。海洋水域的广阔是有利因素，但区域分异，特别是地理阻隔，又制约了生物的空间分布。

海洋环境的复杂与多变，和海洋生物多样性有密切的关系。反过来，海洋生物的活动也不断影响着海洋环境，两者之间既适应又制约反馈，从而形成了相辅相成的统一体。

7.1.1 海洋环境分区及其与海洋生物之间的相互关系

依海洋环境生态学的视角，可以将其关注的海洋环境划分为水层和水底两大部分，两者又可进一步划分为不同的生态带。

（1）水层环境

水层环境是指从海洋的表面直到海底的全部海水。由于海域的广阔且水深相差悬殊，故又可分为浅海区（neritic zone）和大洋区（oceanic zone），见图7-1。浅海区又称为沿岸区、近岸区或浅海带，它与大洋区的分界通常取200米水深等值线；此处之上大体相当于水层环境中的真光带——光线较充足的海洋表层，又称透光层，该水层植物光合作用固定的有机碳量超过呼吸消耗的量；此处之下是弱光带，再往下便是无光层，又称无光带——弱光带下方至海底之间日光照射不到的水层。

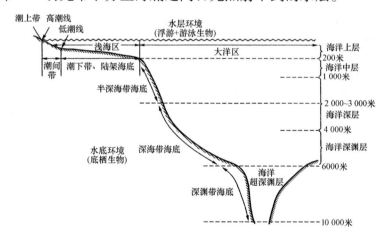

图7-1 海洋环境的生物区带

浅海区受邻近陆地的影响较大，盐度一般较低，且海水理化状况季节变化大，但陆地径流携运来的营养元素和有机物质丰富，故这里海洋生物种类多，成了鱼类栖息、索饵、产卵的主要场所，有的就以重要经济鱼类的渔场而著称。

大洋区又称为远洋区，是陆架以外的全部海域，其水平和铅直范围都很大，又可再分为上层、中层、深层、深渊层和超深渊层，见图 7 - 1。

（2）水底环境

水底环境包括全部海底以及高潮时的海浪能冲击到的海岸带区域。也可以再分为潮间带、潮下带、半深海带、深海带和深渊带（图 7 - 1）。需要说明的是，此处依生态学视角划出的潮下带，比海洋学定义的潮下带范围要大得多，其下界水深可达 200 米。也有生态学家认为，在低纬度光照和水温较高的海域，还可延伸到 200 ~ 400 米。

水底环境是底栖海洋生物的家园。水底环境的复杂和多变，是造就海洋底栖生物纷杂多样的条件之一。

7.1.2   海洋环境要素与海洋生物间的相互作用

海洋生物与其赖以生存的海洋环境，既密切相关又相互影响，各种环境要素之间也在彼此影响和相互制约。由多种海洋环境要素构成的海洋环境复合体，对生活于其中的海洋生物的综合影响，也是海洋生态学关注的重要问题。当然，研究其综合作用并不忽视限制因子（limiting factors）的关键作用，盖因其中常有一个或少数几个环境要素对生物的生存和繁衍是起限制作用的关键因子，当这类要素接近或超过生物的忍受范围时，相应生物的生长、繁殖甚而生存就会受到限制。最大和最小的忍耐水平被定义为该生物对该环境要素的耐受极限或生态幅（ecological amplitude）、生态价（ecological valence）。耐受限度是生物对环境变化的适应能力，也是生物进化过程中对环境要素适应的结果，如潮间带生物的生态幅就比较大。当然，也有某些种类的海洋动物可以迁移而避离限制因子的制约。

7.1.2.1   光照

光是植物进行光合作用的能源，故直接影响海洋有机物质的生产，从而成为食物链和物质传递的起始条件之一。

阳光对地球来说并不稀缺，但进入海水中的光能的多寡却受到各种因素的影响，并且在光透射入海水之后也因散射、吸收而衰减。根据透射光强度与海洋生物生命活动的关系，在铅直方向可以把海洋环境分为3层：真光层、弱光层和无光层。

真光层又称真光带或透光层，位于海洋上层，其光照能充分满足植物生长和繁殖的需要。通常以达到海面光强度1%的水深表示该层的深度。在大洋可达150~200米，而在近岸浑浊水域甚至只有几米。再往下是弱光层，植物已不能有效生长和繁殖，因一昼夜之内植物光合作用生产的量已小于其呼吸作用的消耗；该水层下界深度可达200米以深。从弱光层下限直到海底为无光层，亦称无光带，因从海面透射下来的光照已不具有生物学意义，故植物不能生存，只有一些肉食性和碎食性动物生活于此。然而，在海底热泉或冷渗口，却有一些细菌不靠光而是通过化能合成作用生产有机物。

不同水层光照的差异，影响了浮游植物以及营底栖生活的植物在铅直方向上的分布，尤其是底栖植物由沿岸浅海向下便依次为绿藻、褐藻和红藻；不仅浮游生物的铅直分布与光照有着明显的关联，而且海洋动物的体色也表现出对光照的适应性，有些海洋动物甚至能随周围环境色调而改变自己的体色。光照条件的变化还可影响海洋动物的行为，如趋光性或避光性，甚至洄游性也与光照有关——起到定位、定向作用并影响许多动物性腺的成熟。

7.1.2.2 温度

水温对海洋生物也是极为重要的生态因子。大多数海洋生物对水温各有其适应的特定范围——最适温度和能忍受的最低温度或最高温度；而且在其生长、发育和繁殖各阶段，分别要求不同的水温环境。依海洋生物对水温变化的耐受限度，可分为广温性、狭温性，而狭温性又可再分为暖水种、温水种、冷水种等不同的生态类群。水温的时空分布成了对海洋生物时空分布的无形阻隔：暖水种主要生活于热带、亚热带海域，如珊瑚虫最适宜的水温是23~29℃，低于18℃则不能生存，故其分布海域为暖于

20℃的范围；红树林大致在南北回归线之间；而企鹅只生活在南半球高纬海域。

海水温度的季节性变化，会影响冷血性海洋动物生长的季节性交替，并使某些动物结构起了相应的变化，例如鱼磷、耳石的年轮就是例子。

水温对海洋动物的繁殖影响极大，它们的生殖季节、性产物的成熟和生殖量等大都受温度所制约，尤其在其产卵和胚胎发育阶段对温度要求更为严格。有些种类虽可以在某海域生活，却不能在此正常地繁殖发育，即出现生殖区和不完全发育区之分，因此它们有季节性洄游如越冬洄游，甚而集群长途跋涉奔赴产卵场和育肥海域。

生活于潮间带和近岸水域的一些无脊椎动物，有季节性迁移现象，则与水温的年变化有关。浮游动物不可能长距离迁徙，但随水温的周日变化，有些种类可相应地下潜或上浮。

基于水温对海洋动物性产物的影响，我国从 20 世纪在海洋经济动物增养殖中开展了研究实验，对一些生长速度快、经济价值高但生长期短的种类，用温度控制其性产物按人类的要求加速成熟、适时产卵以延长生长时间，已经在我国对虾、海湾扇贝、牡蛎和一些鱼类养殖中取得了显著成效。

在南、北两半球的高纬度海域上层水中，有很多海洋生物种类的系统分类十分相似，即南北两极生物有很高的亲缘性；然而在居中连接南北的热带海域上层水中却见不到这些生物。这种地理分布称为两极同源（biopolarity），同样也是水温影响海洋生物的典型例证。盖因大洋暖水系只涉及中低纬度海域上层，而大洋冷水系却盘踞于其余的海洋空间（见第 3 章），从而使南、北极区贯通，造成了海洋生物的两极同源。

需要指出的是，潮间带生物对温度变化有着惊人的耐受能力，这是它们对潮间带严酷环境长期适应的结果。

水温异常变化对海洋生物的冲击，最典型的例子是厄尔尼诺现象。当厄尔尼诺爆发时，秘鲁近海水温异常升高，导致沿岸海洋生物大量死亡或逃遁，海鸟也因饥饿而死或逃逸。

7.1.2.3 盐度

海水与淡水最大的差别，在于前者溶解了各种盐类等物质而有"盐度"，从而对生活于其中的生物产生了很大的影响。依海洋生物耐受海水盐度变化范围的大小，可分为狭盐性和广盐性。

狭盐性生物主要是大洋热带性种，它们适应了大洋盐度少变的环境，对环境盐度的变化很敏感，甚至对盐度很小的变化也不能忍受；有些大洋性浮游生物竟然在降水导致表层盐度降低时，也下沉到不受降水影响的下层。生活在浅海沿岸特别是河口区冲淡水域以及潮间带的生物属于广盐性生物，它们对环境盐度较大幅度的变化能够耐受而不致危及生命。这类海洋生物大都具有比较完善的渗透压调节机能，故可在盐度急剧变化的水环境中继续生活。

有些海洋生物在其生命的不同阶段，需求的盐度显著不同。我国对虾产卵和幼体阶段必须到低盐的河口和浅海海域，随着个体的长大则逐渐移向深水高盐区。大麻（马）哈鱼生活在大海之中，但必须到江河产卵，而另一些海洋动物移至低盐水域后往往生育能力降低，甚而停止生殖；鳗鱼及中华绒螯蟹生活在淡水区，但生殖过程必须到海域中完成。

海洋动物区系与海水盐度的关系是显而易见的，尤其无脊椎动物更明显。鱼类中有不少种类属于广盐性，然而，即使这些鱼类也大多不能忍受高过或低于一定限度的盐度，否则它们也和其他海洋动物一样，种类明显减少。在河口区域由于咸、淡两种水体的相互作用，生物区系一般较复杂。从河口向海，水体盐度渐次升高，生物的分布就有与此种盐度分布特征以及与盐度水平梯度大小相应的变化。

黑海的盐度平均只有16，但有两种棘皮动物和两种被囊类属模式海洋生物，故此盐度常被选为海水的最低界限。

7.1.2.4 海水压力

海水的浮力大，有利于海洋植物不必强茎而得叶茂，大多数海洋动物勿需壮骨而可体肥。然而，由于海水密度大，在下层海水的压力也大，所以生活于海洋深层的生物必须承受巨大的压力，在超深渊层压力可达60～100万帕。一些海洋动物有垂直迁移的习性，鱼类就靠充气的鳔来调节，但在深海压力大，有鳔鱼类就难以生存，因此海洋动物也有广深性和狭深性之分。

以往曾把海水静压力对生物分布的阻限作用看得过大，认为深海动物被提升到海面时受伤或死亡是压力剧降所致。后来的研究证实，对于闭管鳔类硬骨鱼类这是事实，但更多的动物却是因水深变化导致的水温骤变使然。典型的例证是从地中海1 650米深处采上来的动物一般均完好，原因是该海区160米至深海底的水温都是12.9℃。再者，深海动物中也有许多是广深性种类，如斧足类和腹足类许多种类的分布，可以从表层铅直向下到2 000米甚至可达4 000米。

狭深性较强的海洋动物如浅水的某些贝类和环节动物以及造礁珊瑚，深海则有某些斧足类和软骨鱼。然而有些研究者认为，压力限制难以主导，很可能是伴有其他因素所致。

7.1.2.5 海水运动

海水永无休止的运动，必然对海洋生物产生不可忽视的影响。潮位涨落对潮间带生物的影响和作用是人所共知的事实。海浪的冲击使栖息于沿岸的动物或者发育出坚硬的保护性外壳，或者以某种方式牢固地附着于基底。生存于海浪较多较大的海域的贝类其外壳厚重得多，珊瑚大多形成圆形或扁平形，而生存在相对平静海域的贝类其外壳较轻较薄，珊瑚则可长成繁茂的树枝状。

海流对海洋生物的影响则是多方面的。直接的作用如对众多浮游生物成体的长途载运，亦有助于营固着生活或行动缓慢的底栖生物的浮游幼体或孢子向异地散布。海流的间接作用也不可忽视，例如上升流可将下层富含营养物质的海水输送到上层，补充了被上层生物消耗的营养物质；上升流还可减少浮游生物的下沉，也可减缓上层水温的上升。上升流海域多是良好的渔场，这是重要原因之一。

海浪卷夹和上层海流还可增强海水的混合，促进了溶解氧增加并向下层传输，从而维持和增进了上层海域的勃勃生机。

7.1.2.6 海水中的溶解物质

大洋海水的盐度较高且具有恒定性，是指海水主要成分特别是保守元素，而营养元素的含量却与海洋生物的生长息息相关。对海洋浮游植物影响最大的是氮、磷和硅，它们含量的过高或过低对海洋生物常起限制作用。海洋中还有不少颗粒性悬浮物，在近岸浑浊水中含量更多；海洋中也溶解了少量有机质，其含量则因地因时而异。近年来研究表明，它们的重要性不可忽视。

氮化合物是植物生长的主要营养物质之一，也是海洋浮游植物生长的决定性因素；与叶绿素的形成关系密切，在缺乏氮的情况下，叶绿素的形成会很快停止。在海洋表层由于浮游植物的生长繁殖，氮含量通常较低；浮游植物大量生长繁殖的季节，氮含量更是急剧下降，甚至减少到0。磷也是浮游生物生长的主要限制因子（但不同类型的浮游生物对磷的适应范围差别较大），在浮游生物大量繁殖的季节或表层，磷含量也会减少，甚至为0。硅对藻类的生长有重要意义，当硅藻类大量繁殖时，海水上层的硅含量会明显降低。锰的含量与缘刺双尾藻的生长有关，故有人将其列为可能的限制因子。曾有人将铁加入马尾藻海海水样中，促进了浮游生物的生长，证明铁有限制因素的相对作用（虽然以往有人认为铁可能是浮游生物生长的限制因子，但浮游生物利用铁的能力很强，故铁的相对量往往超过所需的量，所以不见得有限制作用）。

海水中的溶解氧，一般足以维持水生生物生命活动。对需氧生物而言，是其必需的生存条件；然而厌氧性生物则可以在完全缺氧的条件下生活，黑海在150米以深为完全缺氧状态，就只有厌氧性细菌能生存。需氧性生物还可再分为广氧性和狭氧性两类：前者如潮间带生物（藤壶和牡蛎等）能忍受环境中氧含量的大幅度变化；后者只能忍受氧含量较小范围的

变化。大洋表层生物需要大量的氧才能生活,而海底软泥中的细菌和原生
生物则只需极少量氧。海水中的二氧化碳是植物光合作用的原料,其含量
对海洋植物的生长具有重要的意义。H_2S 是在缺氧条件下的产物,它对大
多数生物具有毒害作用且毒性极强,对鱼类同样有危害,但鱼类大多有对
含 H_2S 水层的回避能力。

　　大洋表层水的 pH 约为 8.1～8.3,深层海水接近 7.5,只在极其特殊
的海域高达 8.6～9.8 或低至 6.6～7.4。几乎所有生物能忍受的 pH 范围为
6.0～8.5,某些潮间带的种类对 pH 的忍受范围较大。

7.1.2.7　海洋沉积物

　　海洋基质为底栖海洋生物提供了生存和发展的空间与条件,也为它们
避免被捕食以及应对环境突变提供了有效的保护。底栖海洋生物在其长期
进化过程中,对于相关的基质环境有了适应,有的还对基质有专一性的要
求。例如船蛆在其幼体阶段必须寻求木质基底完成其生活变态;藤壶、波
纹沟海笋、穿孔海绵等的幼虫也必须找其适宜的基底固着完成变态至成
体,否则幼体只能推迟附着,甚而致死;圆球鼓窗蟹则喜欢栖息于沙质海
底,而不计较是在高潮带、中潮带甚至低潮带。

　　栖息于软基质沉积物的海洋底栖生物,其生物群落的组成结构及其变
化,与沉积物基质以及沉积作用之间存在着极为密切的关系。底栖动物还
分底上(底表)和底内(又包括穴居和底埋的种类)种类:前者摄食活
动局限于海底表面及其下几厘米深;后者则大量挖掘和搬运沉积物。底栖
生物活动对沉积物的再悬浮具有重要作用,在某些情况下生物再悬浮可以
使沉积物与水域之间的颗粒交换率提高 10 倍,可见底栖生物对海底颗粒
物的输送具有明显的影响。

7.1.2.8　生物性环境因素

　　就绝大多数海洋动物而言,生物环境因素诸如群落中的食物联系或营
养联系,对于其存活具有重要的意义和决定性作用。在这些生物联系中,

主要是捕食者与被捕食者，食物与消费者、寄生物和寄主的相互关系，以及因摄食类似而衍生的竞争关系等。

食物联系是非常复杂的，而且必须在一定的非生物性环境中得以实现，它对于海洋动物的数量变动和空间分布有重要的意义。根据海洋动物摄食的性质，可以将它们分为植食（也称草食）动物、肉食动物、尸食动物、寄生动物和杂食动物；按其取食的方式可分为滤食性、渣食性（碎食性）、铲食性（啃食性）、捕食性（掠食性）等；若依食物成分的多寡则可分为单食性、狭食性（寡食性）、多食性（广食性）、泛食性（杂食性）等。适应于不同的摄食方式，它们各有相应的行为方式和器官结构，如滤器（网）、齿舌、螯爪、尖牙、巨口、大胃、锐目、声呐和突袭等；被捕食者也产生了相应的防御适应，如毒器、硬壳、变色、拟态、逃遁、隐藏等；有些鱼类游速惊人，如鲨鱼可达 40 千米/小时，飞鱼可达 65 千米/小时，箭鱼最快可达 130 千米/小时。

寄生现象以及共生（或互惠共生）和共栖现象等，对生物进化理论研究很有意义。

7.1.3　人类活动的影响

从海边拾贝至煮海为盐，从舟楫之便到开发海洋，人类对海洋环境施加的影响愈来愈趋强烈，对海洋生物的干扰和过度利用既成不争的事实，甚至有的已超出了生态阈限——生态系统忍受一定程度外界压力维持其相对稳定性的临界限度，当然也已尝到了自酿的苦果。

7.1.3.1　海洋环境污染的影响

随着临海产业的发展及海上活动的频繁，海洋环境污染愈演愈烈，尤其是在近海、港湾、河口更为严重，近海污染已向外海和更大海域扩散，从而对更多的海洋生物产生了影响甚至危害。

石油类污染包括陆源含油废水的排海、海上油气开采输运的溢漏、众多船舶压舱水、洗舱水排放等，尤其是大型油轮的事故性泄漏危害更为严重。海面油膜对浮游植物的危害，包括变形、致畸、阻碍繁殖直至死亡；对潮间带生物的影响以高潮带最为明显，营固着生活的种类大都窒息死亡，中潮带污染相对较轻，而低潮带生物群落组成有明显的演替，生物量的下降也甚为显著。

工业废污水和生活污水大量排海是造成海湾和临海工业区沿岸水域富营养化的主要原因。近年来水产养殖业的发展更加剧了海水养殖污染——残存的饵料、排泄的废物、施用的化肥以及消毒剂和其他药物等污染了养殖水体及其邻近水域，使污染物含量超过了正常水平，从而使水体生态功能受到影响。近海赤潮的频发也与此有关。

有害藻华是指"海洋中一种或几种有害藻类在一定环境条件下暴发性增殖或聚集达到某一水平的一种生态异常现象"；而"海洋中一些微藻、原生生物或细菌在一定环境条件下爆发性增殖或聚集达到某一水平，引起水体变色或对海洋中其他生物产生危害的生态异常现象"称为赤潮；如果"赤潮生物通过分泌毒素毒害鱼类等海洋生物并对人类健康产生危害"，则称为有毒赤潮。从 20 世纪 80 年代以来我国近海赤潮发生的次数、危害的面积和致害的程度，至今居高不下。赤潮爆发破坏了海区原有的生态平衡，使水产养殖和捕捞蒙受重大损失，甚至危及人民健康，也使海洋环境质量骤降，因而被列为我国十大灾害之一。

海洋倾倒是指利用船舶、航行器、平台或其他运载工具向海洋处置废弃物及其他物质的行为，习称倾废；包括向海洋弃置船舶、航空器、平台和海上人工构造物的行为，对海洋环境的污染和损害也是毋庸置疑的。倾倒废弃物和陆源污染物造成海底污染，甚而导致海洋生物无法生存而成为"死亡区"，全球 20 世纪 60 年代已有近 40 处，至 90 年代已超过 300 多处，美国纽约湾、密西西比河口外，欧洲的地中海和波罗的海，我国的渤海锦州湾、东海长江口至杭州湾等，都已出现这类"死亡区"。

金属类污染以重金属汞、铅、铜及铬、镉、锌等污染危害最为严重，它们主要来自工业废水、矿山污泥以及电子电器拆解废弃物等。在日本汞污染、镉污染等已酿成水俣病、痛痛病等公害。铅、铜、锌、铬、砷污染危害上章已述。

农药残留及其排海造成了严重的环境问题。有些有机氯农药入海后，即使浓度很低也能致死浮游生物甚至鱼类，低浓度的硫磷和马拉硫磷会使敏感的鱼中毒死亡，某些忍耐类也会严重畸形。滴滴涕和六六六不仅毒性大而且在海水中残留时间长，现今已在深海和极区海水中检测出。在海洋中通过生物累积、生物浓缩和随食物链放大，对那些位于食物链和营养级较高水平的生物危害更大。

电站等工厂大量含热废水（温排水）进入海洋后，可使水温升高，影响海洋水质继而危害海洋生物，造成海洋热污染。热废水入海使水温升高而使溶解氧减少，必然影响海洋动植物的新陈代谢，轻者导致海域原有生物中狭温性种类的个体数量和行为发生变化，重者甚至会使相关海域生物种群结构改变。

7.1.3.2 海洋环境损害的影响

填海造地，酿致生境损毁，使原来生活于此的生物，特别是底栖生物遭受灭顶之灾。筑堤修坝，衍生淤积或冲刷，未经科学论证的海洋工程，改变了海域原有的水动力环境，都会对海洋生物造成影响或危害。山东荣成马山港在湾口筑堤设闸，造成湾内淤积海草死亡，海参剧减。厦门集美海堤建成后导致同安近海淤积，文昌鱼几乎绝迹。美国萨可拉门托河流入旧金山湾，科罗拉多河注入大加利福尼亚湾，都因建坝蓄水和调水后水量和泥沙大减，致湿地萎缩、环境退化、渔获量锐减、物种多样性受到威胁。黄河三角洲曾是我国淤涨最快之地，近年来中上游拦蓄调水，致使三角洲已变为净蚀退；原黄河口外海域是多种鱼虾类我国北方群系的产卵场和索饵场，1976 年人工改道后原河口外盐度竟然升高 10 以上，对生态系统的影响岂容置疑！

酷渔滥捕，破坏了渔业资源。20 世纪 20、30 年代日本对渤海、黄海真鲷掠夺性的捕捞，破坏了资源至今未能恢复。80 年代以来我国近海渔船倍增，底拖网与定置网具对渔业资源及渔场破坏严重，原来著名渔场的经济鱼类不仅产量剧降，而且原有优质资源结构基本解体，性腺成熟提前，生命周期缩短，渔获物日趋低龄、低质、低营养级。

　　湿地被称为地球之肾，在生物多样性，调节气候，净化水质，美化环境，维护生态平衡等方面，有着其他系统不可替代的作用。人类活动已对湿地造成了极大的破坏。密西西比河口湿地的围填导致 2005 年"卡特里娜"和"丽塔"飓风不经缓冲得以长驱直入，损失惨重。我国滨海湿地也面临过度利用和污染，至 2002 年滨海湿地已损失 50% 以上；生境破碎及丧失，使许多海洋生物被迫迁徙，有的已大幅度减少甚至濒危。南方的红树林湿地，至 2002 年已减少 73%，广东甚至减少了 82%，厦门市天然红树林至 2005 年已减少 93.6%。联合国《2004 年世界珊瑚礁现状报告》称，全世界珊瑚礁层的破坏严重。我国的珊瑚礁分布面积已减少 80%，而东沙群岛已破坏了 90%。

7.1.3.3　外来物种入侵

　　外来物种入侵绝大部分是由人类活动直接或间接造成的，例如船舶压舱水排放，船底附着物种，水产饵料物种及其伴随物种，运河的开通，放养增殖，有意引入的渔业种、渔业促进种和观赏性种类等。入侵种不仅与本地种争食，还能影响其他物种生存状况，甚至冲击原生态系统的结构与动态，一旦占了优势就会威胁淘汰本地种群。美国入侵物种达 374 种，仅旧金山湾就多达 175 种以上。我国海洋、海岸和滩涂已有 141 种外来物种；大米草和互花米草在福建霞浦等地成了灾害；沙筛（或饰）贝和无瓣海桑等在香港、广东、广西、海南、福建也排挤当地生物，造成极大损失。外来养殖生物的引进，还可能携带外来病原生物，我国的水产养殖业曾因此遭受几次灾害浪潮；即使在国内互相引种也能出现问题，如鲁北引种南方泥螺，就使当地文蛤等遭到排挤。

7.2　海洋生物多样性

生物多样性不仅为人类提供了所需的食物、药品、能源和工业原材料，而且调节、维系生态平衡，是人类与环境的关系中具有关键性作用的环节之一。联合国在《21 世纪议程》中即肯定："海洋是全球生命支持系统的一个基本组成部分。"

7.2.1　生物多样性

生物多样性是"遗传基因、物种和生态系统三个层次多样性的总称"。遗传基因多样性是生物多样性的基础层次，物种多样性是中层，生态系统多样性则是其最高层次。

7.2.1.1　遗传基因多样性

有广义和狭义之分。前者是指遗传信息的总和，包含栖息于地球上的植物、动物和微生物个体的"基因"在内。通常说生物多样性或物种多样性时，往往就包含于各自的多样性。后者是指不同种群——"在特定时间内占据特定空间的同种有机体的集合群"——之间或同一种群不同个体的遗传变异的总和。换言之，遗传多样性也包括多个层次。

遗传基因多样性是遗传信息多样化的体现。生物的遗传信息储存在染色体和细胞基因组的 DNA 序列中，而且能准确地复制自己的遗传物质 DNA，将遗传信息一代一代地传下去，保持了遗传性状的稳定性。当然，所谓稳定性也是相对而言的，因为自然界和生物本身有很多因素能影响 DNA 复制的准确性，从而导致不同程度的变异。遗传与变异的不断积累，不断地丰富了遗传多样性的内容。

变异也有可能是生物对环境变化的适应，它又可为物种进化储备重要"原料"，因而对生物基因工程有重要意义。

7.2.1.2 物种多样性

物种即生物种，物种多样性是指地球上生命有机体的多样性。现已被描述、记载的生物已达140万种以上，然而迄今为止人们还不敢妄言地球上到底生活着多少物种，盖因现今还在不断地发现前所未知的新物种。

物种是生物进化链索上的基本环节，是发展的连续性与间断性统一的基本形式，因为它虽然是相对稳定的，但是也处于不断变异与不断发展之中。

通常按5界分类系统，把生物分为原核生物界、原生生物界、真菌界、植物界和动物界。根据生物生态和结构特征，在界之下再进一步分为门、纲、目、科、属和种。

7.2.1.3 生态系统多样性

"栖息于一定地域或生境中各种生物种群通过相互作用而有机结合的集合体"称为群落。生物群落与周围非生物环境的综合体，就构成了生态系统——在一定时间和空间内，生物与非生物的成分通过不断的物质循环和能量流动而相互作用、相互依存的统一整体。换言之生态系统是生命系统和环境系统在特定空间的组合。在生态系统中，各种生物彼此之间以及生物与非生物的环境因素之间，都互相作用和密切联系，不断地进行着物质循环、能量流动和信息的传递。一个正常的生态系统，上述各种关系是处于相对平衡的，称为生态平衡（ecological balance）。其具体表现为：时空结构的有序性；能流、物流的收支平衡；系统自我修复、调节功能的保持，抗逆、抗干扰、缓冲能力强。在地球系统之内，生物圈就存在各种生态系统，若干小的生态系统可以进一步组合为大的生态系统；依此类推，以至整个生物圈即可视为地球上最大的生态系统——生态圈。在生态系统内，生物必要成分包括生产者（又称自养者）、分解者和转变者（后两者又统称为还原者），生物非必要部分主要是各级消费者（又称为他养者或异养者），非生物的必要成分是日光和营养分。虽然任何一个生态系统都由上述 4 个基本部分组成，但具体到每一个生态系统，这 4 个部分的承当者就大不相同了，而且由生产者和消费者之间摄食关系构成的食物链，特别是食物链互相交织形成的食物网更加复杂而多样。在一个稳定的生态系统中，由最底层生产率最大的自养植物、上一层的植食性动物和最上层生产率最小的肉食性动物形成的金字塔状的营养层，称为生产率金字塔（pyramid of production rate）。依各营养级的能量画成的生态金字塔一般可分为 3 类：数量金字塔（pyramid of numbers），生物量金字塔（pyramid of biomass），能量金字塔（pyramid of energy）。

　　生态系统可分为陆地生态系统和水生生态系统两大类型，水生生态系统又可再分成淡水生态系统和海洋生态系统，而海洋生态系统还可以再分出次一级的生态系统或者更小的生态系统。

7.2.2　海洋生物多样性

7.2.2.1　海洋生物的遗传基因多样性

　　海洋生物的遗传基因多样性是海洋生物不断进化的基础，种群内的遗传变异体现着海洋物种进化的潜力，得益于这种遗传基因多样性，海洋生物才能进化并适应所处的海洋环境及其变化。各种海洋生物种群的遗传基因组合类型终归是有限的，所以种群在突变、自然选择以及遗传漂移过程中常会出现遗传趋异，导致有些种群有了一些独有的特别的基因型（等位基因）。异常性状的出现反映了生物本身的适应性改变，从而得以在特殊环境条件下更容易生存繁衍。海洋生物遗传多样性的研究业已取得了较大的进展，研究表明海洋生物的群体结构的遗传特征受其早期生活史的影响很大。

　　海洋生物遗传基因多样性的研究，不但是现代生物遗传育种的基础，而且业已成为现在各国大力发展的海洋生物基因工程——"将遗传物质 DNA 分子的特定片段（基因）经过剪切、拼接后导入海洋生物受精卵、胚胎细胞或体细胞中，定向改变海洋生物遗传性状的技术"——的基础。

7.2.2.2　海洋生物的物种多样性

海洋生物的物种多样性比陆地或淡水生物的多样性更为显著，这与海洋环境的复杂和多样化是分不开的。

目前所发现的动物界 34 个门类中海洋生境内就有 33 个门，而且其中的 15 个门是海洋特有门；陆地生境有 18 个门，仅有 1 个特有门。两种生境所共有的门类是 5 门，但其中包含的物种总数的 95% 都有海洋特有种。估计地球上 80% 以上的生物生活在海洋中，已确切描述的海洋生物约 40 万种，其中低等海洋生物 20 万种，包括海藻 3 万种、软体动物 7.5 万种、腔肠动物 1 万种、海绵动物 1 万种等；高等海洋生物中仅鱼类就有 2 万种。通过海洋调查和研究还在不断地发现新的物种，据 2003 年国际海洋生物普查报告称，从 2000 年开始，全球平均每年发现 160 多个新种。即使在人们曾称为"不毛之海"——马尾藻海中，也发现了近 2 000 个新物种和 120 万个新基因。

我国近海至 2007 年已记录的海洋物种达 22 561 种，分别属于 5 个界、44 个门。动物界物种数量最多，其中的节肢动物门、脊索动物门和软体动物门，每门的物种数量都超过 2 500 个。我国近海 24 个动物门中有 11 个门是海洋生境特有的，即栉水母动物门、扁形动物门、动吻动物门、曳鳃动物门、星虫动物门、螠虫动物门、帚虫动物门、腕足动物门、毛颚动物门、棘皮动物门和半索动物门。近海物种分布大都是由黄海经东海向南海递增，但鱼类、螺类、兽类及龟鳖蛇类却以东海最多。西太平洋的一些温水种分布的南界和许多暖水种的北界都在我国近海。黑潮暖流使若干暖水种的分布显著北移。

我国近海有许多珍稀保护或特有动物，如中华鲟是国家一级保护动物，其他特有种或世界珍稀种有库氏砗磲、鹦鹉螺、绿海龟等。据"国际海洋生物普查计划（2000—2010 年）"报告，我国近海物种数量仅次于澳大利亚和日本名列第 3 位，占全球海洋已知物种的十分之一左右。随着近海调查和研究的深入，肯定还会在我国临近海域发现更多的新物种。

　　根据海洋生物的生活方式，可将其分为浮游生物、游泳生物和底栖生物3大类群；若按其生物学特征，又可分为海洋植物、海洋动物和海洋微生物。

　　（1）海洋浮游生物

　　海洋浮游生物又分浮游植物和浮游动物两大类，它们共同的特点是无游泳能力或游泳能力很弱，不能自主定向运动而悬浮于海水中随水流移动。现已描述的浮游生物超过4 000种，随着调查研究的深入，估计还会发现新种。

　　①浮游植物。我国海区大约有1 800种浮游植物，可分为大型藻类和单细胞藻类。

　　大型藻类主要有蓝藻门（有色球藻目、颤藻目、管孢藻目如螺旋藻等）、红藻门、褐藻门和绿藻门。

　　单细胞藻类又称微型藻类，是浮游植物的主要组成部分，也是海洋初级生产力的主要担当者。主要包括硅藻门、甲藻门、金藻门、隐藻门、褐藻门等。硅藻门是主要成员，又可分两纲：中心纲和羽纹纲。前者代表种有直链藻、圆筛藻、骨条藻、珠纹藻等，后者有脆杆藻、楔形藻、舟形藻等。甲藻门分为4纲：甲藻、嫩甲藻、夜光藻和寄生藻纲；很多甲藻可形成赤潮，有的还产生毒素。

　　②浮游动物。种类繁多、结构复杂而个体差别大。有终生浮游的如桡足类、水母等；也有季节性浮游的，如鱼卵、仔稚鱼、底栖无脊椎动物幼体等（图7-2）。

　　多个门类都有浮游动物，如原生动物、甲壳动物、腔肠动物（又称刺胞动物）、毛颚动物、软体动物等。原生动物是最小的浮游动物，我国近海已记录2 000种，分鞭毛虫、有孔虫、放射虫、纤毛虫等种类。其中夜光虫常在近岸海域高密度出现；有孔虫和放射虫死亡后沉积的软泥常用于判断地层年代；纤毛虫数量丰富，仅其亚群砂纤毛虫种类就超过1 000种。原生动物一些种过度繁殖会引发赤潮，有的则寄生于鱼、虾而致病害。

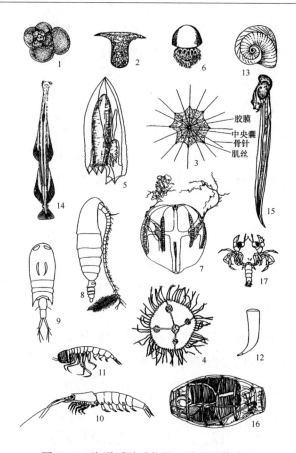

图 7－2 海洋浮游动物的几种主要代表种

1. 泡泡球虫（*Globigerina bulloides*）；2. 布氏拟铃虫（*Tintinnopsis butschlii*）；3. 透明等棘虫（*Acanthometra pellucida*）；4. 薮枝水母（*Obelia* sp.）；5. 双生水母（*Diphyes chamissomis*）；6. 海蜇（*Rhopilema esculentum*）；7. 球型侧腕水母（*Pleurobrachia globosa*）；8. 中华哲水蚤（*Calanus sincus*）；9. 近缘大眼剑水蚤（*Corycaeus affinis*）；10. 中华假磷虾（*Pseudeuphausia sinica*）；11. 瘦拟巧鲢（*Paraphronima gracilis*）；12. 芽笔帽螺（*Creses virgula*）；13. 明螺（*Atlanta peroni*）；14. 百陶箭虫（*Sagitta bedoti*）；15. 异体住囊虫（*Oikopleura dioica*）；16. 软拟海樽（*Dolioletta gegenbauri*）；17. 短尾类的大眼幼体（仿各作者）

　　甲壳动物中以桡足类最为重要，包括哲水蚤目、剑水蚤目和猛水蚤目等。哲水蚤目有 1 850 种，剑水蚤目有 1 000 多种，另一重要类群是鳞虾。腔肠动物中以水母类常见，全球已发现 250 多种，我国近海常见的有海月水母、白色霞水母、海蜇、口冠海蜇等。毛颚动物又称箭虫，数量大而分布广。软体动物多为底栖或游泳，浮游较少，包括异足类、被壳翼足类和裸翼足类。

（2）海洋游泳生物

海洋游泳生物能靠发达的运动器官自由游泳，故又称自游生物。图7-3给出了几种主要代表种。海洋游泳生物包括鱼类、游泳甲壳类、游泳头足类、海洋爬行类、海洋哺乳类以及海洋鸟类等。其中鱼类数量多，是海洋捕捞业的主要对象。

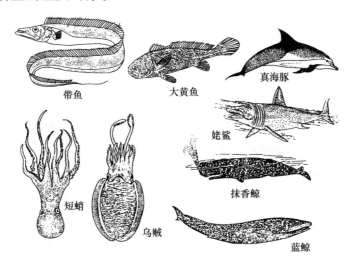

带鱼　　大黄鱼　　真海豚　　姥鲨　　抹香鲸　　短蛸　　乌贼　　蓝鲸

图7-3　海洋游泳生物的主要代表种

①鱼类。世界海洋鱼类约有2.6万种，可分为3个纲：无颌纲、软骨鱼纲、硬骨鱼纲。无颌纲是最原始的鱼类，如盲鳗、七鳃鳗等，体壁无鳞，有的能在淡水中生活。软骨鱼纲也称板鳃鱼类，有软骨而无鱼鳞，如鲨鱼、鳐鱼和魟。硬骨鱼纲有硬骨，我国近海记录超过3 032种。它们的栖息环境和食性差别很大。食浮游生物者体型较小，如鲱鱼、沙丁鱼和鳀鱼。大型大洋鱼类如金枪鱼及鲹科鱼类属于食鱼类者。鳕鱼则在幼体阶段食浮游生物，成体却捕食其他鱼类。多数鱼类具有集群性，如产卵集群、

索饵集群和越冬集群。大部分海洋鱼类具有洄游性，如产卵洄游，索饵洄游和越冬洄游。

②游泳甲壳类。我国近海已记录 3 000 多种，隶属于世界上最大的动物门——节肢动物门（现存 100 多万种，约占动物界总种数的 80%）。甲壳纲约 2.5 万种，可分为 6 个亚纲：鳃足亚纲、介形亚纲、桡足亚纲、鳃尾亚纲、蔓足亚纲和软甲亚纲。其中软甲亚纲下属种类最多，近 2 万种，我国近海记录到虾、蟹类达 1 206 种，经济价值最大。蔓足亚纲中的藤壶可固着于海底，但也常附着于船底、浮标、管道等造成很大危害，归类为污着生物。

③游泳头足类。我国近海已记录 101 种。隶属于软体动物头足纲。鱿鱼、章鱼和乌贼为其主要代表。鱿鱼的捕获量多，可占头足类的 70%。某些深海乌贼个体大，可能属目前已发现的最大型的无脊椎动物。

④海洋爬行类。主要是海龟、海蛇、海蜥蜴和海鳄鱼等，我国近海已记录 24 种。全球目前有海龟 8 种，是海洋中躯体最大的爬行动物。海龟产卵都要到海岸沙滩上，常被人类采收或被天敌捕食，孵出幼龟本能地返回海洋，在途中又可能被鸟类等捕食，故已成为濒危物种。海蛇约有 60 种，大都有剧毒，但蛇毒有药用价值。

⑤海洋哺乳类。分鲸目、鳍足目和海牛目。我国近海已记录到 38 种。

鲸目约有 76 种，包括鲸鱼和海豚，又分须鲸亚目和齿鲸亚目。前者有蓝鲸、长须鲸、露脊鲸、座头鲸、灰鲸等 10 种，以鲸须滤食浮游植物为特征；后者有牙齿而无鲸须，如虎鲸、抹香鲸、海豚等 66 种。国际上已从 1986 年起无限期禁止商业捕鲸。海豚驯养可有多种用途。

鳍足目约有 32 种，包括海豹、海狮和海象。主要分布于两极海域，在浮冰上或陆上集群产仔和休息。海豹体型适于游泳，在产仔、哺乳、蜕毛时可上岸活动；上岸后靠前肢爬行而显得笨拙，易被猎杀。

海牛目是食草动物，有海牛科 3 种，儒艮科 1 种，主要分布于近岸浅水、河口湾等水域。海牛生活于大西洋水域，行动迟缓，易被杀。儒艮俗名"美人鱼",生活于我国广东、广西、台湾等省沿海及印度洋沿岸,不远离海岸,行动迟缓,温顺可亲,属于国家一级保护动物。

⑥海洋鸟类。约有285种,仅南极企鹅即有数百万只。矶鹬等一些生活在海岸上的海鸟不会游泳,而海燕、海雀、企鹅等则高度适应海洋生活。在上升流和海洋锋等高生产力海域,鸟类集聚较多。许多海鸟有迁徙习性,但它们都得依赖陆地巢穴产卵育雏,而在这一阶段也最容易遭受捕食。

(3)海洋底栖生物

顾名思义,这类生物栖息于海底。海洋底栖生物种类繁多,估计在100万种以上,既有植物也有动物。

①底栖植物。固着于浅海水底或沉积物上,但因受限于光照而主要分布于真光带。底栖低等植物主要为单细胞藻类和大型藻类,底栖高等植物主要为大型被子植物。红树植物可以生活在潮上带,而浒苔等可附着于物体或船底。

单细胞藻类又称微型藻类,个体小而数量大、种类繁多,包括蓝藻、硅藻、甲藻等。它们是浅海水域初级生产力的主要角色。微型蓝藻可以在某些海区年复一年地生长,形成岩石状的藻礁。

大型海藻主要有绿藻(如石莼等)、褐藻(如海带、裙带菜、羊栖菜等)、红藻(如紫菜、石花菜、海人草等),见图7-4。

大型被子植物及其生境包括:由耐盐乔木和灌木组成的红树林沼泽;以大米草等盐沼植物占优势的河口盐沼;集中在潮下带的海草床。它们的生产力都很高。

②底栖动物。生活在海洋基底表面或沉积物中,从海滩到潮下带甚至到万米深海都有发现。底栖动物种类丰富,软体动物达5万种,甲壳类已发现4万种。依其个体大小可分为大型、小型和微型。

大型底栖动物的体(径)长大于1毫米,常见的是多毛类蠕虫(如沙蚕),其次有双壳类软体动物(如文蛤),端足类和十足目甲壳动物

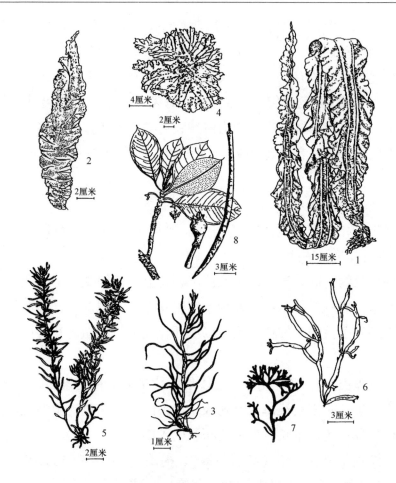

图 7 - 4　海洋底栖植物的主要代表种

1. 海带 (*Laminaria japonica*)；2. 条斑紫菜 (*Porphyra yezoensis*)；3. 浒苔 (*Enteromorpha prolifera*)；4. 孔石莼 (*Ulva pertusa*)；5. 羊栖菜 (*Sargassum fusiforme*)；6. 海萝 (*Gloiopeltis furcata*)；7. 海人草 (*Digenea simplex*)；8. 红茄冬 (*Rhizophora mucronata*) (仿各作者)

（如对虾），偶见掘穴的海参类棘皮动物和海葵。小型底栖动物体长为 0.5 ~1 毫米，有线虫、猛水蚤桡足类动物、涡虫类及腹毛动物，也可能有大型底栖动物的幼体（称为暂时性小型底栖动物）。微型底栖动物小于 0.5 毫米，为纤毛纲的原生生物。

　　底栖动物中的单列羽螅形似水草（图7－5），在南海水深50～100米的中陆架广泛分布，被称为"拟草原"。牡蛎、藤壶、苔虫、水螅、海鞘

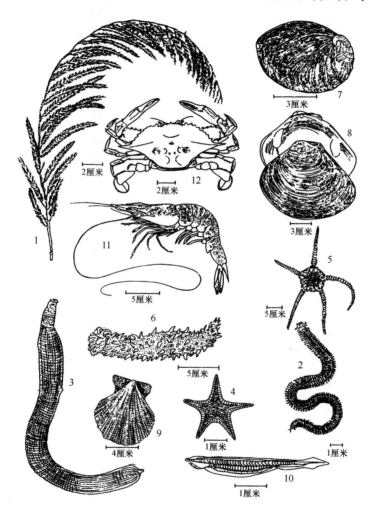

图7－5　海洋底栖动物的主要代表种

1. 单列羽螅（*Monoserius pennarius*）；2. 日本沙蚕（*Nereis japonica*）；3. 光裸星虫（*Sipunculus nudus*）；4. 镶边海星（*Craspidaster hesperus*）；5. 北方真蛇尾（*Ophiura sarsi*）；6. 刺参（*Stichopus japonicus*）；7. 皱盘鲍（*Haliotis discus*）；8. 文蛤（*Meretrix meretrix*）；9. 栉孔扇贝（*Chlamys farreri*）；10. 厦门文昌鱼（*Branchiostoma belcheri*）；11. 中国对虾（*Penaeus chinensis*）；12. 三疣梭子蟹（*Portunus trituberculatus*）（仿各作者）

等污着生物，常附着于船底、浮标、管缆、水雷等设施表面为害。还有钻蚀性生物：钻石动物海筒在我国已发现有 19 种（如吉村马特海笋、波纹沟海笋、易碎凿穴蛤），另外还有住石蛤、盔鼓螺、钻蚀海绵和蠕虫、海胆等；钻木类生物最典型的是船蛆（我国北方海域已发现 2 种）和蛀木水虱（俗称食木虫）、团水虱等。它们对港工建筑、船只，甚至红树植物的株干等可造成极大危害。

7.2.2.3　海洋生物的生态系统多样性

海洋生物的生态系统多样性与海洋生物群落的多样性有关，如滨海湿地生物群落、近海生物群落、河口生物群落、大洋生物群落、红树林生物群落、珊瑚礁生物群落等。不同的海洋生物群落与其栖息的环境相应构成了各具典型特征的海洋生态系统。

除上述海洋生物群落所对应的各种海洋生态系统之外，20 世纪 80 年代还提出了大海洋生态系统的新概念。详见下节。

7.3　海洋生态系统和大海洋生态系统

7.3.1　海洋生态系统

7.3.1.1　海洋生态系统的构成及其特点

海洋生态系统既具有一般生态系统的共同特征，而基于海洋环境的特殊性，也具有明显不同的特点。在地球规模的全球生态系统中，陆地生态系统与海洋生态系统是其两个巨大的亚系统，它们都是开放的，又彼此耦合。由于海洋处于地球表面的最低之处，通过降水、径流与陆地排放，呈现出从陆地生态系统指向海洋生态系统的主流向趋势。

海洋生态系统的组成结构（图 7 - 6）与陆地生态系统相似，都有生物和非生物部分，然而一比较就看出存在诸多不同。陆地生态系统的初级生产者主要由较大型甚而是巨型的固着生长的植物组成，一般其初级消费者（植食动物）体型也较大；海洋生态系统的初级生产者则主要是体型极小，数量极大，种类繁多的浮游植物和微生物，其初级消费者——浮游动物体型也很小，而数量和种类却很多。陆地上生物在铅直方向分布范围小，离地面都不太高，水平方向扩展的范围也因受区域限制而不大；海洋中生物的分布不论是铅直方向还是水平方向则都大得多。陆地植物资源的利用率低，一般只有十分之一左右被植食动物消费，其余大部分直接进入被分解的过程；海洋中利用植物资源的效率则很高，周转速度也很快，而且还有许多杂食性种类于中进行调节。

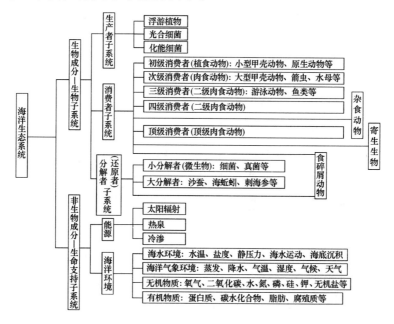

图 7-6 海洋生态系统构成

在海洋生态系统中，除了上述以初级生产者为起点的经典的牧食食物链以外，还存在着一个以有机碎屑为起点的碎屑食物链。原因是在海洋中摄食有机碎屑的动物比较多，它们可以在水层中和底层直接或反复地摄食有机碎屑，而海洋中有机碎屑的来源也比较多，除海洋生物死亡分解的中间产物、未完全被摄食或消化的食物残余之外，还有陆地输入海洋的颗粒有机物。碎屑食物链是海洋生态系统结构与功能分析中不可或缺的一部分。细菌在海洋生态系统中的作用也十分复杂：它是重要的分解者，且在海洋无机营养盐再生产过程中起重要作用，同时还是海洋中有机颗粒物的主要生产者；此外，它们本身又是许多海洋动物的直接食物。故有人提议将此作为第3类型的食物链——以分解有机物（特别是溶解有机物）的细菌为基础的食物链，并称之为腐殖食物链。

海洋中还有自养性细菌，其中利用光能的有微微型光合原核自养浮游细菌，如蓝细菌和光合真核生物；利用化能的细菌如海底热泉的化能菌，它们不是靠日光能而是利用热液中的氧化硫化氢或甲烷作为能源进行碳固定。

7.3.1.2　海洋生态系统的主要类型

缘于视角和标准的差异，海洋生态系统的划分颇不一致。例如：着眼于非生物的海洋环境特征，可分为滨海湿地生态系统、河口生态系统、浅海生态系统、深海生态系统、大洋生态系统、上升流生态系统等；若着眼于其生物部分的特征则有海草场生态系统，红树林生态系统、珊瑚礁生态系统等；若着眼于区域生态保护，则有大海洋生态系统等。

（1）滨海湿地生态系统

湿地是"界于水体与陆地之间过渡的多功能的生态系统，包括低潮线以下不超过6米深的海水区"。我国广泛采用国际《湿地公约》的分类方法，将滨海湿地分为12种类型，如表7-1所示。它们可以分为4个子系统：潮下带近岸湿地、潮间带滩涂湿地，河口沙洲离岛湿地和潮上带淡水湿地。除淡水湿地外，由于海岸和滩涂的类型差异，前三者又分别有岩质滩湿地、基岩海岸湿地、淤泥质河口湿地、生物礁湿地、藻床湿地、滩涂湿地（包括3种亚型：草本植物潮滩湿地、红树林湿地和高盐碱湿地）、泥沙质滩湿地、离岛湿地和河口沙洲湿地。

表7-1　我国滨海湿地基本类型及划分标准

类型	划分标准	主要分布区
浅海水域	低潮时水深＜6米的永久性水域，植被覆盖度＜30%	近岸浅海、海湾、海峡
潮下水生层	海洋低潮线以下，植被覆盖度≥30%，如海草场	沿海潮下带
珊瑚礁	珊瑚聚集生长的湿地，包括珊瑚岛等	南海诸岛、海南岛、雷州半岛、台湾
岩石性海岸	底部基质岩石＞75%，植被覆盖度＜30%，包括岩石海岛	辽宁、山东、浙江、福建、台湾、广东、广西
潮间沙石海滩	底质以沙、砾石为主，植被覆盖度＜30%	辽宁、河北、山东、浙江、福建、台湾、广东、广西
潮间淤泥海滩	底质以淤泥为主，植被覆盖度＜30%	辽宁、河北、天津、山东、江苏、上海、浙江、福建、广东、广西
潮间盐水沼泽	盐水沼泽，植被覆盖度≥30%	辽宁、河北、天津、山东、江苏、上海
红树林沼泽	以红树植物群落为主的潮间沼泽	海南、广东、广西、台湾、福建
海岸性咸水湖	海岸带范围内的咸水湖泊	辽宁、河北、天津
海岸性淡水湖	海岸带范围内的淡水湖泊	辽宁、河北、天津、江苏
河口水域	从近口段的潮区界（潮差为0）至口外海滨段的淡水舌锋缘之间的永久性水域	沿海各省（市、区）大河口
三角洲湿地	河口区由沙岛、沙洲、沙嘴等发育而成的低冲积平原	黄河三角洲、长江三角洲、珠江三角洲

我国沿海湿地是东亚候鸟最重要的迁徙途经地之一。滨海湿地的滩涂生物超过2500种，重要增养殖生物238种，其中以南海最多，向北逐渐减少。然而，由于近年来围垦、去除和转化等人为活动，2010年的面积仅为20世纪50年代的43%。

（2）河口生态系统

江河入海口这一环境的特点是，它既濒临海域又有大量淡水和陆源物质输入，从而形成了独特的河口类型的海洋生态系统。与海域连通使河口的盐度空间变化明显，而海洋潮汐过程又使河口盐度有周期性变化，温度变化亦较显著。受河流来水影响，水体悬浮颗粒多，底质也富含有机质。

该系统的生物主要来自3方面：海洋为主，淡水较少，已适应河口的半咸水种。其生物种类多样性低，只有广盐性、广温性、耐低氧性生物种类能生存，但个别种群的个体数量大（丰度高）。几乎所有暖温带、亚热带和热带的对虾属内具有经济价值的种类，都依赖于海湾和河口等近岸海域进行阶段性养育。许多溯河性物种也把这里作为它们的主要洄游通道或短暂停留地。黄河、长江和珠江三大河口区，已鉴定的动、植物种，均以珠江口为最多，而白鲟和中华绒螯蟹是我国的特有物种。

（3）海草场生态系统

这是以海草场为典型特征的海洋生态系统。所谓海草场，是"中、低纬度海域潮间带中、下区和低潮线以下数米及至数十米浅水区海生显花植物（海草）和草栖动物繁茂生长的软相平坦海底场所"。海草属高等植物，具有长而薄的带状叶子，有根固着于砾石、淤泥等多种基底上。在世界海洋中已发现12个属，我国有8属，其中大叶藻和虾形藻是温水性，海菖蒲、海龟草、喜盐草、海神草、二叶藻和针叶藻属暖水性。北方沿海以大叶藻为主，如胶州湾，海南岛龙湾有海菖蒲、泰莱草等。由于海洋污染等原因，现已退化丧失三分之一。

生活于海草场的生物种类很多，海草叶面上有微藻和小型动物，底部有线虫、水螅、苔藓虫、甲壳动物和小型鱼类。海草场属于高生产力系统，牧食生物链剩余较多而进入碎屑食物链。海草场除提供丰富的营养源之外，因其有固底、促淤和消浪等作用，还能形成较好的水环境。

（4）红树林生态系统

该生态系统中的生物子系统是红树林生物群落——"以红树植物为主体及其伴生的动物和其他植物共同组成的集合体，是热带和亚热带海岸特有的生物群落"。伴生的植物主要是海藻，动物包括广盐性海洋种、淡水种，甚至有陆生种类，此外还有水鸟等。

　　红树植物是能耐受海水盐度的挺水陆生植物，半红树是指可在潮间带集群生长成优势种和共建种，但又可以在陆地非盐土上生长的两栖性植物。全世界记录有24科30属86种（含4个变种）。我国有21科25属37种，其中4种为特有种；海南岛24种，广东10种，广西和台湾均为9种，福建有7种，浙江仅有秋茄1种，而且是人工引种（福建引种红榄李、广东引种海桑）。在20世纪50年代，我国曾有红树林5.5万平方千米，由于围垦、砍伐及污染等原因，至2002年已减少了73%。

　　全球红树林的天然分布受制于海洋环境因素，如水温、暖流以及气温与霜冻频率等，大致在南、北回归线之间，天然分布最北界可至日本鹿儿岛喜人町（31°34′N），人工引种至静冈县34°38′N。在我国红树林天然分布于海南、广东、广西、台湾和香港、澳门，北界至福建福鼎（27°20′N），人工引种北界已到浙江乐清雁荡镇西门岛（28°25′N）。在日本之所以能更偏北4~6个纬距，与黑潮暖流北上有关。我国南海四大群岛虽然纬度较低、雨量丰富适于红树林生长，但仅有半红树植物而未发现形成红树林群落，原因可能是远离大陆、种源稀少、土壤及潮位等条件不太适宜。

　　我国沿岸潮间带的红树林群落已在演替（一个生物群落被另一生物所替代）的发展过程中明显形成了与海岸平行的3个不同生态带，其划分与潮间带基本相似，即低潮沉水区、中潮区和高潮区（或特大高潮区），各生态带的红树林植物的种类也有明显差异（图7-7）。

　　红树生长的最适宜年平均水温为24~27℃，温度趋低的区域，红树的种类和数量随之减少。红树因耐盐而成为海岸植物的优势种，当然，还有些种类如桐花木、白骨壤等，既可在淡水也可在海水中生长。红树的根系适应性强如表面根、支柱根或板状根、气生根等，而很少为深扎和持久的直根，这样既有助于植物呼吸又能抗风浪冲击。多数红树植物是胎生——种子在母体的果实内发芽长成幼苗，成熟时下落插入松软的海滩淤泥中很快生根固定而不致被海水冲走。

　　红树林中有许多种类为国家保护植物，红树林又为大量藻类、无脊椎

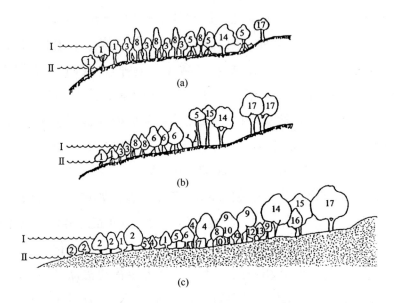

图 7 - 7　我国南方沿岸不同地区红树林的演替

I. 高潮线　　II. 低潮线

1. 白骨壤（*Avicennia marina*）；2. 海桑（*Sonneratia caseolaris*）；3. 桐花木（*Aeqieceras corniculatum*）；4. 红树（*Rhizophora apiculata*）；5. 木榄（*Bruquiera gymnorrhiza*）；6. 红海榄（*Rhizophora stylosa*）；7. 老鼠簕（*Acanthus ilicifolius*）；8. 秋茄（*Kand elia candel*）；9. 海莲（*Bruguiera sexangula*）；10. 卤蕨（*Acrostichum aureum*）；11. 角果木（*Ceriops tagal*）；12. 瓶花木（*Scyphiphora hydrophyllacea*）；13. 榄李（*Lumnitzera racemosa*）；14. 海漆（*Excoecria agallocha*）；15. 银叶树（*Heritiera littorelis*）；16. 王蕊（*Barring tonia racemosa*）；17. 黄槿（*Hibiscus tiliaceus*）

海洋动物和鱼类提供理想生境，成了索饵场、产卵场、育苗场。许多鸟类将其作为天然栖息地和迁徙中转地。红树林可以促淤造陆，净化大气和海水，成为旅游观光景点或适宜建设生态公园，特别是其消浪护岸功能甚为显著。2003 年 7 月广西北海遭台风袭击，有红树林屏护的海堤安然无恙，而无红树林阻挡的海堤毁坏 109 处。2004 年 12 月印度洋海啸时，凡是珊瑚礁和红树林保存完好的地段，其受灾程度即明显轻于其他地方。

已有不少研究者对我国红树林生态价值进行了评估。

（5）珊瑚礁生态系统

珊瑚礁群落是"由造礁珊瑚和造礁藻类形成的珊瑚礁以及丰富多样的礁栖动物和植物共同组成的集合体，是热带浅海特有的生物群落"。珊瑚是地球上最古老的海洋生物之一，属腔肠动物，分造礁（石）珊瑚和非造礁（石）珊瑚两个类型。前者能和单细胞藻类虫黄藻共生，分布于较浅（<60米）、18~19℃的暖水中，绝大部分是群体；虫黄藻能吸收珊瑚排出的二氧化碳并能促进珊瑚骨骼钙化加速造礁过程。后者不与单细胞藻共生，多为单体，分布于深处冷水中，生长慢，无造礁功能，又称为深水珊瑚，最深记录超过6 000米。珊瑚虫与光合微藻形成共生关系，共生微藻的色彩使千姿百态的珊瑚丛缤纷多彩，美轮美奂。珊瑚礁就是由珊瑚等生物作用产生碳酸钙积累和生物骨壳及其碎屑沉积、胶结而成礁。

全球珊瑚礁主要分布在30°N至30°S之间的热带和亚热带海域，约90%分布在印度洋—太平洋体系中，110个国家拥有珊瑚礁资源。太平洋是珊瑚礁最多的海域，一些活珊瑚已有250多万年。澳大利亚的大堡礁至少已有3 000万年，其分布范围长达2 400多千米，宽近145千米，其中又有许多次级的环礁和台礁。然而，在太平洋东部美洲西岸却没有珊瑚礁，因为那里有上升流而水温较低。岸礁在加勒比海占优势；红海的岸礁长达2 000千米以上。

达尔文最先把珊瑚礁分为岸礁（裾礁）、堡礁（离岸礁）和环礁，后来人们又分出台礁、塔礁和礁滩3类。由于地貌、生境复杂多样，物理条件相差较大，故其生物物种及多样性也有很大差异，在珊瑚礁生态系统内，生物组成、功能等也有不同，故可进一步再划分次级生态单位。

作为珊瑚礁生态系统的生物成分，其主要生态类群有造礁生物生产者、消费者和分解者。造礁生物是造礁珊瑚和其他参与造礁的珊瑚藻、有孔虫、海绵、软体动物和棘皮动物等，可归纳为造架生物、堆积填充生物和黏结生物3类；造礁珊瑚又有枝状、叶片状、块状、蜂巢状、结壳状等功能群。生产者主要是靠光合作用固定能量、提供营养，参与的主要是微藻和共生藻类以及营自养的蓝细菌等。消费者为浮游动物、底栖动物以及各种鱼类，而许多鱼类的体色也绚丽夺目。分解者包括浮游细菌和底栖细菌。由细菌、有机物和食细菌者组成的"微生物环"，对营养物质再生和维持浮游植物的生长都有重要作用。

　　珊瑚礁生态系统是海洋中一类极为特殊的生态系统，其生物群落（图7-8）可以说是海洋环境中种类最丰富、多样性程度最高的，海洋生物的几乎所有门类都有其代表生活于珊瑚礁中各种复杂的空间之中，而且生活方式多种多样，仅就鱼类而言，即有四分之一以上的种类栖息于珊瑚礁区。低纬开阔海域通常初级生产力低而被认为是海洋中的"沙漠"，但珊瑚礁生态系统却比周围大 50~100 倍，从而被誉为"热带海洋沙漠中的绿洲"和"海洋中的热带雨林"。不仅其初级生产量大，而且在系统内对初级能源的利用效率也高，从而支持其生物多样性。大堡礁仅鱼类就有 1 500 种以上，菲律宾群岛珊瑚礁鱼类更多达 2 177 种；太平洋珊瑚礁的软体动物在 5 000 种以上，在新喀里多尼亚珊瑚礁的一块 3 平方米的样品上，就发现了 3 000 种 13 万个软体动物。

　　我国的珊瑚礁以海南省最多，其面积占全国的 98% 以上。在南海诸岛，已鉴定的造礁珊瑚有 62 属 326 种，隶属印度—西太平洋石珊瑚区系，发现了新种西沙千孔螅，证实了水温 13℃ 是浅水造礁石珊瑚的致死温度，而 16~17℃ 是其停止摄食、苟延残喘的半致死温度。海南岛的珊瑚有 110 种和 5 个亚种、1 个新种，分布于沿海各市县。广东省雷州半岛一带沿岸的珊瑚礁是我国唯一的大陆沿岸现代珊瑚礁。广西壮族自治区的珊瑚礁主要在涠洲岛。台湾省的现代珊瑚礁有 60 属 78 种，主要分布于南部的恒春半岛，垦丁公园有高位珊瑚礁。

　　由于全球变暖的影响，浙江省南麂列岛出现了一种造礁珊瑚，致使珊瑚的生存海域向北推进了 3 个纬距。近年来由于人为破坏，我国的珊瑚礁面积已减少 80%，海南岛岸礁的活珊瑚减少了 95%。

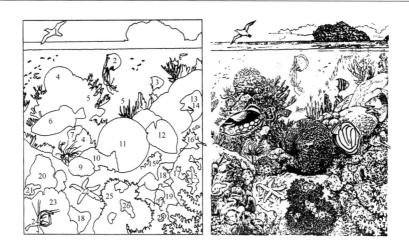

图 7 - 8　珊瑚礁生物群落

1. 海燕；2. 水母；3. 棘鲽鱼；4. 球珊瑚；5. 柳珊瑚；6. 单角鲀；7. 扇形柳珊瑚；8. 管海葵；9. 石珊瑚；10. 苔藓虫；11. 脑状珊瑚；12. 蝴蝶鱼；13. 海鳝；14. 清污鱼；15. 管珊瑚；16. 螺；17. 裸鳃类；18. 海绵；19. 群体海鞘；20. 砗磲；21. 伪色鱼；22. 海星；23. 软珊瑚；24. 虾；25. 海葵；26. 丑鱼；27. 管状蠕虫；28. 宝贝；29. 扇状柳珊瑚

（6）上升流生态系统

上升流可以将下层富含营养盐的海水输送到上层，从而形成了特征鲜明的生物群落，进而在一些海域形成了经济鱼类的重要渔场，如秘鲁、索马里、我国东海陆架区、台湾海峡、海南岛近海等。

该系统的生态特征是初级生产力高，其游泳动物中冷水性种类和数量增加，群落组成的多样性较低，食物链短、物质循环快，能量转换效率高，游泳生物尤以鱼类的生命周期短。

（7）大洋深海生态系统

广义的深海包括前述的深海、深渊和超深渊。其环境特点是海水理化性质较均匀而稳定，生物种类及数量分布随深度增大而出现明显的变化，水深 6 000 米很可能是生物分布的一个重要分界线。该类生态系统的生物群落特征，一般是种类少、密度小、生物量低，且随水深增大益趋明显。

　　然而，在深海海底热泉和冷渗口却是例外，在那里发现存在着生机勃勃的"海底热液生物群落"——"生活于海底热泉口和冷渗口，与硫氧化细菌共生，利用 H_2S、CH_4 以化学合成作用进行初级生产，制造有机物的海洋生物群落"。

　　早在 1948 年，"信天翁"号首次发现红海中央裂谷底部水温、盐度高于周围。60 年代在红海中央裂谷底层水测得水温高达 34～56℃，盐度高达 74～310。1977 年"阿尔文"号深潜器在科隆（加拉帕戈斯）群岛海域首次发现海底热泉上涌，水温 380±30℃，形如黑烟囱和白烟囱，氧气低而 H_2S 高；热液涌出口周围生机盎然，生物密度高，硫氧化细菌密度很高，可达百万个每毫升。与酸性黑烟囱、白烟囱不同，2000 年在佛罗里达以东的大西洋中脊发现淡黄、灰白等颜色极不相同的喷烟口，呈山丘、塔状，高达十几层楼，几乎为 100% 的碳酸钙构成，表层均为石灰一类物质，排出的流体碱性很高，担当生产者的生物以甲烷、氢气为能源自养营生。上述各类喷出区里的化能合成细菌成了食物链中的最初级和最重要的生产者。已发现热泉生物群落中的生物达 10 个门 500 多种，有 400 多个被定为新种；美国国家科学委员会（NRC）2003 年的报告称，这可能还不到热泉生物的十分之一。它们共同的生态特征都是种群密度大，生物量高且生长速度快。

　　在大洋底已发现不少此类热液活动处，我国"大洋一号"科考船2007—2009 年也在太平洋、印度洋和大西洋发现了 16 处洋中脊海底热液区，并用水下机器人抓取到黑、白烟囱体喷口硫化物以及生物样品。日本在相模湾、冲绳海槽、马里亚纳海域、小笠原南部等处也发现了热液喷出活动。

　　在墨西哥湾佛罗里达海崖 3 270 米的海底发现了冷渗口（cold seep），从海底渗出的水温度很低，而硫化物和甲烷浓度很高，也生活着一些生物。日本在 6 370 米的日本海沟，发现了全球最深的冷水涌出带生物群落。

　　海底热泉并非永久不息，事实上有许多"黑烟囱"和"白烟囱"因硫化物阻塞而停止喷涌。冷渗口（又称冷泉，cold spring）亦然，大多数在几年或几十年后会停止渗出。

7.3.2 大海洋生态系统和生态区

7.3.2.1 大海洋生态系统和生态区的概念

1984 年美国生物学家谢尔曼和海洋地理学家亚历山大提出了大海洋生态系统（Large marine ecosystem，LME），亦称大海洋生态系，是海洋生物资源领域的新概念——"面积超过 20 万平方千米具有独特的水文、海底地形、生产力，以及适于种群繁殖、生长和取食的接近大陆宽广海域的生态系统"。它突破了以往单一学科研究单一渔业品种的模式，把大的海区作为一个系统，应用现代地理学、海洋学、生物学及生态学的知识和成果，探讨大海洋生态系统的边界、区域特征、功能和结构，生态系统变化的原因和机制，以及种群和群落水平的食物链和生物量特征；进一步应用社会学和经济学等知识，探讨气候、人类活动对大海洋生态系统的影响，为建立生态系统的定性和定量模式提供信息。如此建立的生态模式还可以用于开展气候变化、人类活动等因素与生物链规律的复杂关系的评估，进而开展对大海洋生态系统健康状况的评价。通过模式研究若察觉生态系统即将处于失衡的临界状态时，可及时实施适当的人为干预，以便系统恢复到稳定和平衡的状态。

由上可见，大海洋生态系统的海域范围应该相当大，包含从河流和河口的海岸带开始，离岸向海一侧延伸至大陆架和沿岸海流以及相关主要洋流的外缘。具体而言，大海洋生态系统是：①世界海洋各专属经济区内面积等于或大于 20 万平方千米的大海域；②具有独特的海深及海洋学和生产力特征；③生物种群之间存在适宜的生长、繁殖、摄食及营养关系；④此种海区受制于污染、人类捕捞、海洋环境等要素的共同作用，生物种群和群落在地域上维持着完整性和系统性。大海洋生态系统由不同尺度的生物和非生物子系统组成，各子系统相互作用、彼此依存，构成一个有机的大系统。人类活动和自然因子的作用，可视为对系统的外部强迫力，即该系统具有类似于动力系统的性质。自变量引起的系统状态变化，对应于生物环境适应性，生态系统结构改变而引起的特征变化以及遗传对生态系统的影响等，分别为各阶动态。对应于相当稳定的海洋环境，大海洋生态系统具有比较稳定的生物多样性和食物链特征。若没有人类干扰，数十年尺度的气候变化不至于使大海洋生态系统的生物多样性以及主要营养特征产生显著的改变。真正对大海洋生态系统产生影响的是人类活动的失控，如过度捕捞和污染损害；当然，气候异常的强烈影响也会有所反映。

　　生物多样性在全球并非均匀分布，而是受制于气候、地质、进化历史等因素，进而形成了复杂的模式——生态区。世界自然基金会（WWF）定义生态区为：包含着体现特定地理学特征的群落集合的大面积的陆地或水域。一个生态区的边界不像政治或行政边界那样明晰固定，因为它包括重要生态过程和进化过程强烈相关的区域。以生态区的概念进行生物多样性分析研究，有助于人们关注那些独特的或受到威胁的区域，以便更明智地选择和施加更为持久有效的影响。

　　由 WWF 的科学家认定的全球最优先保护的 200 个生态区，被称为"全球 200 佳生态区"，其中包括海洋生态区 43 个，黄海生态区便名列其中。

7.3.2.2　黄海生态区

　　黄海生态区是温带大陆架和近海海系在北温带印度洋—太平洋区的典型海洋代表，也是我国唯一入选的海洋生态区。

　　从 1992 年开始，联合国开发署（UNDP）、环境规划署（UNEP）、世界银行（WB）、美国国家海洋和大气局（NOAA），帮助我国和韩国政府合作采用跨国界的方法对海域进行管理。2002 年 WWF 联合中、韩、日的一些环保非政府组织和研究机构，共同对黄海生态区的生物多样性进行了评估，以期基于科学数据优选对黄海生态区的保护行动。2005 年由 UNDP 和全球环境基金（GEF）资助的"黄海大海洋生态系统项目"，在中、韩两国政府的参与下正式启动。

黄海生态区（The Yellow Sea Ecoregion）是全球大型大陆架海洋生态系统之一，是一个跨国界的、沿我国、朝鲜和韩国海岸带200米以浅的海域，范围包括渤海、黄海以及东海北部水深不超过200米的海域，总面积达46万平方千米；有长江、黄河等大河流输入营养物质。已记载到的鱼类有280种，无脊椎动物500种，鲸豚类17种、海豹1种、水鸟和海鸟200种；沿岸滨海湿地还为数以百万计的迁徙水鸟，其中包括丹顶鹤、黑嘴鸥、黑脸琵鹭等珍稀禽类提供了停歇、觅食场所和越冬地。WWF确定的黄海生态区潜在优先保护区有：舟山群岛、长江入海口湿地、江苏南部沿海、江苏北部沿海、海州湾、青（岛）石（岛）、烟（台）威（海）、黄河—莱州湾、渤海湾、秦皇岛、辽河入海口、海洋岛—长兴岛、长山岛、鸭绿江入海口、白翎—金海岛、京畿湾、浅水湾、锦江—万顷—东进河口、黑山岛、荣山河口、大邱—丽水湾、济州岛、黄海冷水团。

2008年WWF发布的《黄海生态区生物多样性评估报告》，对129个最具代表性的物种的基本生物、生态特征，关键栖息区域进行了详细的记述。

7.3.3 海洋生态系统服务功能

7.3.3.1 生态系统服务功能

人类的生存和发展有赖于地球生态系统，生态系统为人类提供了广泛而多样的服务。生态系统为人类生存所提供的产品（goods）和服务（service）称为生态系统服务（ecosystem service）。国际自然及自然资源保护联盟（IUCN）2005年发表《千年生态系统评估报告》，把生态系统服务分为4大类：供给服务、调节服务、文化服务和支持服务，详见表7-2。

表7-2　生态系统服务

服务类别	服务的性质	服务的内容
供给服务	从生态系统中获得的产品	食物和纤维，燃料，基因资源，生化药剂，自然药品，观赏资源，淡水
调节服务	从生态系统过程的调节作用获得的收益	气体调节，气候调节，风暴防护，水调节，侵蚀控制，人类疾病控制，净化水源和废物处理，传授花粉，生态控制
文化服务	人类从生态系统获得的非物质的收益	精神和宗教价值，教育价值，审美价值，故土情，文化遗产价值，娱乐与生态旅游
支持服务	支持和产生所有其他生态系统服务的基础服务	初级生产，土壤形成和保持，营养循环，水循环，提供生境

7.3.3.2　海洋生态系统服务功能

　　基于上述评估框架，我国也开展了海洋生态服务功能的研究，并充分考虑我国海洋生态系统特征，提出了海洋生态系统服务的基本分类体系。综合有关研究，可给出海洋生态系统服务功能分类如图7-9。

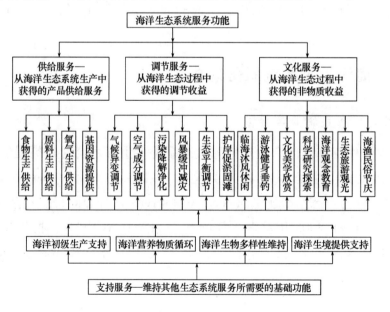

图7-9　海洋生态系统服务功能分类

7.3.4 海洋生态系统健康、海洋生态安全与海洋生态修复

7.3.4.1 海洋生态系统健康

健康一词原指人体没有缺陷和疾病，生理机能正常而有活力和效率；后来扩展泛指事物，即将研究对象拟生命化后对其功能结构给出的状态评价，如4个子系统——代谢、免疫、神经、行为等没有缺陷、情况正常。扩展至生态系统健康，则是指一个生态系统具有稳定性和可持续性，没有疾病，对于长期或突发的自然或人为的扰动造成的压力具有弹性恢复力，其关键生态组分和有机组织能完整保存，系统内的物质循环和能量流动未受到损害，系统的整体功能和典型特征仍然体现，亦即保持着生态系统的相对动态平衡状态。然而，考虑到人们对生态系统服务功能的关注，生态系统健康的含义还应延展，即在其为人类提供服务需求的同时，仍能维持着生态系统本身的复杂性、稳定性和可持续性等特征。既然要体现为人类需求服务，那么随着人类需求和社会、经济的发展，对生态系统健康概念的界定，当然会因时间和环境不同而有相应变化。

海洋生态系统健康（或称健康的海洋生态系统）是指海洋生态系统的一种状态。2005年国家海洋局正式发布《近岸海洋生态健康评价指南》，将海洋生态系统健康定义为：海洋生态系统保持其自然属性，维持生物多样性和关键生态过程稳定并持续发挥其服务功能的能力；依其具体状况可分为健康、亚健康和不健康三个级别。给出了珊瑚礁生态系统、海草场生态系统、红树林生态系统、河口与海湾生态系统的生态健康评价指标（如水环境、沉积环境、生物残毒、栖息地和生物等）以及评价方法。从2006年开始正式发布海洋生态监控区生态健康状况公报。

国内外已发展了多种评价模型，其系统性、综合性、整体性、耦合性益趋明显，而且更重视生态系统健康演变机理以及生态管理对策的研究。

7.3.4.2 海洋生态安全

所谓安全，大至国家安全，小至个人安全，是指没有危险、不受威

胁。生态安全也有人称为环境安全、绿色安全或生态环境安全，常与国家安全、地区安全等挂钩。早在 1977 年莱斯特·R·布朗就提出重新定义国家安全而将环境问题纳入其中。1987 年世界环境与发展委员会在《我们共同的未来》中明确指出："安全的定义必须扩展，超出对国家主权的政治和军事威胁，而要包括环境恶化和发展条件遭到的破坏。"生态安全显然是一种非传统安全概念，它指的是主体（中心事物）生存发展所处的环境不受或少受因生态失衡而致的破坏与威胁的状态。分析其战略意义，可包括 2 个层级：一是防止因生态环境退化对经济基础构成威胁，主要是指环境质量降低和自然资源减少而削弱了经济可持续发展的支撑能力；二是防止环境问题引发公众的不满，特别是导致环境难民大增而影响社会安定。2000 年国务院发布的《全国生态环境保护纲要》中明确提出"维护国家生态安全"，认为保障国家生态安全是生态保护的首要任务，充分表明了我国对生态安全的重视。

海洋生态安全是指海洋生态处于不受或少受破坏与威胁的状态，海洋生态系统内部及其与人类之间保持着正常的结构和功能。海洋生态系统安全是海洋生态安全的核心，而海洋环境安全和海洋生物安全是海洋生态安全的基础。海洋生态安全具有整体性、战略性、区域性、层级性和动态性等特征。

借鉴马世骏先生提出的复合生态系统的概念，生态系统安全应包括自然生态系统安全、经济生态系统安全和社会生态系统安全。海洋生态系统安全的广义概念也应包括上述三方面的安全；当然，海洋自然生态系统安全，仍不失为广义海洋生态系统安全的核心。

海洋生态安全与隶属其下的概念，主要表现为包涵的关系，与海洋生态系统健康及其属下的几个概念则不免出现相互交叉。在不太严格的意义下不妨简单理解为：如果说海洋生态系统健康更侧重于海洋生态系统自身的状态的话，那么，海洋生态安全则更关注其体现于外部的影响和作用。

7.3.4.3　海洋生态修复

当环境变化特别是人类活动干扰使海洋生态系统健康受损、生态服务下降时，为保障海洋生态系统健康发展和资源的可持续利用，生态修复成为最佳的选择。即利用海洋生态系统自我修复能力辅以人工干预，使之逐步向良性方向发展，以实现海洋生态系统结构和功能的改善。至于生态恢复（复原）——完全恢复到原先的状态，则是很难实现的，盖因受损系统已发生了生物演替，况且也不见得有此必要。

实施生态修复需要科学地论证，以进行合理、有序、综合地整治。生态修复的技术，也应审慎选择：物理修复（如物理絮凝、底质耕耘、栖息地重建等），化学修复（利用化学制剂分离、降解或转化污染物等）需评估其实效并预防二次污染；生物修复如用微生物吸收、代谢、降解环境污染物或用大型藻类、高等植物及大型动物修复富营养化水体已取得不少成果，但也需防衍生外种入侵。

7.4　海洋生物资源

7.4.1　海洋生物资源及其特性

在海洋生态系统服务功能中，以往最为人们关注的是海洋生物资源，即那些具有生命且能自行繁衍和不断更新的可以被人类利用的生物。它们具有如下明显的特性。

流动性与局域性——除部分底栖生物之外，大多数海洋生物具有移动性，甚至有定时、定向或区域间运动的习性，海洋鱼类的长途洄游就是最为典型的例子。然而，由于海洋不同区域的地理、物理、化学环境的差异，又使海洋生物资源具有很大的海域差异性。

稳态性与波动性——海洋生态系统有自我调节功能，即对于系统内、外的干扰（在一定的阈值之内）能够有适度的弹性调整而基本上趋于稳态平衡。当然，由于受自然环境变化规律影响以及人类活动的干扰，海洋生物资源量会产生相应的波动，而某些种类其波动性是相当显著的。

　　共享性与稀缺性——海洋生物资源分布的广泛性与流动性，使海洋生物资源大多具有公共物品性质，亦即难于明确其权属而有共享性。既然如此，海洋生物资源虽然很丰富，但若无节制的共享也会导致其稀缺，特别是若无偿、无度、无序地滥用，则会酿成"公地悲剧"。

7.4.2　主要的海洋生物资源简介

7.4.2.1　海洋生物生产力

　　海洋生物生产力是指海洋生物借助同化作用生产有机物质的能力，通常用海洋生物在单位时间、单位空间合成有机物质的数量来描述，故亦称为生产率。由于海洋中的经济鱼类、大型软体动物和甲壳动物以及藻类等可以直接作为人类的食物或工业原料而具有重要经济价值，所以人们常以这些经济价值明显的水产品的数量来表示海洋生物生产力。其实，从海洋生态系统服务功能看来，上述仅仅是其功能的一部分，而从海洋生态系统的营养级能量流动和物质循环的转换过程审视，生产者子系统才是生物资源的起始——因其位于海洋牧食食物链的起点。基于海洋初级生产继而次级生产，才会有终级生产。

　　海洋初级生产力是海洋浮游植物、底栖植物（包括定生——营固着或附着的海藻和红树、海草等）以及自养细菌等初级生产者，凭借同化作用（光合作用或化学合成作用）生产有机物和固定能量的能力。如海草场中大叶藻、海龟草、海神草等的初级生产可达 $500 \sim 1\,000$ 克（碳）／（年·平方米），珊瑚礁生态系统中的藻类初级生产量也相当高。由于叶绿素 a 普遍存在于所有的浮游植物种类之中，且容易测定，故常用其浓度来估算浮游植物的生产量。初级生产的产物是海洋生态系统食物链的起点，因为海洋中一切有机体的食物来源都直接或间接地依赖于海洋初级生产。初级生产产物的数量——初级生产量，分为总初级生产量和净初级生产量；后者是总初级生产量减去自养生物在光合作用或化能合成作用的同时因呼吸作用所消耗的能量。次级生产力是海洋生态系统中食物链初级消费者的生产能力；次级生产量是植食性浮游动物或植食及碎屑性底栖动物的产量。终极生产力又称"三级生产力"，是肉食性鱼类和其他海洋肉食性动物的生产力。

7.4.2.2　海洋初级生产力的分布

世界大洋中初级生产力的最高值分布在上升流海域，初级生产率可大于1克（碳）／（日·平方米），而在亚热带辐聚带海域可低于0.1克（碳）／（日·平方米）。世界海洋每年的初级生产力约为4百亿吨（碳），区域分布不均匀，见表7-3。其季节性变化也很明显，特别是在高纬度海域，如太平洋和大西洋的亚北极海域夏季初级生产率可大于0.5克（碳）／（日·平方米），但冬季很低，尤其在极夜期间几乎为0。

表7-3　全球海洋不同海域的初级生产力

海域类型	代表性海域	平均年初级生产力 [克（碳）／（年·平方米）]
上升流海域	秘鲁上升流海域，本格拉上升流海域	500~600
陆架海域	欧洲陆架、格兰德浅滩、（阿根廷）巴塔哥尼亚陆架	30~500
亚北极海域	北大西洋、北太平洋	150~300
反气旋式环流海域	马尾藻海、太平洋亚热带海域	50~150
极地海域	北冰洋冰覆盖海域	<50

我国近海的初级生产力一般是由北向南递减。在长江口和珠江口河口区，因泥沙悬浮物容易形成光限制而致生产力较低；冲淡水外侧叶绿素a和初级生产力出现高值。海岛和上升流海域生产力一般较高，如舟山渔场和台湾海峡就是高生产力海域，详见图7-10。南海，尤其在南海中部年均值最低。近年来人类活动对浅海近岸海域生态系统的干扰较大，致使近

岸部分海域初级生产力下降。

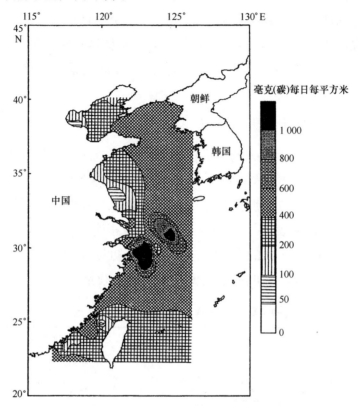

图 7 – 10　渤海、黄海、东海年平均初级生产力分布

7.4.2.3　海洋渔业资源

　　海洋渔业资源又称为海洋水产资源，是对海洋水体中天然的和人工养殖的具有开发利用价值的经济动植物种类与数量的总称。依渔业产物的种类，可大致分为鱼类资源，海洋无脊椎动物（又可再分为甲壳动物和贝类等）资源、哺乳动物资源以及海洋藻类资源等。

　　（1）海洋鱼类资源

　　鱼类是人类直接食用的动物蛋白质的重要来源之一。全球海洋鱼类达2.6 万种，海洋捕捞对象约 200 种，但有 140 多种其年产量不足 5 万吨，超过 100 万吨的只有 12 种，主要是鳕鱼、鳀鱼、鲱鱼、鲐鱼、毛鳞鱼、沙丁鱼、沙瑙鱼、竹荚鱼、鲣鱼、金枪鱼等。世界海洋的主要渔场分布在太平洋、大西洋和北冰洋；2002 年西北太平洋捕捞总产量达 2 140 万吨，东南太平洋为 1 380 万吨，东北大西洋（含北冰洋）1 100 万吨，中西部太平洋 1 050 万吨。多数海域已接近或超过潜在渔获量，年产量逐年下降；据联合国粮农组织（FAO）评估，世界 200 多种主要渔业资源种类已有 35% 为过度开发（9% 被捕捞殆尽），25% 达充分开发；全世界 15 个主要捕鱼海域，4 个已处于衰退，9 个资源明显下降。

我国临近海域鱼类有 3 032 种，经济价值较大的为 150 多种，其中大黄鱼、小黄鱼、鲐鱼、马面鲀、蓝圆鲹、带鱼、蓝点马鲛（鲅鱼）等是传统经济鱼种。近海主要渔场在渤海有辽东湾、滦河口、渤海湾、莱州湾，主要经济鱼类有小黄鱼、鳀鱼、带鱼、黄姑鱼、鲥鱼、真鲷、鲅鱼等；北黄海有海洋岛、海东、烟威、威东，南黄海有石岛、石东、青海、海州湾、连青石、吕泗、大沙和沙外等；黄海主要经济鱼类为小黄鱼、带鱼、鲐鱼、鲅鱼、黄姑鱼、鲥鱼、梭鱼、青鳞鱼、太平洋鲱鱼、鲳鱼、鳕鱼、叫姑鱼、白姑鱼、牙鲆等。东海有长江口、舟山、鱼山、温台、温外、闽东、闽外、闽中、闽南、台北、济州岛及对马等，主要经济鱼类为带鱼、大黄鱼、小黄鱼、马面鲀、鲐鱼、蓝圆鲹、沙丁鱼、鳗鱼、鲨鱼、龙头鱼等。南海有台湾浅滩、汕头、甲子、汕尾、东沙、中沙、南沙、珠江口、电白、清澜、陵水、三亚、莺歌海、昌化、北部湾等，台湾以东菲律宾海西部则是台湾省渔民的传统渔场之一。南海及菲律宾海西部鱼类有 2 000 多种，多为暖水性；主要经济鱼类有蛇鲻、鲱鲤、红笛鲷、短尾大眼鲷、金线鱼、蓝圆鲹、马面鲀、沙丁鱼、大黄鱼、带鱼、石斑鱼、海鳗等。

由于捕捞强度大，近海渔业资源已明显衰退，1999 年之后全国捕捞产量下降，逐步转成"以养为主"。我国已成为世界上唯一一个养殖产量超过捕捞产量的国家，大黄鱼、大菱鲆、牙鲆等一批名优海洋鱼种的育苗和养殖技术获得巨大的成绩。

文昌鱼并非鱼，而是由无脊椎动物向脊椎动物过渡的"活化石"，为国家二级保护动物。

（2）海洋无脊椎动物资源

海洋无脊椎动物门类众多，估计达16万种，经济价值较大的有130多种。例如：软体动物头足纲中的乌贼、章鱼、鱿鱼等；瓣鳃纲的贻贝、牡蛎、扇贝、蛤、蚶、砗磲等；腹足纲的鲍鱼、红螺等；节肢动物甲壳纲中的对虾、龙虾、蟹等；棘皮动物海参纲中的海参等；腔肠动物珊瑚虫纲的珊瑚，钵水母纲的海蜇等。

中国海已发现头足类91种，海虾类300多种，蟹类600多种。渤海的毛虾、对虾、海蜇、梭子蟹、褐虾、鹰爪虾等占海区总渔获量的72%～75%，海参、鲍鱼、文蛤、杂色蛤等也很多。黄海与渤海有许多共有种，如头足类20种，虾类30种。东海有虾类100多种，头足类69种。南海北部有虾类500多种，其中对虾超过100种，仅游泳蟹类就达40余种，珊瑚礁中的蟹类也很多。全球约有1 100多种海参，可供食用的达40种；我国海域从北到南都出产海参，总数不下100种，仅西沙海域就有20多种。

（3）海洋藻类资源

海藻是重要的海洋生物资源，因为它们既是海洋中最重要的初级生产者，本身又营养价值很高，有70多种可供人类食用，也可用作饵料或肥料，有的是重要的工业原料，如制碘、褐藻胶、卡拉胶、琼脂、甘露醇等，还有的具有医药价值。其实，目前人类所利用的还仅仅是其中的很少一部分，例如在4 500种定生的海藻中，现在只对50种左右有所利用。

我国近海藻类非常丰富，渤海和黄海以海带、紫菜、石花菜居多，东海则还有昆布、裙带菜、浒苔和海萝等，南海的经济藻类资源主要有羊栖菜、紫菜、江蓠、鹧鸪菜、麒麟菜、海萝等。

（4）海龟、海兽与海鸟资源

海龟肉是上等食品，龟甲、龟掌、龟血等都可制成名贵中药和营养品。全球有 8 种海龟，生活在热带海洋中，因大肆捕杀已锐减，被列为重点保护对象。

海兽中以鲸类经济价值最大，数量最多，南大洋海域更为集中，成了全球海洋最主要的捕鲸场；鉴于捕捞过度，现已列为保护对象，禁止商业性捕捞。我国鲸类资源十分丰富，也有大量的海豚，长江口的白鳍豚、厦门到珠江口的中华白海豚都是保护对象。海獭和海狗是重要的皮毛兽，在中国海已很少捕到海狗、北海狮、髯海豹；斑海豹数量尚多，已在渤海长兴岛建立了保护区；南方海域的"美人鱼"——儒艮，是国家一级保护动物。

世界海洋鸟类约有 350 种，大洋性海鸟有 150 种，它们以海洋鱼虾为食，对海洋渔业有一定影响，但鸟粪却是极好的天然肥料。我国南海的金丝燕，用唾液等筑成的燕窝是上等滋补食品；海南大洲岛已建立保护区。

7.4.2.4　海洋药用生物资源

海洋生物药用是我国医药学的贡献，历史上早就应用乌贼内壳（俗称海螵蛸）、鲍鱼壳（石决明）、石莼、鹧鸪菜、海龙、海马、玳瑁、泥蚶、文蛤、南珠等医病。

20 世纪后半叶以来，世界各国纷纷开展海洋药用生物的调查研究，已发现 1 556 种海洋生物（包括动物 1 431 种，藻类 125 种）具有药用价值，我国近海已发现具有药用价值的海洋生物达 700 多种。药用开发研究也取得了令人鼓舞的成果，鱼肝油和深海鱼油已普遍推广，各种新的抗病毒与抗菌剂、抗肿瘤剂、抗风湿与类风湿、前列腺素、心血管药物接连研制成功；许多海洋生物中含有毒素，临床可用于镇静、麻醉和肌肉松弛、安神等。

海洋生物具有产生多种生物活性物质的能力，这也是海洋药用生物资源的重要方面，如新型抗生素、抗肿瘤药物、不饱和脂肪酸、多糖、酶、维生素、氨基酸和毒素等。螺旋藻既被誉为最佳绿色食品（因蛋白质占60% ~ 70%，且多达几百种，18 种氨基酸中人体必需的有 8 种，还有维生

素 B_2，β–胡萝卜素、钾、铁、碘、磷、硒等矿物质），而螺旋藻多糖还是抗肿瘤、抗辐射和免疫调节作用的生物活性物质。

当然，海洋药用生物活性物质（包括海洋药用物质、生物信息物质、生物毒素和生物功能材料等）的含量一般都很低，况且在不同物种及其生命周期的不同阶段也有很大差异，故获取足够量的活性物质为人类利用，还需要进一步研究和开发。特别需要指出的是，许多具有药用价值的物种如海马、鲨等已划归濒危物种，开发利用的同时，还应注意保护。

复习思考题

1. 试析海洋非生物性环境要素对海洋生物的影响。
2. 生物性海洋环境要素与海洋生物的关系如何？
3. 人类活动对海洋生物的影响如何？
4. 海洋生物多样性包括哪些层级？各层级的关系如何？
5. 海洋浮游生物的主要种类和特征如何？
6. 海洋游泳生物的主要特征如何？人类活动对其影响如何？
7. 何谓海洋污着生物？有何危害作用？
8. 海洋生态系统组成结构与陆地生态系统有何异同？
9. 海洋生态系统的主要类型有哪些？
10. 何谓大海洋生态系统？
11. 简述黄海生态区建设。
12. 试论海洋生态系统服务功能。
13. 简论海洋生物资源及其特性。
14. 试论海洋生物资源的开发、利用和保护。
15. 简论海洋生态系统健康和海洋生态安全。

参考文献

1. 全国科学技术名词审定委员会 . 2007. 海洋科技名词（第二版）[M]．北京：科学出版社．

2. 冯士筰，李凤岐，李少菁．2006. 海洋科学导论［M］．北京：高等教育出版社．

3. 李冠国，范振刚．2004. 海洋生态学［M］．北京：高等教育出版社．

4. 傅秀梅，王长云．2008. 海洋生物资源保护与管理［M］．北京：科学出版社．

5. 黄宗国．2008. 中国海洋生物种类与分布［增订版］［M］．北京：海洋出版社．

6. 中国大百科全书．1987. 大气科学·海洋科学·水文科学［M］．上海：中国大百科全书出版社．

7. 焦昆鹏．2005. 浅谈我国红树淋湿地生态系统［J］，生物学教学，30（7）：7～10.

8. 林鹏．1990. 红树林研究论文集［C］．厦门：厦门大学出版社．

9. 赵美霞，余克服，张乔民．2006. 珊瑚礁区的生态多样性及其生态功能［J］．生态学报．（1）：186～194.

10. 王丽荣，赵焕庭．2006. 珊瑚礁生态系统服务及其价值评估［J］．生态学杂志．（11）：1384～1389.

11. 郑淑英．2000. 大海洋生态系的全球战略［J］．海洋开发与管理．17（2）：9～13.

12. 张朝晖，叶属峰，朱明远．2008. 典型海洋生态系统服务及价值评估［M］．北京：海洋出版社．

13. 陈尚，张朝晖，马艳，等．2006. 我国海洋生态系统服务功能及其价值评估研究计划［J］．地球科学进展．（11）：1127～1133.

14. 杨振姣，姜自福．2011. 海洋生态安全研究综述［J］．海洋环境科学，30（2）：102～106.

8 海洋环境经济

联合国《21 世纪议程》指出：海洋是全球生命支持系统的一个基本组成部分，也是有助于实现可持续发展的宝贵财富。这充分说明了海洋对经济发展的重要支撑作用，也指出了人类保护海洋的重要性。在发展海洋经济，向海洋要资源、要效益的同时，人们必须关注海洋环境问题，海洋环境经济研究顺应形势获得了快速的发展。环境与资源经济学所关注的环境与经济的相互作用关系、环境价值评估及其作用、环境管理的经济手段、环境保护与可持续发展以及国际环境问题等，同样也成了海洋环境经济研究的重要领域。

8.1 环境经济学简介

为了讨论海洋环境经济研究有关问题，先介绍一些环境经济学知识。

8.1.1 环境经济学的形成与发展

8.1.1.1 历史回顾

20 世纪环境问题接踵而至，引起人们对经济增长前景的忧虑。帕累托（V. Pareto）率先探讨资源配置的效率问题，"帕累托最适度"或"帕累托最优"理论，成了环境经济学的理论基础之一。"外部性理论"由马歇尔（A. Marshell）提出并经庇古（A. C. Pigou）等人发展，也是其理论基础之一。

被誉为环境经济学奠基人的克鲁梯拉（J. V. Krutilla）和克尼斯

（A. V. Kneese）是首届"沃尔沃"世界环境奖（1990 年）获得者。前者发表了自然资源经济学的奠基之作《自然资源保护的再思考》，后者则在环境污染物影响评价和环境管理、特别是水质管理研究方面卓有建树。他们的思想和理论被称为自然资源利用经济学或称环境与自然资源经济学。

20 世纪 50、60 年代接连暴发的环境公害事件，既助推了民众的"环境运动"，也吸引了经济学家研究环境污染与经济活动的关系，进而揭示了传统经济学理论分析环境经济问题的重大缺陷：污染的外部不经济带来了巨大的社会成本，而传统成本计算并未予以考虑；GNP 等用以衡量经济增长的标准不能真实地反映经济福利，不能如实反映社会福利水平的提高。为此，许多学者研究从宏观上定量分析环境保护与经济发展的关系，形成了污染经济学或称公害经济学。

生态经济学的诞生，以美国经济学家鲍尔丁（K. E. Boulding）的论文《一门科学——生态经济学》为标志。生态学理念和经济学的理论相结合，发展迅速，成绩斐然。循环经济倡导生产、流通和消费过程中的减量化、再利用、资源化（简称 3R）模式。绿色经济强调环境友好可持续发展经济的理念。

对经济发展与环境之间关系的研究，代表性的观点可分为三派：悲观派、乐观/乐天派和现实派。1972 年由米都斯（D. L. Meadows）等人撰写的罗马俱乐部的研究报告《增长的极限》是悲观派的代表作，他们用多种模型分析了人口、农业生产、自然资源、工业生产和环境污染五大要素之间的关系，认为地球承载力已近极限，亟待"冻结"经济和人口的增长。达利（H. E. Daly）则认为自然资源耗竭是一个渐进的过程，当某种资源开始稀缺时，对其利用的效率就会提高，也会开始寻找或开发其替代品。增长无极限，世界无末日是乐天派的观点。

可持续发展理论为解决经济发展和环境资源的难题指出了现实的也是正确的道路。世界自然保护同盟（IUCN）早在其 1980 年发表的报告中就提出了"面向可持续发展的生命资源保护"。1987 年布伦特兰委员会向联合国提交的报告《我们共同的未来》，明确指出：从本质上说，经济与环境是可以相互协调的；传统的经济增长模式应当改革，新的发展战略应当建立在可持续的环境资源基础之上。

作为环境经济学发展后期的一大学派，可持续发展经济学体现了环境经济学的主要内涵和发展方向，且其丰硕的研究成果和广阔的研究领域，实际上已经超出了环境经济学的范畴。在我国，从党的十六届三中全会就提出了科学发展观，并已提升为我国各项事业发展的指导思想。

8.1.1.2　新概念——低碳经济和蓝色经济

2003 年英国政府能源白皮书使用了低碳经济（low carbon economy）一词，继而广泛流行。狭义低碳经济一般指以减少碳排放为主要目标构建的低碳技术、低碳产品、低碳市场及其贸易规则与财税体系。广义低碳经济则把以减少碳排放为核心的理念整合到经济、社会的各项活动中，即以尽可能低的碳排放实现尽可能高的总的经济产出和社会服务，涵盖低碳能源系统、低碳产业结构、低碳消费行为以及社会行为等；换言之，通过发展低碳经济，实现经济增长与温室气体减排、节能、安全、环保等多重目标。公众通常把低碳排放的行业技术、工艺、行为等视为低碳经济。

20 世纪 60 年代以来我国的 5 次"海水养殖浪潮"（海带、对虾、扇贝、大菱鲆、海参）被称为中国海洋经济发展中的"5 次蓝色技术革命"。向蓝色海洋索取更多优质水产品的"蓝色革命"构想可以认为是"蓝色经济"概念的滥觞，鉴此即有人将"蓝色经济"狭义地认同于海洋经济。可持续发展理念使"蓝色经济"概念得以提升，1999 年，加拿大"蓝色经济与圣劳伦斯发展"论坛，2008 年澳大利亚"蓝色 GDP 福祉计划"，2009 年美国"蓝色经济：海洋在国家经济未来发展中的作用"听证会及总统备忘录等，即为国外的例证。2009 年中共中央总书记、国家主席、中央军委主席胡锦涛提出"打造山东半岛蓝色经济区"，2011 年国务院批准《山东半岛蓝色经济区发展规划》，则给蓝色经济以更丰富的内涵：大力发展海洋经济为明确的方向，科学开发海洋资源乃秉持的原则，培育海洋优势产业致高端引领，海陆统筹一体化呈整体空间视角，沿海区域经济、社会和生态的协调健康可持续发展是根本目标。

8.1.2 环境经济学的主要研究领域

8.1.2.1 物质平衡理论

环境与经济的相互作用、相互关系的研究，是环境经济学始终关注、也是环境经济学各个学派共同研究的领域。基于热力学原理，着眼于整个环境—经济的物质平衡关系分析，形成了环境经济学中的物质平衡理论。

8.1.2.2 外部性理论

所谓外部性，是指在实际的经济活动中伴随着生产和消费活动的非市场性影响。外部性理论揭示了市场经济活动中资源配置的一些低效率产生的根源。深入研究外部性的类型、特征和产生原因，分析外部性对资源配置的影响和市场失灵、政策失效的机理，并致力于最大限度地减少直至消除外部不经济性的影响，成了环境经济政策的主要目标之一。

8.1.2.3 环境资源价值理论

克鲁提拉在 1967 年定义了自然环境的经济价值，提出了"舒适型资源的经济价值"理论，指出该类资源具有唯一性、真实性、不确定性和不可逆性，讨论了其价值的构成和评估。海洋环境资源和海洋环境质量的价值评估，也是当今研究的热点和前沿。

8.1.2.4 公共物品与产权理论

依公共物品理论，环境质量或服务大多可划为准公共物品，有的更接近于纯粹（典型）的公共物品。然而，由于环境污染和资源破坏日趋严重，本来可以认为是纯粹的公共物品，如高质量的大气环境、清洁的水资源等已变得日渐稀缺，不再能任意使用而不影响他人消费，已不再是纯粹的公共物品。更为严重的是，公共物品的无偿（免费）、无序、无度消费，最终会酿成"公地悲剧"（the tragedy of the commons）。

西方产权理论界强调产权明晰的重要性，并将其作为提高资源配置效率的重要手段，认为完全的私有市场机制是实现资源最优配置的一个制度条件。科斯（Coase）定理就给出在产权明晰、交易成本为零的前提下，通过市场交易可以消除外部性。然而，交易成本为零是难以达到的，况且其"经济人"、"理性人"的前提假设[①]也受到圣塔菲学派等的质疑（专栏8-1）。我国以明确环境容量使用权为特征的排污权交易，以及环境保护市场化探讨和实验等已取得不少成果；尤其是海域使用权的立法和规制，更是走在了世界各国之前。

8.1.2.5　可持续发展理论

可持续发展理论对传统经济学进行了重大矫正。例如矫正传统的国内生产总值（GNP），建立自然资源账户，引入可持续收入的概念，倡导代内公平与代际公平，强调国际环境合作等。在控制温室气体排放、臭氧层破坏、酸雨以及生物多样性保护等领域推出一些国际公约或多国协议、条规。我国积极参与了上述各项活动。

8.1.2.6　环境管理的经济学手段

环境管理政策可分为三大类：命令型和控制型、经济型和激励型、鼓励型和自愿型，其第二类就是以经济手段为典型特征的。从制度经济学的视角切入环境经济学，也形成了环境经济学的一个学派。20世纪20年代庇古提出的用征收污染费或污染税的方式来纠正环境污染的外部不经济性，现已在欧盟和日本等普遍推行。美国则青睐科斯定理中的产权转让，

---

　　① 帕累托等人的理论前提假设都基于"经济人"行为倾向是"追求自身利益的最大化"，这种对"人性自私"的肯定曾招致批评。20世纪20年代以后，"经济人"假设逐步被"理性人"——约束条件下最大化自身偏好的人——假设所代替，但其"偏好"仍难脱于"自利"。圣塔菲学派提出"强互惠（strong reciprocity）"和"利他惩罚（altruistic punishment）"等概念，认为人类行为具有超越"经济人"和"理性人"假设的行为模式，有效的合作规范和秩序，也许是人类在生存竞争中最大的优势。

借助市场交易的经济手段解决外部不经济性。

大多数国家对管理环境倾向于选择使用命令控制型手段，但考虑到降低成本和提高效率，还是有越来越多的国家选用了经济型手段。据经济合作与发展组织（OECD）报道，在 1989 年时已有 14 个成员国使用 150 种经济手段管理环境。近年来，环境经济手段又有更多的发展和创新，在我国也有越来越多的经济手段应用于环境管理。

专栏 8 - 1　圣塔菲学派

经济学研究中的圣塔菲学派，起源于美国新墨西哥州著名的圣塔菲研究所。他们倡导并坚持在自然科学与社会科学之间进行合作研究。他们的研究成果，对西方传统经济学中通用的"利己的""经济人"和"理性人"假设提出了质疑，认为人类行为具有超越"经济人"和"理性人"假设的"强互惠"行为模式，具有一种明显的利他性质的、对不公平行为实施惩罚的倾向。他们提出：人类合作及由合作产生的剩余，可能是人类心智、社会行为，包括文化和制度共生深化的最终原因；有效的合作规范和秩序，也许是人类生存竞争中最大的优势。

马萨诸塞大学经济学教授（荣誉退休）、圣塔菲学院讲座学者 S. Bowles 和 H. Gintis 于 2004 年 2 月在美国《理论生物学杂志》发表论文《强互惠的演化：异质人群中的合作》，认为人类行为具有超越"利己"动机，即超越"经济人"和"理性人"假设的"强互惠"（strong reciprocity）行为模式。圣塔菲学派的重要成员、苏黎世大学国家经济实验室主任恩斯特·费尔教授等人撰写的"利他惩罚的神经基础"，是 2004 年 8 月出版的《科学》杂志的封面文章，文中把"强互惠"指称为"利他惩罚（altruistic punishment）"，并以现代科学技术手段——正电子发射 X 射线断层扫描技术观察脑神经反应，解释且验证 Bowles 和 Gintis 等人的假说。

8.2 海洋环境与经济发展的相互关系

依环境经济学的观点，环境和经济共同处于一个大的系统之中，两者中任何一方的变化都会影响另一方。海洋环境作为海洋经济—海洋环境系统中的一部分，从各个方面作用于海洋经济活动，当然海洋经济的发展反过来也对海洋环境产生多种多样的影响。海洋经济学就是"研究海洋资源合理配置、利用，使其获得最佳效益的学科"。

8.2.1 海洋环境对经济发展的作用

海洋环境有许多特殊性并影响着人类的发展。对海洋经济——"人类在开发利用海洋资源过程中的生产、经营、管理等活动的总称"——而言，海洋环境不仅提供了丰富的资源，也为人类经济活动提供了系统的支持。

8.2.1.1 对地球生态系统的支持功能和服务功能

在整个地球系统中，海洋有着极其重要的地位和作用。缘于海洋自身的特性和海水运动而强烈地影响着全球气候：太阳射达地球表面的辐射能70%左右被海洋吸收，且其中的大约85%储存于海洋上混合层之中；然后又通过长波辐射以及潜热和显热交换的形式输送给大气，驱动了大气的运动，衍生了形形色色的天气现象。

海洋为地球生态系统提供了健康运行与发展的适宜的环境，这是对人类经济发展与社会进步的最重要的支持功能。海洋生态系统为人类提供的诸多服务已在上一章中有所介绍。联合国秘书长在1999年的海洋事务报告中称，海洋和沿海生态系统提供的生态服务价值可达21万亿美元。

8.2.1.2 丰饶的资源和能源的储备功能

海洋拥有丰富的生物资源，是地球上生物多样性最高的区域，既能提供量多质优的蛋白质，又是天然的海洋药物、各具特色的多种酶、生物活性物质与基因的宝库。只要海洋生态系统不遭严重破坏，上述资源中的大多数还是可再生的。海洋中的水资源以及风、浪、流、潮与温差、盐差等能源，是洁净可再生的。海水中的化学资源、海洋沉积物矿产资源，还有埋藏于海底下的石油、天然气和可燃冰等资源，虽然不是可再生的，但储量巨大，有的甚至远远超过陆地上的蕴藏量，何况大洋多金属结核以及海底热液或冷渗口矿物还在继续生成、累积而构成远景资源。

丰饶的海洋资源不愧为现代海洋经济发展的基础。20 世纪 70 年代以来世界海洋产业总产值每 10 年左右翻一番，2001 年已达全球 GDP 的 4%；若将海洋产业对全球经济的间接贡献也计入的话，则可高达 20%。在环境意识和环境行动与时俱进的情势下，人们把海洋中类型繁多而可再生的生物资源、洁净而可循环使用甚至可再生的能源、存量巨大而有的还在增生的海洋矿产资源等，视为全人类社会和经济可持续发展的坚实基础与后盾。

8.2.1.3 海量的信息与浓郁的文化功能

广袤的海洋积淀了地球漫长发展历程的大量的信息，这海量的信息，有的固化在沉积物之内，也有的延续至今而被称为"活化石"，还有海底热泉或冷渗口生态系统演示着地球初始生命运动的景象，从而凝聚了重要的科研价值和浓郁的文化底蕴。随着时间的演进，海洋本身所拥有的以及人类在开发利用海洋过程中陆续获取的新信息，不仅数量与日俱增，而且其本身的价值也不断攀升。可以说海洋信息获取的过程，既是海洋价值体现的过程，也是人类对海洋价值解读深化的过程。这些价值对海洋经济及旅游业的直接推动是显而易见的，而对人类社会和经济发展的潜在影响却是更为深远的。

8.2.1.4 巨大的纳污、降解与自净功能

海洋位于地球表面的最低之处，陆地上和大气中的许多污染物质几乎

最终都汇入海洋。由于海洋对进入其中的物质具有巨大的扩散、稀释、氧化、还原、生物降解等能力，故可以容纳相当数量的污染物而不致酿成海洋环境污染灾害，因此成了全球环境最大的"纳污池"和"净化器"。正是有赖于这种功能，海洋为生物提供了一个相对稳定的生存环境，使海洋生态系统得以维持，也为人类社会与经济发展提供物质基础和支持功能。

　　沿海各国临海产业的发达，全球海洋经济产值与实力的飙升，濒海城市群的崛起与扩张，都是有效利用海洋资源及其纳污与自净能力的例证。现今世界上年人均收入超过 2.2 万美元的 10 个国家，有 8 个是沿海国家。今后全球海洋经济仍将保持高速发展的态势，新的经济中心和城市群依然最有可能在沿海地区形成和腾飞。当然，海洋纳污和自净能力也有一定的限度，若排污入海超过一定的限度，就会对海洋环境造成严重的甚至不可逆转的损害。保持海洋环境系统结构和功能的稳定，是人类生存和发展的基础，因此在开发利用海洋的过程中，既要讲究经济效益，也必须注意社会和生态效益及其后果，才能保证可持续的健康永续的发展。

　　我国的海洋经济发展成绩斐然，2003 年全国海洋生产总值首次突破 1 万亿元大关，2010 年达 3.8 万亿元，占国内生产总值的 9.7%，并且仍呈持续增长之势。在"环渤海"、"长三角"、"珠三角"区域海洋经济发展核心的基础上，国家又批准了山东半岛蓝色经济区、浙江省海洋经济发展示范区、广东省海洋经济发展试验区等规划。

8.2.2　人类经济活动对海洋环境的影响

　　积极开发利用海洋资源，大力发展海洋经济，必将促进国民经济整体的发展。当然，在海洋经济快速发展的过程中，也会带来一些负面效应，海洋环境问题加剧便是最突出的表现之一。海洋经济的快速发展，依赖于海洋产业的增长，显然需要从海洋中直接或间接取用更多的资源或能源，同时又会把大量废弃物排入海洋，从而对海洋环境形成冲击甚至酿成海洋污染。从事海洋开发利用活动的经济主体往往倾向于最大限度地获取海洋资源，容易导致海洋资源的浪费和过度开发。总之，人类经济活动的不科学不合理，对海洋环境造成的种种不利影响，显然会导致海洋自然资源供应能力的下降以及海洋环境纳污、降解和自净能力的衰减，进而招致海洋环境退化、污染甚至酿成公害。

经济学家从不同的方面对经济发展与环境的关系进行了研究。1955年，诺贝尔经济学奖得主西蒙·库兹涅茨（S. Kuznets）通过考察许多国家经济增长与收入分配的关系，提出如下假设：在经济发展过程中，收入的差异具有随着经济的增长表现出先逐渐加大、后逐渐缩小的趋势；以收入差异为纵坐标，以人均收入为横坐标，则两者之间的关系便呈现为一个倒"U"字型曲线，被称之为库兹涅茨曲线（Kuznets Curve，KC）。

受其启示，依据长期以来经济增长和环境恶化与改善的经验数据的支持，1991年美国经济学家古斯曼（Grossman）和克鲁格（Krueger）等提出了环境库兹涅茨曲线（Environment Kuznets Curve，EKC）的假设：如果没有一定的环境政策主动干预，一个国家的整体环境质量随着经济增长和经济实力的积累表现为先恶化后改善的趋势。其原因是：现代经济增长之前因人口总量不大，经济增长速度又低，开发和利用资源的能力有限，排放的废物也少，对环境的负面影响一般不大；现代经济增长之初过于强调经济增长，发展的大多是资源密集型产业和高污染型工艺，加上人口增长显著，资源消耗开始超过资源更新速率，废物排放的数量和危害均有增加，导致环境污染越来越严重；当经济发展到一定水平后，公众的物质生活质量明显提高，开始对环境质量有了更高的需求，环境意识的强化促进了环境政策法律的实施和高新技术的运用，凭借发展蓄积起来的经济实力可以转向环境治理，使环境质量退化的势头得到遏制并逐步逆转。环境库兹涅茨曲线在各国可能有不同的具体形式，但它印证了经济发展与环境的关系，促使人们用新的理念考虑经济发展，处理好经济发展与环境的关系。

我国目前正处于海洋经济发展与海洋环境问题"双高并行"的时期。

海洋资源的开发利用，很大程度上推动了经济的发展，但在海洋开发迅速升温的同时，海洋环境、资源也正在承受着前所未有的压力。海洋经济与海洋环境保护之间的矛盾已经凸现出来，而且随着海洋经济的加速发展这一矛盾还可加剧。海洋经济的高速发展，导致海上开发活动的区域不仅由经济发达地区的毗邻海域向两侧延伸，而且也由沿岸和近海向外海扩展，海洋污染范围必将相应扩大。沿海经济结构和产业结构的变化，使入海的污染物种类发生变化，新的污染物排放入海将会引起新的环境问题。海洋经济的发展必然对海洋环境造成某种程度的冲击是不争的事实，企望"零"污染是不现实的。当然，这并非要求人们只能消极认可海洋环境逐渐恶化。事实证明，只要人们采取得力的环境保护措施，就有可能在发展海洋经济的同时，使海洋环境得到有效的保护，或者说使环境污损达到最小化。然而，海洋环境问题的解决仅靠市场机制的自发调节和企业、个人的单方面行为是难以奏效的。因为海洋环境有公共物品性，追求利益最大化的企业或个人往往不愿意、有时也是无力从事环境治理。这就需要政府借助公共权力，推行配套的环境政策，组织协调各方力量共同进行环境保护和治理。如前已述，海洋环境有诸多特殊性质，所以更需政府对海洋开发进行统筹规划，科学协调，综合运用行政、法规、经济等手段，规制海洋开发利用中的各类经济主体，使之各自规范开发、科学利用，最大限度地减少对海洋环境的负面影响，防止它超出生态阈值，尽量使 EKC 曲线扁平化并及早转低。

8.2.3　海洋环境的可持续开发利用

海洋环境是全球环境的重要组成部分，世界各国在实施可持续发展战略时，都把海洋环境的可持续开发作为基本内容之一。《21 世纪议程》的第十七章即为"大洋和各种海域，包括封闭和半封闭海域以及沿海地区的保护，海洋生物资源的保护、合理利用和开发"；强调把海洋环境作为一个整体，指出它"是全球生命支持系统的一个基本组成部分，也是有助于实现可持续发展的宝贵财富"，集中体现了海洋环境可持续开发利用的思想。

我国社会和经济的发展也将越来越重视海洋，《中国 21 世纪议程》就把"海洋资源的可持续利用与保护"作为其重要的行动方案领域。《中国海洋 21 世纪议程》则提出了我国海洋事业可持续发展战略的基本思路：有效维护国家海洋权益，合理开发利用海洋资源，切实保护海洋生态环境，实现海洋资源、环境的可持续利用和海洋事业的协调发展。在海洋经济快速发展的今天，更应坚持科学合理地开发、利用海洋，加强海洋环境保护，实现海洋环境与海洋经济的协调、健康和可持续发展。2009 年 4 月中共中央总书记、国家主席、中央军委主席胡锦涛视察山东时就强调："大力发展海洋经济，科学开发海洋资源，培育海洋优势产业，打造山东半岛蓝色经济区。"

8.3 海洋环境问题的经济学成因

海洋环境问题既有原生的问题也有次生的问题。原生性海洋环境问题近年来趋频趋重，固然与人类活动有关，但其主因还在于自然界；次生性海洋环境问题则主要是因人类活动使然。人类活动对海洋环境的损害和破坏，一般可分为两大类：一类是海洋环境污染，即人类将生产、生活过程中的各种物质和能量过量地排放入海造成的；第二类是海洋环境损害乃至生态破坏，系由人类不合理的海洋开发活动而引发。

人类活动之所以引发海洋环境问题，缘于以往的海洋经济发展大多在某种程度上以牺牲海洋环境为代价。可以说海洋环境问题的造成，根本的原因在于人类的经济活动，因而对海洋环境问题进行经济学分析，有助于循根探源，寻求和设计解决海洋环境问题的有效方法。

8.3.1 海洋环境、资源的公共物品性

海洋环境问题产生的一个重要原因是人们对海洋环境资源的滥用，导

致滥用的原因在于海洋环境资源本身所具有的公共物品性。

　　所谓公共物品是相对于私人物品而言的、具有非排他性和非竞争性的物品。非排他性主要是指消费上的非排他性或不可分割性。私人物品是排他的，盖因购买者付费取得了某件物品的所有权就可以轻易地排斥其他人来消费这一物品。公共物品的消费是共同的，不能排他；公共物品的效用是集体的，不可分割。若想把不为公共物品付必要费用的个人排除在外而不让其享用该公共物品，要么在技术上不可能，或者因成本太高而不现实。

　　公共物品的消费还具有非竞争性，即公共物品只要提供出来，任何消费者对其消费都不影响其他消费者的利益，也不会影响整个社会的利益。例如海防安全是由国家提供的，国人皆可享用，增加一个人并不要求增加海防供给量的边际成本，亦即每增加一个单位的消费量其边际成本为零。又如为保障海上航行安全而建造的灯塔，过往船只都可观其信号而航行，消费既不具有排他性也无竞争性。同时满足这两个基本特征的物品属于纯粹的（典型的）公共物品，海洋环境预报、天气预报、海洋环境保护等即属于公共物品。

　　当然在现实生活中，也有许多物品并非同时具备以上两项特征，有的物品只具有非排他性但不符合非竞争性。例如海洋鱼类资源，谁都可以去捕捞自食或出售，但自用或出售这种消费既非共同享用且又具有竞争性，这种物品实际上是"公有私人物品"，也有人将其称为"公共池塘物品"。与此对应还有"俱乐部物品"或称私有局部公共物品，因其在出现"拥挤效应"之前具有非排他性，消费上也不具有竞争性，每增加一个消费者其消费的边际成本为零；但在出现拥挤效应之后，每增加一个消费者就会给其他消费者带来负效应，故其边际成本不为零。与这两种物品性质相似的称为准公共物品。

　　海洋环境、资源的公共物品性有两层含义：一是指海洋环境给人们提供的服务如令人愉悦的海洋景观、舒适的海洋自然环境、海洋生物多样性等是纯粹的公共物品；二是指海洋环境中的海洋资源、被使用的海域则应划入准公共物品。盖因海洋资源虽甚丰饶但其总量毕竟有限而非无限，当超过一定的阈值之后，资源的稀缺性凸显出来，使用时就有了竞争性；海洋纳污虽谓"海涵"，然而其降解、自净能力终究有一定限度亦非无限，当排污超过海域的自净能力时，就对海洋环境功能造成损害，甚至酿成污染公害事件。

私人物品主要由市场来提供，企业或私人受经济利益的驱使，有强烈的赢利愿望而进行商品生产。公共物品则不然，只要生产和提供出来，任何人就可免费使用，故企业或个人缺乏生产的积极性。像海洋环境之类的公共物品，若仅依靠市场来提供，其结果不是供给不足就是利用不足。之所以会出现供给不足，是因为消费者对公共物品的享用可以免费或少交费，导致生产者得不到应有的收益，故很少有人愿意再提供。之所以可能出现利用不足，则缘于海洋环境中的一些准公共物品，如海洋浴场、景观、休闲、游憩等场所，若完全交由市场供应，为赢利而收费偏高会导致游人却步，即造成公共资源的闲置与浪费。总之，仅仅依靠市场不可能有效地提供海洋环境物品，政府干预是必要的，而且政府的重要职能之一也是提供公共物品。

8.3.2 海洋环境、资源的外部性

在经济学中外部性也称为外部效应，是指一个经济人的行为影响到其他人，而该经济人没有根据这种影响的后果向被影响者支付报酬或赔偿；或者说私人成本和社会成本的不一致就是外部性。若一个当事人的行为影响其他人的海洋环境和经济利益时，也就产生了外部效应。

外部效应有正、负之别。正外部性亦称为外部经济性，是指好的或积极的影响。例如有人整修了滨海的道路，给休闲观海游憩者甚至给海洋旅行社也提供了方便而没有得到相应的报酬。负外部性也称为外部不经济性，是指坏的或消极的影响，比如海边的工厂向海洋排放废、污水污染了

海滨养鱼场，导致鱼的数量和质量降低却未给予赔偿。

外部效应的显著后果，是在经济活动中扭曲了资源配置。当存在正外部性时，采取经济行动者其收益小于其行动的成本，行动的成本小于社会收益，显然该项经济活动对社会有益而对行动方却无利可图，因而大多数经济单位对此类经济活动缺乏积极性，导致行动的水平低于社会最优水平，其后果便是资源没有达到最优配置。在负外部性情况下经济单位行动的收益高于其成本而低于社会成本，即使该项行动对社会无利而有害，经济单位因有利可图为实现其利益最大化也乐此不疲，结果是经济单位获得了最大利益，却往往损害了社会或其他人的利益。

可见外部性不论正负，都会影响环境资源的优化配置，导致环境问题更加严重。从事海洋环境资源开发利用的个体或企业，以往多是以其自身利益为出发点，关注的是自身利益最大化而不是社会成本以及海洋环境资源的保护。这就是症结之所在，外部性理论揭示了海洋环境问题产生的经济学原因。

外部性的产生是市场失灵的表现。在单纯市场机制下，经济单位或个人实现了自身利益最大化，却加剧了海洋资源的短缺、海洋环境的污染和海洋生态系统的失衡。为了消除这些不良后果，不得不投入大量财力物力进行治理，所有这些费用施害者未承担而转嫁其外，故称为外部费用或外部成本。减少和控制经济行为外部负效应的有效措施是使外部成本内在化。为了实现内在化，采取的手段大致分三类：基于政府的行政管理手段，基于市场的经济激励手段，基于道义的宣传教育手段。

8.4　海洋环境的经济价值

环境有价值虽然已经形成了共识，但如何给没有市场价格的环境资源赋予货币价值却是相当困难的，因而环境价值成了环境经济学的重要研究内容。同样，在海洋环境经济研究中也非常重视海洋环境价值的评估。海洋环境价值评估和计量的主要目的，一是完善海洋经济开发和环境保护投资的可行性分析，二是为制定海洋环境政策和实施海洋环境管理提供决策依据。

8.4.1 环境价值的概念与构成

8.4.1.1 传统的环境价值观及其缺陷

在经济学中以往通常认为没有劳动参与的东西没有价值，或者认为不能市场交易的东西没有价值，依此推论则得出自然资源和环境"自身"没有价值。这种环境价值观的缺陷衍生了诸多的恶果：在生产中，经济人最大限度地开采使用环境资源而不珍惜和保护之，导致环境资源大量消耗而未能合理补偿和恢复；在消费中，人们不知道或不愿意厉行节约，以致对环境资源取用多多益善，废弃毫不恋惜，甚至炫耀性消费攀奢比侈；在定价时，只体现其物化的劳动价值，导致环境资源性原料价格过低，与其真正价值严重背离；在管理上，对环境资源调控粗疏濒于失效。从现代经济和社会发展的要求来看，环境资源低价甚至无价论，已凸现出更多的缺陷和问题。

就国民财富或社会财富而论，本应指一定时期内一个国家或一个社会所拥有的物质资料的总和，如果仅仅计算固定资产和流动资产之和而不计自然的环境资产，显然失之偏颇。新的财富概念认为，国民财富除了人造资本，还应加上资源资产或环境资产（自然资本）以及人力资本（人力资源），这才是一个国家的财富总量。

随着社会的进步，人们对环境舒适度的要求越来越高，更多的事实表明，环境不仅有价而且还在不断增值，发展和完善环境价值核算方法，是国民经济核算革新的重要内容之一。

8.4.1.2 环境价值的构成

环境资源的价值称为环境的总经济价值，也简称为环境总价值，记作

TEV（total economic value）。关于其构成，一般有两种分类方法。

第一种分类法是将环境总价值分为二部分：使用价值和非使用价值。使用价值记为 UV（use value），也称为有用性价值（instrumental value），可以再分为直接使用价值 DUV（direct use value）、间接使用价值 IUV（indirect use value）和选择价值 OV（option value）。非使用价值记为 NUV（non use value），又称为内在价值（intrinsic value），也可以再分为存在价值 EV（existence value）和遗赠价值 BV（bequest value），见图 8 – 1 和式（8 – 1）。

$$TEV = UV + NUV = （DUV + IUV + OV）+ （EV + BV）\qquad （8 – 1）$$

使用价值是指某种物品被使用或消费时满足人们某种需要或偏好的能力。对环境而言即其直接满足人们生产和消费需要的价值，或者说是现在或未来环境资源通过商品和服务的形式为人类提供的福利。使用价值有的是直接取用环境资源物质而实现的，即为直接使用价值；有的则不一定直接取用其本身物质，例如观看有关海洋生物或景观的视频也是使用海洋环境资源，应为间接使用价值。直接使用价值如海洋及其中的鱼、盐，海洋生物基因，海洋休闲娱乐和教育等，其概念易于理解，但并非都容易计量，海洋产品产量尚可根据市场或调查数据估算，而海洋生物基因价值计量就困难得多。间接使用价值包括由环境所提供的用来支持目前的生产和消费活动的各种功能中所间接获得的效益。上一章所述海洋生态系统服务功能，例如营养循环、气候调节等，它们虽然不是直接进入生产和消费过程，但却为生产和消费的正常运行提供了必要条件，即提供了诸多间接使用价值。

考虑人们对环境资源使用的选择，即为选择价值，选择价值又称期权价值。任何一种环境资产都可能具有选择价值。例如在利用环境时，人们有可能还不想把环境的功能悉数耗尽，或许设想到未来该资源的使用价值会更大；也许由于不确定性的原因，需要对何时利用作出选择等，因而选择价值同人们愿意保护海洋环境资源以备未来之用的支付愿望的数值有关。选择价值相当于消费者为一个未加利用的资产所愿意支付的保险金，目的是为避免在将来不能得到它；鉴于其"未加利用"故有人建议将其划入非使用价值，如图 8-1 中的点线所示。

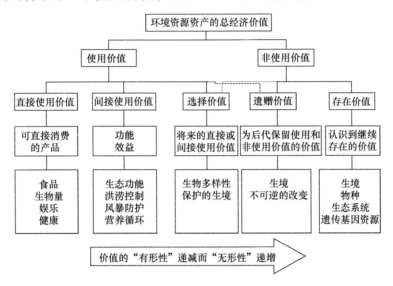

图 8-1   环境价值构成分类法之一

非使用价值来自于生态学家所研究的生态系统的内在属性，而与人们是否使用它没有关系。关于非使用价值的组成和界定尚有不同观点，较认同的观点是把存在价值视为非使用价值的一种最主要的形式。由于绝大多数人对环境资源的存在具有支付意愿，这就是存在价值的基础。而且随着环境意识的提高，存在价值被认为是总经济价值中的重要部分。遗赠价值与人们愿意把某种资源保留下来遗赠给后代人有关；由于它和该资源的使用价值（让后人在使用它们时获得满足）有关，故有人认为应该归入使用价值，如图 8-1 的断线。

第二种分类法是将环境价值分为资源价值和生态价值。有形的资源价值是指比较实用的有形的物质性的产品价值，无形的生态价值则是比较虚的舒适性的服务价值，见表 8-1。

表 8 - 1　环境资源价值构成分类法之二

环境价值	资源价值：比较实的物质性的产品价值——有形的资源价值
	生态价值：比较虚的舒适性的服务价值——无形的生态价值

　　第二种分类虽然比较粗疏，但概括为资源价值与生态价值两大类，脉络清晰、虚实明显。当然在具体计算各部分的价值时，也需要参照第一种分类法中较细的分项。

8.4.2　海洋环境、资源价值的计量

　　科学地计量海洋环境、资源的价值，是将其纳入国民经济核算体系的前提。计算海洋环境污染、资源损耗和生态破坏造成的损失，对防治措施进行费用与效益分析，以及对涉海建设项目海洋环境影响评价实施环境经济学分析等，也是基础性的工作。当然在实际进行计算时，缘于许多影响环境价值的因素难以确定，致使环境、资源价值的计量尚不能很精确。对海洋环境资源价值计量，不妨先着眼于从无到有，尔后再由粗趋精。

　　若要计量，特别是对无具体物质形态的舒适性服务价值的评估或计量，困难是显然的。因为它们没有相应的市场，而且现有的市场也不能准确地反映它们生产和消费的全部社会成本。然而，对海洋环境的经济价值评估，正是要求将其商品性价值和舒适性价值货币化，也只有通过货币计量，才能对人类的社会经济活动进行费用效益分析。由于货币交换一般能反映人们的偏好或支付意愿，这就启示我们借助已有的理论或方法，研究人们对海洋环境物品或服务的偏好或者支付意愿，即可以使海洋环境同其他具有货币价值的商品一样，纳入社会经济活动的费用效益分析。

8.4.2.1　海洋环境、资源价值计量方法

　　海洋环境、资源价值计量的基本方法有分析综合法，租金或预期收益资本化法，边际机会成本法和一系列替代方法（如市场价值法、人力资本法、调查评价法等）。专栏 8 - 2 即为一例计算结果。

专栏 8 - 2　胶州湾湿地资源价值 58 亿元

《胶州湾生态湿地保护研究》通过专家评审，评估出胶州湾的生态价值、规划建设五大湿地公园。

根据中国林科院和青岛市林业局 2008 年开展的《青岛市森林与湿地资源核算技术与应用研究》成果，胶州湾生态湿地总价值 584 432.39 万元。其中湿地产品价值 236 210.70 万元，湿地部分生态服务的价值为 348 221.69 万元。湿地部分生态服务又包括：涵养水源价值 50 250.00 万元（14.43%）；保护土壤效益为 51 661.57 万元（14.83%）；调蓄洪水的价值为 17 166.62 万元（4.93%）；固碳释氧总价值为 84 438.20 万元（24.25%：吸收二氧化碳 51.9 万吨，释放氧气 37.6 万吨；按每公顷湿地每年吸收二氧化碳 14.9 吨、释放氧气 10.8 吨估算）；……容纳降解污染物的价值为 101 825.14 万元（29.24%）；生物多样性保护的价值为 7 410.78 万元（2.13%）；休闲游憩价值为 13 992.73 万元（4.02%）；文化价值为 21 476.65 万元（6.17%）。

田璐、《胶州湾湿地资源价值 58 亿元》《青岛晚报》，2009 年 7 月 2 日第 3 版。

8.4.2.2　海洋环境污染损失的定量计算

缘于以往不考虑海洋环境的价值，所以在分析海洋环境污染危害时，大多只计算因污染造成的生产损失、固定资产损失、人身健康损失，而未考虑也不计算污染造成的海洋环境质量下降导致的海洋环境价值损失。实际上，海洋环境质量下降造成的损失不容忽视而应悉数计入，即应按下式计算。

$$海洋环境污染损失 = 生产损失 + 固定资产损失 +$$
$$人身健康损失 + 海洋环境质量损失 \qquad (8-2)$$

（1）生产损失。海洋环境污染造成的生产损失含污染所致产量减少和产品质量降低两项损失，可用下式计算。

产量减少损失的价值 = （产品市场价格）× （产品减少的数量）

质量降低损失的价值 = （降质所致差价）× （降质产品的数量）

$$(8-3)$$

（2）固定资产损失。污染造成的固定资产损失也包括两项：一是设施装备的使用寿命缩短，二是增加了维修费用，可依下式计算。

使用寿命缩短损失的价值 = （固定资产原值）×

（污染前、后折旧率之差）

增加维修费的价值 = 污染后的维修费—原维修费

$$(8-4)$$

（3）人身健康损失。包括因污染患病和死亡两项损失。即：

患病所致损失 = 患者直接劳动力损失 + 增加的医

疗费用 + 陪护人员的误工损失死亡率增加损失 =

［社会平均工资/（人·年）］× （增加死亡人数）

× （平均期望年龄—平均早逝年龄）

$$(8-5)$$

（4）海洋环境质量下降造成的损失。实际是指无形的生态服务（主要是调节服务和文化服务）功能降低所造成的价值损失。这类价值的损失只有当污染致害时才表现出来，对其计算通常采用恢复费用法（复原费用法）。亦即用使受污染的海洋环境基本恢复到原来状态所需的治理费用，代替环境质量降低的损失。鉴于环境质量损失可以用治理费用替代，故可以在所研究的某一海域选择若干有代表性的污染源计算其治理费用，加权平均后作为该海域单位污染物的治理费用，再乘以该海域污染排放总量，便可算得该海域的环境质量损失价值。

8.4.3　海洋环境、资源价值的应用

海洋环境、资源价值的分析和计算不仅有理论意义，且实际应用也十分广泛，例如在海洋环境、资源核算、海洋环境污染损失计算、海洋环境保护措施的费用效益分析、海洋环境规划管理以及综合决策等，都需要加入海洋环境资源价值的考量。

8.4.3.1 海洋环境费用效益的定量分析

国际上已流行对环保项目进行评估，即环境费用效益分析。对海洋环保项目进行经济评估时需考虑环境价值虽已达成共识，但只有把环境价值定量计算出来纳入其中，才能将环境费用效益评估由定性提高为定量分析。定量评估的结果是正确制定海洋环境与经济协调发展政策措施的科学依据。

8.4.3.2 海洋环境管理与规划的科学参考

海洋环境保护的公益性决定了政府的主导作用地位。政府在制订海洋环境、资源发展规划和设计管理制度时，为保证海洋资源的可持续利用和海洋环境整体性功能的可持续提供，就必须对海洋环境的价值有定量的把握。除了依靠强制性手段之外，在市场经济下也要发挥其价格、激励、供求、竞争、淘汰等作用，为了正常发挥市场的积极作用而避免其消极影响，就必须充分考虑环境价值这一重要因素。随着全球环境意识的高涨以及诸多重要国际组织的倡议和引导，国际市场价格也已越来越多地考虑海洋环境价值因素，我国既已为世贸组织一员，国内价格就需要逐步与国际接轨，而此类调整和措施，当然也应该以海洋环境价值的理论和量化为依据。

8.4.3.3 国民经济核算的重要一环

将环境、资源核算纳入国民经济核算体系，是实施可持续发展战略的重大措施之一。目前，国际流行的绿色国民生产总值和绿色国内生产总值，都是用环境价值量的变化加以调整的结果。

在实物量核算的基础上，进行环境价值量核算，可以把环境污染、生态破坏和资源濒竭等问题通过其价值量在国民经济总量指标中反映出来，反映的途径可以是资本、资产或产业。为使海洋资源环境核算纳入国民经济核算体系，在进行产值核算时可把海洋环境、资源的增值量当作资本形成来看待，将其计入总产值中；而把海洋环境、资源价值的贬值量当作资本损耗来处理，从总产值中扣除。针对现在的国民财富核算只计固定资产和流动资产，可以再增加一项资源资产或环境资产；随着社会主义市场经济体制的建立和完善，环境资源资产的出租、转让等交易活动会日趋增多，环境资产价值的科学计量将更受重视。也可以把环保部分列为一个独立的产业部门，环保实行产业化，与其他产业部门并列，共同列入产业部门投入产出平衡表。总之，不论采取何种途径，抑或资本、资产、产业，都可在国民经济核算体系中反映出来，而其前提则是对环境资源价值的科学计量。

8.5　海洋环境经济政策

8.5.1　环境经济政策的基点——环境资源的有效利用

因为海洋环境容量是有限的，对其利用过度乃至损害了海洋环境，肯定属于资源配置的低效率或者无效率。然而从海洋环境经济学的视角来看，海洋环境容量本身也是一种资源，对其利用不足或者完全不利用，同样也属于资源配置的低效率甚至是无效率。基于效率与公平原则，海洋环境容量应该有效利用，也就是说既要发挥资源配置的效率，同时还要保护海洋环境以保证其质量维持在所要求的水平上。换言之，寻求能兼顾以上两项要求的一种适度的污染排放量，即可实现海洋环境容量的有效利用。这种可接受的适度的污染排放量，亦称为污染物有效排放或有效率的污染水平。

从经济学观点看，适度的污染排放量是可以找到的，如图 8-2 中的点 D。该图横坐标为排污量，纵坐标为相应费用（成本）。曲线 A 为控制（治理）污染的成本随排污量的变化，可见污染物排放量（限排量）要求较少时，控制治理费用高，而随限排量的增多，成本显著下降。曲线 B 是污染造成的损失随限排量的变化，显然排放越多损失越大。C 为两项费用之和，即社会总成本，显见限排量过低（如点 E）或过高（点 F）都导致社会总成本较高；在点 D，社会总成本达最低，该点即为适度的污染排放量。当然，在海洋环境管理实践中，受制于多方面的原因，难以得知控制治理费用和污染损失费用的准确信息，所以点 D 只能近似求得。海洋环境管理政策设计的目标，就是力求趋近点 D。

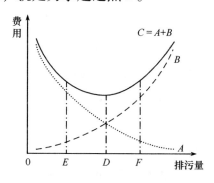

图 8-2　可接受的污染排放量

8.5.2　环境经济政策的特点——市场调节的有效发挥

为了实现环境、资源的有效率的配置，政府部门和企业都要做出努力。当然，政府的主导作用更为重要，因为政府可以通过行政、法律手段，制定和强制执行各类环境法规和标准，也可以通过市场机制，运用各种经济手段——环境经济政策。前者以命令型和控制型为突出特征，目标明确、见效快，但执法、监管的运行成本高昂；况且，统一标准也不见得最有成效——因为对于污染高于限额者，其再治理成本高，会使社会成本高，而污染已低于限额者则往往安于现状不主动再减排。为了降低成本，提高成效，各国越来越青睐后者，即基于市场的环境经济政策。

环境经济政策是依市场经济规律，运用价格、税收、收费、财政、信贷、保险等经济手段，调节或影响市场主体的行为，以达经济发展与环境保护协调发展。与命令型和控制型手段相比，其经济性和有效性是相当明显的，可列举几项如下。

（1）经济性

以市场为基础，着重间接宏观调控，不需要全面监控环境责任者的微观活动，可以大大降低政策执行、行政监控的成本，从而使环境管理更加经济、节约。

（2）灵活性

政府通过市场中介，把经济有效地保护和改善环境的责任转交给环境责任者，不单靠行政强制，而是把部分选择余地交给他们，让其各依自己的条件、能力和发展水平选择适用的排污或治理行为。这就使环境管理更加灵活。

（3）促进性

环境政策的实施，可以促进环境责任者为达标而开发污染控制技术，积极选用低污染工艺，改产低污染、无污染产品。故对产业的"绿化"和环保产业的发展有明显的促进作用。

（4）融资性

环境经济政策可使环保所需资金得到有效配置，发挥更大的作用。也可以为政府增加一定的公共财政收入。这部分增收既可直接用于环保投融资，也可以纳入政府的一般财政。

8.5.3　环境经济政策的基本形式——多种手段的有效组合

环境经济政策的共同目的都在于解决环境资源配置的低效率和不公平，目标所指是针对外部性和公共物品性，共同的基础是市场机制。当然，其具体形式各种各样，名目繁多，若视其如何发挥市场作用，可分为"调节市场"和"建立市场"两大类。前者虽是利用现有市场，但强调政府干预，如征收各种环境税、费，建立抵押金制度，取消不利于环境的各种补贴等，以"庇古税"为典型代表，常称为庇古手段；因为它明显依赖于政府直接出手，故又形象地称为"看得见的手"，以别于"看不见的手"——市场。后者基于科斯定理，又称为科斯手段，重在建立市场，依重市场机制本身解决环境问题，如明晰产权、权力下放、可交易的许可证和国际补偿体制等。

两种手段的共同目的都是为了把外部费用内部化，也都依赖于市场，让经济人通过费用效益分析、比较而选择最优方案，但因实施的途径不同，效果也不一样，即各有利弊。庇古手段既能使社会获得环境效益，也能使政府获得经济收益，我国的排污收费就是环保部门筹措资金的手段之一；科斯手段一般只有环境效益。庇古手段效果的优劣更多地依赖于政府对环境问题的重视程度、掌握信息的全面及廉洁高效，否则容易出现"政策失效"、"寻租行为"，甚至"设租"①；科斯手段更多地依赖于市场机制及产权制度健全，否则，企业间交易成本较大而成效降低。庇古手段一般是税费较固定，常低于治理污染的成本，也易于造成厂商间获利不公平而失却激励作用；科斯手段一般激励作用较明显，可促进他们为降耗、减排而自行改革创新。

既然两种手段各有利弊，就不必把它们对立起来，应该提倡配合使用以扬长补短。我国以排污许可证交易为主，用排污收费做保证，既能控制排污也减少了管理成本。

海洋环境资源管理也可以借鉴各种手段和方法。我国从 2002 年开始实施《海域使用管理法》，系统地规制了海域所有权、使用权和开发权，就是对科斯手段明晰产权的灵活运用，而且是走在了世界各国海域管理该领域的前列。海域使用权的招标、拍卖、转让、出租和抵押，就是"建立市场"的具体措施。海域使用金、海洋排污费、海洋倾倒费的征收，又是"税费手段"的具体应用。《海洋环境保护法》第九章对各类违法行为的行政处罚规定，则是实施"海洋环保责任制"的保证，从而使海洋环境

---

① 寻租行为是权力上的"弱者"用金钱向权力上的"强者"发动攻势，下级游说上级，最终获得非分收益（或称"法外利润"）。"设租"是指利用手中的权力，给权力的服务对象设置关卡与障碍，以便向相关人员和机构直接收取抑或间接"逼"其交纳通往正当权利和利益的"过路费"。

经济政策不断发展且彰显实效。

8.5.4　环境管理经济手段的新发展——理念提升促方法创新

各类环境经济手段在理论上日趋完善，在实践中可行性也逐步被证实，且其体系不断扩展充实。与此同时，又有一些新的概念应运而生，并迅速得到认可和推广。

8.5.4.1　清洁发展机制（CDM）——温室气体减排量的跨国交易新机制

为了实现联合国气候变化框架公约提出的温室气体减排目标，在《京都议定书》框架下提出了3个灵活机制：联合履行机制（JI）、清洁发展机制（CDM）和排放贸易（ET）机制。CDM的主要内容是：发达国家提供资金和技术与发展中国家开展项目合作，通过项目所实现的"经核证的减排量"，可以作为缔约方发达国家减少本国温室气体排放的承诺的兑现。CDM为发达国家和发展中国家之间提供了一种商机，使温室气体的减排量可以作为商品在国际上交易而实现双赢。JI和ET为发达国家与经济转轨国家之间的项目安排和电子交易提供了机制途径。

目前欧盟是CDM的主要市场，亚洲是减排额度的主要供应地区。我国市场潜力巨大，至2010年10月，我国已有992个项目获清洁发展机制执行理事会（CDM EB）批准注册，占全球注册项目的41%，年均减排2.38亿吨二氧化碳当量（按温室效应折算为二氧化碳的量），占全球年均减排量的61%。海洋藻类养殖和红树林增植也可以增加CO_2的吸纳量，如何借鉴上述三机制值得研究。

8.5.4.2　生态服务付费（PES）——生态系统保护的新手段

基于对生态系统服务功能和生态系统市场价值的认识，发展了一种促进生态环境保护的手段——生态服务付费或称为生态补偿。按其实施主体和运作机制，可以分为两大类型：政府补偿和市场补偿。

政府补偿亦称为直接公共补偿，是最普通的补偿方式，即由政府对于提供生态系统服务的农村土地所有者及其他提供者直接进行补偿。政府补偿方式有财政转移支付、差异性的区域政策、生态保护项目实施和环境税费制度。市场补偿是通过市场交易或支付兑现（环境）生态服务功能的价值。市场补偿机制有限额交易、私人直接补偿（即自愿补偿或称自愿市场）、生态产品认证等。

　　国际上已经实施的以森林生态系统服务最多，农业生态、流域生态、水环境保护等也开展得较有成效。海洋环境保护和污染治理仅囿于海区自身往往是高成本低效益的末端治标，拓展至区域和流域的生态补偿才能收到正本清源之效。

8.5.4.3　绿色资本市场——环境相关投融资新体系

　　发展绿色资本市场主要是建立并完善一套环境相关投融资体系，为环境保护提供资本市场保障。这是一个新兴的资本市场，既是对现有资本市场的完善，也是对现有资本市场的丰富和发展。其形式多种多样，包括环境债券市场（国债、商业债券）、环保股票融资、环境保护基金、环保商业贷款、排污费（税）、财政投资、环保信托、环保保险等。如波兰的环保银行、美国的环境保险、某些国家城市政府的城市发展基金和环境基金等。

　　绿色资本市场有时也指资本市场的绿化，即资本市场的投资、信贷政策与国际、国家环境政策相一致，因而一方面促进环境保护，另一方面控制资本市场因环境因素导致的风险。实际上环保事业也在创造新的投资产品，如可持续发展投资基金（Sustainable Investment Funds）、政府的绿色财政基金（Fiscal Green Funds）等。

　　上述创新，在海洋环境经济研究中同样受到重视，也大有希望创新和应用于海洋环境资源管理的经济学手段之中。

复习思考题

　　1. 试论海洋环境与海洋经济发展的相互作用。

2. 试论海洋环境问题产生的经济学原因。

3. 试论海洋环境的经济价值。

4. 何谓海洋环境经济政策？有什么特点和功能？

5. 环境经济政策有哪些基本形式？各有何优缺点？

6. 试论环境经济手段新发展及其在海洋环境经济中的应用。

参考文献

1. 张真，戴星翼. 2007. 环境经济学教程［M］. 上海：复旦大学出版社.

2. 马中. 2003. 环境与资源经济学概论［M］. 北京：高等教育出版社.

3. 吕学都. 2010. 气候变化相关术语［J］. 中国科技术语. 6：58～62.

4. HARDIN G. 1968. The tragedy of the commons［J］. Science. 162：1243～1248.

5. 公之水，强互惠. 2008. 一个影响深远的经济学术语［J］. 中国科技术语，6：52～54.

6. 叶文虎，张勇. 2007. 环境管理学（第2版）［M］，北京：高等教育出版社

7. 全国科学技术名词审定委员会. 2007. 海洋科技名词（第二版）［M］. 北京：科学出版社.

8. PEARCE D. W. ，R. K. TURNER. 1990. Economics of natural resources and the environment［M］. Baltimore：The Johns Hopkins University Press.

9. FREEMAN M. 1993. The measurement of environmental and resources value：theory and methods ［M］. Washington D. C：Resources for the Future.

9 海洋环境管理

9.1 管理和海洋管理

管理在各行各业的成效已为人们所认可，管理的理论研究和实践又进一步推动了管理科学的发展。

9.1.1 管理的概念、职能与特征

9.1.1.1 管理的概念

管理是指一定组织中的管理者通过实施计划、组织、人员配置、指导与领导、控制等职能，协调他人的活动，使别人同自己一起实现既定目标的活动过程。

分析各种定义，总结管理有 5 大要素，可简记为 5 个"w"：

管理的主体——谁（who）管？一定组织中的"管理者"；

管理的对象——管谁（whom）？被管理的人、物和事项；

管理的目的——为何（why）管？一起实现既定目标；早期管理的目的可概括为投入最小化，收益最大化，或者说：人"尽"其才，物"尽"其用；

管理的内容——管什么（what）？为实现既定目标需进行的活动，包括计划、组织、人员配置等；

管理的手段——如何（how）管？协调、指导、领导、控制；可分为两大类型，即强制型和激励型。

9.1.1.2 管理的职能

主要有 5 项基本职能：

计划——制订目标及实现目标的途径；

组织——组织落实，构建一种工作关系网络，使成员更有效地开展工作；

领导——聘用人员，通过沟通、协调、激励等使其对组织的目标做出贡献；

控制——考核员工绩效，监测实施效用，及时调整或补加措施；

创新——在计划、组织、领导和控制等各种管理活动中，面对新情况新问题，采取新方式。

有的学者将管理的职能再细分为 7 项：计划、组织、人员、指挥、协调、报告、预算。

9.1.1.3 管理的特征

1. 管理系统的开放性

管理必须有其载体——组织。所谓组织，是指由两个或两个以上的人组成的、为一定目标而进行协作活动的集体。组织的类型、规模多种多样，但都有 5 个基本要素：人（管理的主体和客体）、物（管理的客体，包括条件和手段）、信息（客体、媒介、依据）、机构（上下左右分工关系和管理方式）、目的（为什么要这个组织）。管理的任务就是设计和运行这样一种体系，使之尽可能少投入而实现既定目标。组织内部的要素是可控的，但缘于系统的开放性，组织的外部要素有些则是不可控的；然而外部环境对组织的效果和效率却有很大影响，这就要求管理者灵活应对相继处置。

2. 管理既有自然属性，又有社会属性

管理是管理者为达到预期目标而进行的特殊活动，而管理者及其预期目标必然与其所依附的社会生产关系关联，从而使管理具有了社会属性。

对于实施管理的各类行业，在不同社会制度的国家又是皆可类比的，有些行业和组织已经历过不同的社会发展阶段，它们的客观存在和延续，是其自然属性的表现之一。因而，对它们的管理也必须遵从其自然属性。

3. 管理的核心是处理各种人际关系

管理的对象既有人、有物，也有各类事项，而物和事项也都与人相关，所以管理者在各个环节都要与人打交道，要处理组织中的各种人际关系。换言之，管理者是不能见物不见人的。科学发展观指导下的管理，更强调核心是以人为本。

4. 管理既是一门科学，又是一种艺术

管理学家的理论研究和实业家的经验总结，反映了管理的规律和原则，有其科学性，管理者应尊重科学实施科学管理。然而在领导他人、引导他人的做法中，又是需要艺术和技巧的，这也是对管理者提出的更高的要求。

9.1.1.4　管理思想和理论的发展

西方古典管理理论有代表性的是泰勒的科学管理、法约尔的一般管理、韦伯的行政组织理论，以及人际关系理论、行为科学理论等。现代管理思想也有许多流派，如管理过程学派、社会系统学派、决策理论学派、系统管理理论学派、经验（或称案例）学派、管理科学（数学）学派、权变理论学派、经理角色学派等。当代管理思想则更注重组织行为理论和企业文化理论。

鉴于国际竞争的日益激烈，基于科学技术的迅速发展以及国际交流与合作的愈益加强，管理的进步也表现为东、西方的互补与结合，其显著特点是更倚重现代柔性管理。以人为本，统筹兼顾，全面协调发展的思想，已成为当代管理思想的重要特色。

9.1.2　海洋管理

关于海洋管理，国外有阿姆斯特朗和赖纳合著的《美国海洋管理》

一书，联合国的相关报告、文件也屡有论及；国内则有《海洋管理通论》和《海洋管理概论》等多种。综合他们的论述，海洋管理可以定义为：政府以及海洋开发主体对海洋资源、海洋环境、海洋开发利用活动、海洋权益等进行调查、决策、计划、组织、协调和控制的活动过程。

海洋管理的主体是政府有关职能部门以及海洋开发的主体。前者是享有行政权力、能以法定名义实施活动并因此而承担行政责任的组织，侧重于对海洋的宏观管理和执法管理，体现了国家对海洋的管理。后者则主要针对海洋开发利用的活动以及海洋科技活动等，他们从事的大多是非行政的、微观性的管理。海洋管理的内容非常广泛，如海洋资源、海洋权益、海洋环境、海洋经济、海洋科技、海洋信息、海洋人力资源的管理等。海洋管理涉及的对象也十分复杂，大体可以分为两类。一类是海洋自然系统，这是海洋管理活动赖以形成的"物质基础"；另一类是涉海活动的个人和组织，这是海洋管理行为所面对的最主要的实施对象。

海洋管理的目标是：在国际和国内相关法律的指导下维护国家的海洋权益，包括国家管辖海域和"人类共同继承财产"——国际海底区域资源——应分享的部分，以及在公海大洋上应有的权益；有效地保护海洋环境和资源；以可持续发展理论和科学发展观为指导，促进与推动海洋科技和产业的的健康可持续发展。海洋管理的手段也有多样性和灵活性，如行政、法律、规章、制度等强制、命令型手段，经济政策、宣传教育、媒体公众监督导向等引导、激励手段。海洋管理应遵循的原则有：可持续发展的原则，海洋资源综合利用的原则，经济、社会与生态效益相统一的原则，海域、资源国家所有和分级管理的原则，有效维护国家海洋权益的原则。

《联合国海洋法公约》第 12 部分特别规定了"海洋环境的保护和保全"；海洋污染问题联合专家组（GESAMP）提出了全球海洋保护的基本原则，即：可持续发展，以预防为主以及国际合作。我国于 1995 年制定了《中国海洋 21 世纪议程》和《中国海洋 21 世纪议程行动计划》，1998

年国务院发布《中国海洋事业的发展》白皮书，2001 年颁布《中华人民共和国海域使用管理法》；1996 年批准了《联合国海洋法公约》，先后参加、签署的国际环境条约已达 60 多个。我国的海洋管理，在理论研究、实践探索各方面都有丰硕的成果。

9.2 环境管理

9.2.1 环境管理的主体和对象

环境管理的主体有政府、企业和公众三大类。

政府作为社会公共事务的管理主体，理所当然把环境管理作为其公共管理中的一个重要分支。

企业既有责任搞好其自身的内部环境管理，而且在清洁生产、绿色设计与制造、循环经济和健康文化等方面负有义不容辞的责任。换言之，企业的环境管理不仅局限于被动地和政府以及公众的环境管理行动相配合，而且应形成积极的互动，特别是其绿色环保的经营理念以及环保新技术工艺的研发和推广，还能对政府制定环境政策、修订环境标准起到推动作用，从而彰显其充当环境管理"主体"之一的功能。

公众，包括个人和各种社会群体、非政府组织团体，是环境管理成效的直接受益者，从切身利益出发，他们对环境质量最为关注和敏感，因而形成了环境管理的最广泛的群众基础和最积极的推动者；然而，作为环境管理的"主体"之一，其管理的主要形式更多地体现为"参与"和监督；当然，他们也可以通过非政府组织（如民间环保组织）或非营利性的机构（如教育和科研部门）表达其意愿，"行使"其管理职能。

环境管理的对象是人类作用于环境的行为——环境行为，包括政府行为、企业行为和公众行为。政府的环境行为不仅涉及面很广，而且对环境的影响甚为特殊：既影响深远，有的还不易察觉；原因是某些效应是直接的，短期内能显现其正面影响，然而难免有些效应是间接的、衍生的，甚至从长期看是埋下了隐患。因而政府的环境管理决策，应追求科学化、民主化、法制化，力戒"引资"项目污染损害环境，杜绝华而不实劳民伤财地做"秀"而破坏自然环境。企业是社会经济活动的主体，既消耗资源和能源，又产生水、气、固废等污染物，对环境与资源的影响非常重要，因而是环境管理的主要对象。公众的生息和发展，同样消耗资源和产生废物，而其生活崇尚俭朴或炫耀奢华对环境的影响可有很大的反差，公众的环保意识和实际行动对环境也有直接的影响，所以公众的行为也是环境管理的对象。

9.2.2　环境管理的主要内容和方法

环境管理的内容广泛，若依管理的领域划分，可分为要素环境管理（如水、土、气、生态等），产业环境管理（如工业、农业、商业、交通运输业、观光旅游业等），区域环境管理（如城市、农村、流域等）。若按环境物质流划分，则有资源环境管理、产业环境管理、废弃物环境管理、区域环境管理等。

环境管理的方法，有的称为政策、制度、途径等，由于视角和关注点不同，其概念、内涵并不完全一致，理论依据和实施的刚性程度也有明显差别。根据它们强制性色彩的差异，可以分为三大类型，即：命令型和控制型，经济型和激励型，鼓励型和自愿型。

命令型和控制型的管理，以政府为主要实施主体，比如推动环境立法，发布环境政令，制定强制性的环境标准，以及依法行政、执法督察、审批查处等。当然，政府管理也需要经济型和激励型手段。

经济型和激励型方法既是法律、行政、命令、控制手段的必要补充，而且能与市场经济发展相适应，行之有效又节约实施成本；经济手段如明晰产权、创建市场、课税收费或政策性减免、财政金融政策性优惠等，还可出台指导性环境标准、推广节能环保的科学技术、加强宣传教育提高公众环境意识、发挥非政府环保组织作用等。

鼓励型和自愿型的方法日益受到各方面的关注和欢迎，比如环境信息公开、环境绩效管理、ISO14000 标准认证、环境标志、环境会计和环境审计等。

9.2.3　环境管理思想的演进

早期的环境管理，仅仅关注环境污染之后的治理，这种末端管理往往是治标不治本。例如，治理了甲地的污染，乙地又出现了污染，甚至是同类的污染。这种管理的弊端促使人们转变观念溯源治理，借助于法律、行政、经济等多种手段，建立制度，保护环境，以期从源头上杜绝污染。这是 20 世纪的"环境运动"直接促成的结果。

《增长的极限》一书，指出经济的发展加剧了环境问题，可谓发聋振聩，但是"零增长"并不是解决经济与环境矛盾的正确出路，理论之争与实践之虞，让人们一时陷入了迷惘之中。是可持续发展理论的提出，为彻底解决上述矛盾指出了明确的方向，也使环境管理的理论上升到新的高度。如果说，传统的管理思想为实现投入成本最小而获取效益最大的办法是人"尽"其才，物"尽"其用的话，那么，现代环境管理的理念则升华为：以人为本，爱惜人才；物皆有值，可持续利用；环境友好，社会和谐；统筹兼顾、全面协调、科学发展。

这也是海洋环境管理的新理念。

9.3　海洋环境管理

9.3.1　海洋环境管理的概念和原则

与一般的环境管理类似，海洋环境管理的主体既包括政府，也包括涉海活动的企业和组织，还有与海洋环境质量息息相关的公众及各种社会群体。当然，对于海洋环境这样特殊的管理"物质基础"而言，政府作为管理主体的作用显然更为重要，甚至更多地表现为"国家采取的行政行为，或者以政府和政府间的海洋环境控制活动为主体"，故有时把海洋环境管理直指为："政府为维持海洋环境的良好状态，运用行政、法律、经济和科学技术等手段，防止、减轻和控制海洋环境破坏、损害退化的行政行为。"

尽管如此，企业和公众在海洋环境管理中的主体意识和作用仍不可淡化。涉海企业不能仅止步于在开发利用海洋时履行保护海洋环境的义务，还必须承担推进海洋环境保护产业和技术工艺的创新升级以及积极参与"碧海蓝天"建设的责任。公众和相关的非政府组织、社会群体，作为海洋环境保护的直接受益者，监督并推动政府及企业履行海洋环境管理与保护的职责，特别是评判其行动的实效如何，既是义不容辞的责任，又因是直接感受者，也最有发言权。

海洋环境管理应遵循海洋管理的一般原则，具体体现应该是：环境友好和可持续发展的原则；海洋环境和资源综合利用的原则；海洋经济、社会与海洋环境及海洋生态效益相统一的原则；国家统筹与分级、分区域的海洋环境管理原则；有效维护国家海洋环境权益的原则；海洋环境系统功能的整体性原则；海洋环境资源有偿使用的原则；海洋环境保护与治理相结合，以预防为主的综合防治原则等。

9.3.2　海洋环境管理的主要手段及选用原则

9.3.2.1　海洋环境管理的主要手段

鉴于海洋环境的特殊性，海洋环境管理的方法也应该多样而灵活。海洋环境管理的法律建设，需要"张法网之手"勤勉不辍，制定系统完备的法律、条规，而"举法鞭之手"须高擎不怠严格执法。依法行政的政府部门，要用"握权杖之手"高效施政，制订强制性的海洋环境标准，以"持令箭之手"严管彻查。经济型和激励型手段成功实施的经验很多，

《海域使用管理法》明晰了所有权和使用权，在此基础上可以大力"创建市场"，让"看不见的手"充分发挥作用，又适时相继运用"看得见的手"，借助税费征收、财政补贴、金融优惠，以及出台、推荐指导性的海洋环境标准，相辅相成"调节市场"，既激励海洋开发利用，又保护海洋生态系统平衡及海洋环境健康。科学技术手段对提高海洋环境管理水平和成效的作用，越来越成为人们的共识：海洋环境科学理论指导，可充任"开启智慧之手"，海洋环境技术、工艺的创新，应为"巧夺天工之手"的培养给力助推；先进的海洋环境监测系统和设施，海洋环境科学规划及预测的建模与运行，治理海洋污染的新技术的推广与应用，必将成为现代海洋环境管理的重要内容。在海洋环境管理中，宣传教育手段的地位及作用也日益受到重视。提高全民族的海洋观念，特别是保护海洋环境"人人有责、刻不容缓"的理念，既为当务之急，也是必须持续推行的长远之策，盖因国民整体海洋环境意识的提升，环境道德的强化，保护海洋环境实际行动的养成、实践和持之以恒，绝不是一蹴而就的。一些学者在研究环境问题产生原因时指出"囚徒的博弈"、集体行动理论和"公地悲剧"，都源于相关者的"明知故犯"（囚徒为了自己得以从轻处罚往往不惜陷同伙于从重惩处；滥用公共资源导致悲剧也是只顾个人私利而不顾他人；即使团队成员有强互惠倾向，但往往也有个别成员"搭便车"贪便宜）。宣传可以形成保护海洋环境的舆论导向，教育可提高环境道德水平形成无形的力量，从而有效地约束不利于海洋环境的行为。况且，随着海洋开发利用的多样和深化，海洋环境管理将需求更多、更高水平的管理人才和专业技术人才，因此更需要"绿原野之手"常抓普及不懈，"树栋梁之手"大力培训提高。

9.3.2.2　选择应用与创新的原则

海洋环境管理可供选用的手段甚多，而且还可有更多的创新，选择应用与创新时需注意以下的原则。

目标的明晰性——宏观目标有战略性和全局性，框架需明晰；战术性目标要有针对性、实用性，目标须具体。根据明晰的目标去选用或创新相应的手段。

过程的合理性——要考察待选手段的实施的"全过程"是否合理，例如"时间"的全过程，"逻辑"的全过程，"产品生命周期"的全过程，"价值链"的全过程，"运作"的全过程等。

方法的科学性——应该分析候选手段在如下诸项中是否具有科学性：就"目标"而言，就"过程"而言，就"对象"而言，就"问题"而言，就"适时"而言等。

操作的可行性——该种手段要求的前提和条件是否具备或者能否"创造条件"使之基本具备；操作有无规程可循或者容易制定规程且易调整流程；实施中诸事项的重要性和优先序可否辩证处理灵活机动等。

实施的效益性——直接效益明显或间接效益可预期，投入 – 产出的定量分析是可接受的，负面影响和隐性危害可以杜绝至少是可以降低的等。

9.3.3 海洋环境管理的主要内容

尽管海洋资源的广义概念包括了海洋空间，但从海洋环境保护的范围看则可以认为海洋环境包括了海洋资源。《中华人民共和国海洋环境保护法》是我国海洋环境管理的主要法律依据，在其第一条中就开宗明义"保护和改善海洋环境，保护海洋资源"；第三章详细规定了"海洋生态保护"，指明"保护红树林、珊瑚礁、滨海湿地、海岛、海湾、入海河口、重要渔业水域等具有典型性、代表性的海洋生态系统，珍稀、濒危海洋生物的天然集中区，具有重要经济价值的海洋生物生存区域及有重大科学文化价值的海洋自然历史遗迹和自然景观。"《海洋科技名词》定义的海洋环境为："地球上海和洋的总水域……按照海洋环境可分为海水、沉积物、海洋生物和海面上空大气等。"显然都把海洋资源列入其中。

伴随海洋事业的大发展，海洋环境管理的任务也在不断地增加和拓展。依海洋环境管理的地理范围划分，则有海岸带管理、河口海域环境管理、海湾环境管理、近（浅）海海洋环境管理、海岛环境管理、大洋和海底区域环境管理等。若根据所管理的"物质性"划分，则有海洋水环境管理、海洋沉积环境管理、海洋生态保护管理、海洋资源管理、海水浴场环境管理、海洋旅游环境管理等。若按时序划分，可有先期的环境规划管理、实施中的环境开发过程管理、其后的延续性管理如环境影响后评价和环境变化的应对性治理等。《中华人民共和国海洋环境保护法》列举的海洋环境管理内容有：海洋环境监督管理（包括拟定全国海洋功能区划，制定全国海洋环境保护规划和重点海域区域性海洋环境保护规划，制定海洋环境质量标准，制定污水排放标准和海域排污总量控制指标，组织和管理海洋环境的调查、监测、监视，定期评价海洋环境质量，发布海洋巡航监视通报，制定重大海上污染事故应急计划，行使海上执法等）；海洋生态保护（包括选划、建立海洋自然保护区和海洋特别保护区，对引进海洋动植物物种进行科学论证、管理，对开发海岛、海岸及其周围海域资源采取严格的生态保护措施等）；防治陆源污染物对海洋环境的污染损害；防治海岸工程建设项目以及海洋工程建设项目对海洋环境的污染损害；防治倾倒废弃物对海洋环境的污染损害；防治船舶及有关作业活动对海洋环境的污染损害等。

9.3.4　海洋环境管理的发展

海洋环境管理的理念、手段和技术近年来获得了长足的进展，下面仅以海岸带综合管理和生态系统管理理论及实践为例作一介绍。

9.3.4.1　海洋环境综合管理和海岸带综合管理（ICZM）

海洋综合管理是对原有的部门管理、行业管理、行政（隶属）管理的突破和拓展，是"国家通过各级政府对其管辖海域的资源、环境和权益等进行全面的、统筹协调的监控活动"。其综合性在海岸带管理中表现尤为突出，盖因海岸带区域经济发达，环境问题加剧，况且这一特定区域既有海岸及其以上毗邻的陆域，也有潮下带向外延伸的海域，潮间带情况各地差别很大，而河口、三角洲、滨海湿地、潟湖等形态和性质极其复杂，若机械地按行政隶属或性质分类实施管理必然伴生诸多矛盾，故应为"国家对海岸带资源、环境、生态的开发和保护进行全面的、统筹协调的监控和管理"。它虽然属于海洋环境管理的"区域"类型，但却是综合的高层次的管理。所谓综合，具体体现为各部门、各行业之间的综合，各级政府和不同行政区域政府之间的综合，陆域、海域及潮间带各空间的综合，不同学派以及不同管理手段的综合，而且还包括国际合作、协调与综合。1992 年联合国里约热内卢环境与发展大会已强调海岸带综合管理是沿海国家实现可持续发展的一种重要手段，在全球和地区的许多环境条约中也都载有海岸带综合管理的条款。海岸带综合管理的主要功能如表 9.1所示。

表 9 – 1　海岸带综合管理的主要功能和任务

功能	目标任务
区域规划	对海岸带及毗邻陆域和海域的综合利用和长远发展进行规划
发展经济	科学合理综合利用陆、海资源，推动海陆经济一体化协调发展
资源管理	确保可持续利用，保护生物多样性、生态平衡、生境健康
化解矛盾	协调和化解陆海之间、行业之间、行政区域之间、部门之间、不同群体之间的矛盾和冲突
减灾防灾	海岸带各种自然灾害以及人为灾害的预防、减灾、救济、重建
权益保障	维护国有资产的所有权，保护企业和公民依法取得的使用权、收益权

　　海岸带综合管理实施的原则，首先是科学发展的原则，综合管理要立足于发展，而且是科学的可持续的发展。即：以人为本，统筹协调经济、社会发展与海岸带环境资源保护之间的关系，使经济可持续发展，人民生活水平不断提高，海岸带的生态健康，环境舒适。第二是公平性原则，既包括代内公平，如综合协调陆域与海域之间、不同行政辖区之间、工农渔商之间当代人对海岸带环境效益的公平分享，也包括代际公平，即充分顾及和尊重后代人对海岸带环境效益的享用权益。第三是各种环境管理手段综合运用协调一致的原则，陆域政策和海域的政策背景及对象不一样，在

这海陆交互的特殊区域，难免发生碰撞，必须想法协调才能顺利实施。第四是预防为主的原则，对海岸带易发的环境灾害如地质灾害、水文气象灾害和生物灾害，一定要常备不懈，立足于预防，杜绝失职致灾；对于发生频率较低的灾害，也应该有预案，以免措手不及。第五是环境健康、安全的原则，实施海岸带工程及其毗邻陆域、海域工程项目，必须事先进行充分的科学论证，实行环境评价一票否决制，以避免留下隐患或造成不可挽回的损失。第六是生态修复的科学性、可行性和效益性原则。

上述原则都需要对各种矛盾、冲突进行协调统筹，综合管理的实现有赖于各种矛盾的解决，化解矛盾需要寻找矛盾两个方面的统一（同一）点，生态系统管理理论对此可提供解决的途径方法。

9.3.4.2　生态系统管理和生态系统途径

生态系统管理（EM）或称基于生态系统的管理（EBM），是自然资源管理的一种新的综合途径。1988 年出版了第一本生态系统管理的专著，美国环保局（1995 年）定义生态系统管理是指恢复和维持生态系统的健康、可持续性和生物多样性，同时支撑可持续的经济和社会的管理方法。还有很多学者以不同形式定义生态系统管理。综观各种定义，大都是把生态系统与社会经济系统之间的协调发展作为生态系统管理的核心，而将对生态系统的组成、结构和功能的最佳理解作为实现生态系统管理目标的基础，目的是维持自然系统与社会经济系统之间的平衡，实现生态系统所在区域的长期可持续性发展。生态系统管理的原则是：必须强调生态系统管理所涉及各部门各行业之间的相互协作；考虑生态系统管理所涉及区域内居民的特性、目标和行为的敏感性；必须允许和鼓励局部水平的多种利用和行为，以达到区域的长期管理，同时需要对个人利用加以法律约束，必要时禁止个人利用；在规划、设计和决策过程中，需要收集关于区域的高质量的科学信息，以便对整个管理过程提供帮助。

生态系统管理早期是针对单一系统（如森林生态系统）的管理，发展到后来生态系统管理已突破了旧的理论范式，更强调新的思维方式——

生态系统途径（The ecosystem approach），这是生态系统管理的一种新的理念和新的发展。《生物多样性公约》（CBD）于1995年第2次缔约国会议上，首次提出把生态系统途径作为一个总体原则。至2000年在缔约国第5次会议上则把生态系统途径提高到一个新的地位——实现可持续发展的首要手段；将生态系统途径定义为：对陆地、水域和生物资源进行综合管理，以公平的方式推动环境保护和资源可持续利用的一种战略。认为生态系统途径的应用将有助于达到CBD三个主要目标的有机融合：环境保护、资源可持续利用、环境收益的公平分配。会上正式提出了生态系统途径的12条基本原则及相关的基本原理（2002年Wiken将其归纳为10条原则），同时制定了生态系统管理的5项行动指南。2002年在缔约国第7次大会上通过第VII/11号决定——《生态系统途径决定》。

　　生态系统途径就是把人类的活动和自然环境的维护综合起来考虑，将人类社会和经济的需要纳入生态系统之中，协调生态、社会和经济目标，维持生态系统健康的结构和功能，既实现生态系统的可持续发展，又实现经济和社会的可持续发展。1981年马世骏提出的"社会—经济—自然复合生态系统"理论已经体现了类似的理念，而党中央提出的科学发展观——以人为本、统筹兼顾、全面协调可持续发展的理论，则是一个新的升华，"五个统筹"（城乡发展、区域发展、经济社会发展、人与自然和谐发展、国内发展和对外开放）在海洋环境管理中必将发挥更强有力的统领作用。

9.4　我国海洋环境管理的发展

　　我国在海洋环境管理的理论和实践等方面已作了大量的工作并且取得了显著的成绩。理论探索方面，体现中国特色的著作相继面世，法律手段的运用卓有成效，行政与制度管理体系日趋完备，经济手段、科学技术手段和宣传教育手段的应用都有丰硕的成果。以下仅简要介绍几项。

9.4.1　海洋环境管理立法、执法卓有成效

　　早在 1958 年我国政府就发表了关于领海的声明，1992 年公布了《中华人民共和国领海和毗邻区法》，1996 年批准加入《联合国海洋法公约》，1998 年颁布《中华人民共和国专属经济区和大陆架法》等，为维护我国管辖海域的权益奠定了法律基石。2001 年颁布《中华人民共和国海域使用管理法》，同年起中国海监各级机构全面推进海上执法，2005 年起进一步规范中国海监队伍的准军事化管理，极大地提高了海洋维权巡航执法的力量和水平，更好地履行管辖海域的执法任务。在我国近海大陆架之外，经国际海底管理局核准，我国还获得了东北太平洋 7.5 万平方千米的深海多金属矿区以及在印度洋底的相应矿区。根据《联合国海洋法公约》，我国在公海也享有"公海自由"：航行、飞越、铺设海底电缆、管道的自由以及建造人工岛屿设施、捕鱼、科研等有限制的自由。

　　在海洋环境管理方面，1982 年颁布了《中华人民共和国海洋环境保护法》，1999 年又经修订，2000 年正式施行。2002 年正式颁行《中华人民共和国环境影响评价法》。此外，相关的还有渔业、土地、矿产资源、海上交通等相关法律法规也先后颁布实施。对海洋环境可能造成污染损害的海洋和海岸工程建设项目，海洋倾废，海洋石油勘探、开采、溢油以及海洋石油平台弃置等也制订了配套的管理条例和详细的实施办法等。这就使得我国的海洋环境保护和管理有法可依，有章可循，也有技术细则而可行。我国海洋环境保护的法律制度主要有：海洋环境规划制度，涉海建设项目环境影响评价制度，环境质量标准制度，海洋功能区划制度，污染物排放控制制度，排污申报登记制度，现场检查与联合执法制度，"三同时"制度，排污收费制度，落后工艺淘汰制度，污染事故报告与应急处理制度，限期治理制度。

　　依据相关法律授权，国家海洋行政主管部门负责海洋环境的监督管理；国家渔业行政主管部门负责渔港水域内非军事船舶和渔港水域外渔业

船舶污染海洋环境的监督管理；军队环境部门负责军事船舶污染海洋环境的监督管理；沿海县以上地方人民政府海洋环境监督管理部门，依上级政府授权行使监督管理权。中国海监总队分设北海、东海、南海三个海区总队，沿海各省（直辖市、自治区）设中国海监省（直辖市、自治区）总队，其下再设地（市）、支队（区）大队等，从而形成了完善的执法队伍体系。

关于监督、处罚、赔偿、诉讼、复议等方面，均有相关的法律法规和规章，使执法时有法可依。

9.4.2　海洋环境监测和标准体系日趋完备

1958 年开始第一次全国海洋普查，国家海洋局建立后继续进行海洋断面调查，积累了宝贵的海洋环境资料。20 世纪 70 年代开展的渤海、黄海、东海、南海的海洋污染调查对各相关海域的污染状况有了较好的把握，并建立了基础资料档案。依《中华人民共和国海洋环境保护法》，国家海洋局会同国务院有关部门和沿海省（直辖市、自治区）人民政府制订了全国海洋功能区划和全国海洋环境保护规划；管理全国海洋环境的调查、监测、监视；按照国家环境监测、监视规范和标准制订了国家海洋环境质量标准。

我国现已形成了两级七类环境标准体系。国家级环境标准有环境质量标准、污染物排放标准、污染报警标准、环境保护基础标准、环境保护方法标准、环境标准样品标准、环保仪器设备标准。海洋环境质量标准中的海水水质标准和海洋沉积物质量标准，在第 6 章已经介绍，此外还有针对渔业水质、海水养殖用水水质、海洋生物质量等标准。海洋污染物排放标准有：污水综合排放、污水海洋处置工程污染控制、船舶污染物排放、海洋石油开发、工业含油污水排放等标准，以及造纸、钢铁、纺织印染、电镀等行业标准。近年来又特别强调污染物总量控制标准。污染报警标准是依污染和危害的水平，规定发出警告、紧急和危险三种警报的标准。海洋环境保护方法标准包括：海洋监测规范，海洋调查规范，海洋生态环境监测技术规程，海水浴场环境监测技术规程，陆源排污口邻近海域监测技术规程，江河入海污染物总量及河口区环境质量监测技术规程，海洋倾倒区监测技术规程，近岸海域环境功能区划分技术规范等。环境保护基础标准是对环境保护工作有指导意义的有关名词术语、符号、指南、导则等所作的规定，如海洋科技名词术语、海洋代码、环境保护图形标志等。海洋环保仪器设备标准和环境标准样品标准规定了仪器设备标准验证测量方法、样品处理与保管等的规定标准。

国家标准是根据全国的一般情况制定的，地方（含部门）需结合当地环境特点和经济技术条件等制定相应的地方（含部门）标准。地方标准是对国家标准的补充和完善，但必须严于国家标准。依环境保护法规定，凡是向地方区域内排放污染物的，若地方已有污染物排放标准，应当执行地方规定的污染物排放标准。

9.4.3   海岸带管理和海洋保护区建设成绩斐然

1979—1986 年开展了"全国海岸带和海涂资源综合调查"，为开展海岸带综合管理研究积累了丰富的资料，同时也积极开展了海岸带综合管理的研究和实验。虽然目前我国还没有颁行综合的海岸带管理法，但对海岸带综合管理的理论、基本概念、分析方法、规划模式、体制与运行机制等已进行了系统的研究。以生态系统管理为工具，在厦门市开展海岸带综合管理，取得了国际社会肯定的成果，在"防止东亚海域环境污染计划"国际合作项目（简称"东亚海计划"）于 2006 年召开的大会上，联合国开发计划署等国际组织将其归为与英国泰晤士河、美国波士顿港并列的海洋综合管理的成功模式加以推广，从而产生了广泛的影响。"厦门海岸带综合管理模式"以先进的海洋综合管理理念，结合国内海洋管理工作实际，制定海洋管理法规，编制海洋工作发展计划及海洋功能区划，建立海洋综合管理的高层协调机制，组建跨部门的管理机构和海洋综合管理执法队伍，实施海陆综合使用规划，建立科学家和其他利益相关者积极共同参与环境及资源保护的机制，动员广大群众保护海洋环境并对污染海域和海岸带进行整治，恢复生态平衡，使厦门海洋管理工作提高到一个新的水平。"南中国海北部海岸带综合管理能力建设"项目 1997 年启动，广东阳江海陵湾、广西防城港市和海南文昌市清澜湾分别建立示范区，并建立了海岸带综合管理的 3 种示范模式：广东的海洋渔业资源可持续发展模式，广西的港口开发管理模式和海南的海洋资源综合利用管理模式。他们的经验和教训，可为我国及其他发展我国家沿海的海岸带综合管理提供借鉴。

海洋自然保护区是指"以海洋自然环境和资源保护为目的，依法把包括保护对象在内的一定面积的海岸、河口、岛屿、湿地或海域划分出来，进行特殊保护和管理的区域"。我国已建立了国家级海洋自然保护区和省级海洋自然保护区近百个。在自然保护区内一般再划分出核心区、缓冲区和实验区；对核心区是从严管理和保护，一般禁止任何人类活动或只允许进行经批准的科学研究活动。

海洋特别保护区是"根据海洋的地理和生态环境条件、生物与非生物资源的特殊性，以及海洋开发利用对区域的特殊要求而划出的、经政府批准后加以特别保护的区域"。特别保护区要采取有效的保护措施和科学的开发方式进行特殊管理。另外，还划出了以临海或以海洋景观为主的国家级海洋公园和重点风景名胜区多处。

国务院 1994 年发布了《中华人民共和国自然保护区条例》，国家海洋局 1995 年发布《海洋自然保护区管理办法》，2005 年发布《海洋特别保护区管理暂行办法》，之后又陆续发文强调进一步加强管理、规范开发、落实保护。2011 年 5 月国家海洋局公布的国家级海洋自然保护区、海洋特别保护区和海洋公园见表 9 - 2 至表 9 - 4（香港特别行政区、澳门特别行政区及台湾省的海洋保护区未列入）。

表 9-2　国家级海洋自然保护区

序号	名称	所在地区	面积（公顷）
1	丹东鸭绿江口滨海湿地国家级自然保护区	辽宁丹东	101 000.00
2	辽宁蛇岛-老铁山国家级自然保护区	辽宁大连	14 595.00
3	大连城山头国家级自然保护区	辽宁大连	1 350.00
4	大连斑海豹国家级自然保护区	辽宁大连	672 275.00
5	辽宁双台河口国家级自然保护区	辽宁盘锦	128 000.00
6	昌黎黄金海岸国家级自然保护区	河北昌黎	30 000.00
7	天津古海岸与湿地国家级自然保护区	天津滨海	35 913.00
8	滨州贝壳堤岛与湿地国家级自然保护区	山东无棣	43 541.54
9	黄河三角洲国家级自然保护区	山东东营	153 000.00
10	山东长岛国家级自然保护区	山东长岛	5 015.20
11	荣成大天鹅国家级自然保护区	山东荣成	10 500.00
12	盐城珍稀鸟类国家级自然保护区	江苏盐城	284 179.00
13	大丰麋鹿国家级自然保护区	江苏大丰	2 667.00
14	崇明东滩国家级自然保护区	上海崇明	24 155.00
15	上海九段沙国家级自然保护区	上海浦东	42 020.00
16	象山韭山列岛国家级自然保护区	浙江象山	48 478.00
17	南麂列岛国家级海洋自然保护区	浙江平阳	20 106.00
18	深沪湾海底古森林遗迹国家级自然保护区	福建晋江	3 100.00
19	厦门海洋珍稀生物国家级自然保护区	福建厦门	39 000.00
20	漳江口红树林国家级自然保护区	福建云霄	2 360.00
21	惠东港口海龟国家级自然保护区	广东惠州	1 800.00
22	广东内伶仃岛—福田国家级自然保护区	广东深圳	921.64
23	珠江口中华白海豚国家级自然保护区	广东珠海	46 000.00
24	湛江红树林国家级自然保护区	广东湛江	20 279.00
25	雷州珍稀海洋生物国家级自然保护区	广东雷州	46 865.00
26	徐闻珊瑚礁国家级自然保护区	广东徐闻	14 378.00
27	广西山口红树林生态国家级自然保护区	广西北海	8 000.00
28	合浦儒艮国家级自然保护区	广西北海	35 000.00

序号	名称	所在地区	面积（公顷）
29	广西北仑河口红树林国家级自然保护区	广西防城	3 000.00
30	东寨港红树林国家级自然保护区	海南海口	3 337.00
31	海南铜鼓岭国家级自然保护区	海南文昌	4 400.00
32	大洲岛海洋生态国家级自然保护区	海南万宁	7 000.00
33	三亚珊瑚礁国家级自然保护区	海南三亚	5 568.00

表 9 - 3　国家级海洋特别保护区

序号	名称	所在地区	面积（公顷）
1	辽宁锦州大笔架山国家级海洋特别保护区	辽宁锦州	3 240.00
2	山东东营黄河口生态国家级海洋特别保护区	山东东营	92 600.00
3	山东东营利津底栖鱼类生态国家级海洋特别保护区	山东东营	9 404.00
4	山东东营河口浅海贝类生态国家海洋特别保护区	山东东营	39 623.00
5	山东东营莱州湾蛏类生态国家级海洋特别保护区	山东东营	21 024.00
6	山东东营广饶沙蚕类生态国家级海洋特别保护区	山东广饶	8 282.00
7	山东昌邑国家级海洋生态特别保护区	山东昌邑	2 929.28
8	山东龙口黄水河口海洋生态国家级海洋特别保护区	山东龙口	2 168.89
9	山东烟台芝罘岛群海洋特别保护区	山东烟台	769.72
10	山东烟台牟平沙质海岸国家级海洋特别保护区	山东牟平	1 465.20
11	山东威海刘公岛海洋生态国家级海洋特别保护区	山东威海	1 187.79
12	山东威海小石岛国家级海洋特别保护区	山东威海	3 069.00
13	山东文登海洋生态国家级海洋特别保护区	山东文登	518.77
14	山东乳山市塔岛湾海洋生态国家级海洋特别保护区	山东乳山	1 097.15
15	山东海阳万米海滩海洋资源国家级海洋特别保护区	山东海阳	1 513.47
16	山东莱阳五龙河口滨海湿地国家级海洋特别保护区	山东莱阳	1 219.10
17	江苏海门市蛎岈山牡蛎礁海洋特别保护区	江苏海门	1 222.90
18	浙江嵊泗马鞍列岛海洋特别保护区	浙江嵊泗	54 900.00
19	浙江普陀中街山列岛国家级海洋生态特别保护区	浙江普陀	20 290.00
20	浙江渔山列岛国家级海洋生态特别保护区	浙江台州	5 700.00
21	浙江乐清市西门岛海洋特别保护区	浙江乐清	3 080.00

表9-4 国家级海洋公园

表9-4 国家级海洋公园

序号	名称	所在地区	面积（公顷）
1	刘公岛国家级海洋公园	山东威海	3 828.00
2	日照国家级海洋公园	山东日照	27 327.00
3	江苏连云港海州湾国家级海洋公园	江苏连云港	51 455.00
4	厦门国家级海洋公园	福建厦门	2 487.00
5	广东海陵岛国家级海洋公园	广东阳江	1 927.26
6	广东特呈岛国家级海洋公园	广东湛江	1 893.20
7	广西钦州茅尾海国家级海洋公园	广西钦州	3 482.70

9.4.4 海洋环境管理国际合作大有可为

作为一个负责任的大国，我国已先后签署加入国际环境条约60多项，缔结的双边国际环境条约30余件，合计可占国际环境条约总数的半数以上。

20世纪70年代以来，我国陆续参加了许多国际合作海洋环境调查，例如热带海洋与全球大气相互作用（TOGA）国际计划及其组成部分"热带海洋全球大气耦合响应实验"（TOGA-COARE）、全球联合海洋通量研究（JGOFS）、全球联合海洋观测系统计划（GOOS）等。双边合作如中日合作黑潮调查研究，中日合作副热带环流调查研究，中日东海水团合作调查研究，中韩黄海污染调查研究等，对我国邻近海域环境状况有了更深入的了解，为进一步科学管理积累了资料。

1994年全球环境基金（GEF）、联合国开发计划署（UNDP）和国际海事组织（IMO）共同发起了第一个跨东南亚、东北亚地区的"东亚海计划"，我国积极参与，厦门市与菲律宾八打雁和马六甲海峡被列为实施海岸带综合管理的3个示范点，在此计划推动下，厦门市建立了海岸带综合管理（ICM）体系，并被作为成功模式推广。1997年我国又与联合国环境计划署合作，开展"南中国海北部海岸带综合管理能力建设项目"，在广东阳江、广西防城和海南文昌进行海岸带综合管理试验，建立了 3 种示范模式，获得明显成效和好评。2005 年受 UNDP 和 GEF 资助，"南部沿海生物多样性管理项目（SCCBD）"又推进了海岸带综合管理和生态保护。2000 年东亚海项目第 2 期启动，至 2007 年完成；2009 年东亚海项目第 3 期启动，将海岸带综合管理的理念和实践推广到更多的示范点。

世界自然基金会（WWF）在全球选出了最优先保护的生态区，称为"全球 200 佳生态区"。其中海洋生态区有 43 个，而黄海生态区是我国唯一入选者，它是温带大陆架和近海海系在北温带印度洋—太平洋的典型代表，其国际重要地位已为国际社会和各国政府所认识。1992 年以后在联合国 UNDP、UNEP（环境规划署）、世界银行（WB）与美国国家海洋和大气局（NOAA）的帮助下，中韩两国政府合作采用跨国界的方法进行管理。2005 年由 UNDP 和 GEF 资助的"黄海大海洋生态系统项目"，在中韩两国政府的参与下正式启动。同年 WWF、韩国海洋研究与发展所（KORDI）和韩国环境研究所（KEI）合作的"黄海生态区规划项目"与"黄海大海洋生态系统项目"签订了谅解备忘录，鼓励共享生物多样性的评估和分析数据，两个项目合作形成区域协调的黄海生物多样性保护战略和行动。WWF 与中、日、韩 3 国科学家历时 2 年合作完成了《黄海生态区生物多样性评估报告》，这是黄海生态区保护史上第 1 份针对黄海生态区生物多样性保护的跨学科、跨国界的报告，WWF 于 2008 年 10 月在第 10 届湿地公约缔约方大会上发布，对黄海生态区（包括渤海、黄海和东海北部浅于 200 米的海域）湿地的保护和可持续利用将发挥重要的参考价值。

我国海洋自然保护区、红树林和湿地保护工作成绩已被国际认可。1992 年海南岛东寨港红树林自然保护区、香港米埔和后海湿地被列入《湿地公约》国际重要湿地名录。1998 年 12 月南麂列岛海洋保护区成为我国第 1 个世界级的海洋自然保护区。山口红树林自然保护区 2000 年被接纳为"世界人与生物圈保护网络"成员，是中国第 1 个被该组织接纳的成员；2001 年又被列入《湿地公约》国际重要湿地名录。2001 年列入该名录的还有大连斑海豹自然保护区、盐城沿海湿地、大丰麋鹿自然保护区、崇明东滩自然保护区、惠东港口海龟自然保护区、湛江红树林自然保护区。2004 年广西防城被列入红树林国际示范区，这是我国第一、GEF全球三大红树林国际示范区之一。黄河三角洲自然保护区在 1994 年被国家列为湿地水域生态系统 16 处具有国际意义的保护地点之一，有望列入国际重要湿地名录。

诚然，国际环境合作还有许多困难，也有一些实际问题需要面对以待解决。从《联合国气候框架公约》到《京都议定书》和《巴厘（岛）路线图》曾给世人以欣慰，但美国和加拿大相继退出，以及从哥本哈根、坎昆到德班连续三届气候峰会均未达成有实效的决议，已经给国际环境合作前景蒙上了阴影。海洋环境的国际合作同样也有困难和问题，然而，人心所向在斯，海洋环境管理国际合作既大有可为也必然会大有所成。从 1958年第一次联合国海洋法会议起，历时 36 年又 9 个月，《联合国海洋法公约》最终生效（尽管美国至今仍未加入）便是例证。

9.4.5　海洋环境管理展望

经济发展和海洋开发对海洋环境管理提出了许多新挑战，海洋环境管理理论研究和实践都面临新的机遇。与时俱进、开拓创新的任务摆在了海洋工作者的面前：海洋立法的升级和法律体系的健全，海洋管理体制的改革与创新，海洋标准及规程的修订和新编，海洋监察、执法的强化，海洋环保和管理高新技术的研究与推行，全民海洋意识和海洋权益观念的提升等。只有坚持落实科学发展观，才能保障经济社会环境协调发展，为子孙后代留下碧海蓝天和可持续发展的资源与条件。

复习思考题

1. 简述管理的概念与职能。
2. 简述海洋管理的目标和原则。

3. 简述海洋环境管理的主体和对象。

4. 试论海洋环境管理的手段。

5. 如何选择海洋环境管理的方法？

6. 简论海洋环境管理的主要内容。

7. 试论海岸带综合管理的原则。

8. 试论生态系统管理及其发展。

9. 简述我国海洋环境管理的立法、执法建设。

10. 简述我国海洋环境标准建设情况。

11. 简论我国海岸带综合管理及其国际合作的成绩。

12. 简论我国海洋自然保护区建设及国际合作。

参考文献

1. 王俊柳, 邓二林. 2003. 管理学教程 [M]. 北京：清华大学出版社.

2. 叶文虎, 张勇. 2006. 环境管理学（第二版）[M]. 北京：高等教育出版社.

3. 鹿守本. 1997. 海洋管理通论 [M]. 北京：海洋出版社.

4. 管华诗, 王曙光. 2003. 海洋管理概论 [M]. 青岛：中国海洋大学出版社.

5. 全国科学技术名词审定委员会. 2007. 海洋科技名词（第二版）[M]. 北京：科学出版社.

6. PAVLIKAKIS G E and V A TSIKRINTZSVA. 2000. Ecosystem management：a review of a new concept and methodology [J]. Water Resource Management, 14：254 ~ 283.

7. 汪思龙, 赵士洞. 2004. 生态系统途径——生态系统管理的一种新理念 [J]. 应用生态学报, 15（12）：2364 ~ 2368.

8. 杨金森, 刘容子. 1999. 海岸带管理指南——基本概念、分析方法、规划模式 [M]. 北京：海洋出版社.

9. 鹿守本, 艾万铸. 2001. 海岸带综合管理——体制和运行机制研究 [M]. 北京：海洋出版社.

10. 陈宝红, 杨圣云, 周秋麟. 2005. 以生态系统管理为工具开展海岸带综合管理 [J]. 台湾海峡, 24（1）：122 ~ 129.